大数据基础与应用

主　编　王涛生　黄梦桥　郭晓燕
副主编　迟　妍

中国商业出版社

图书在版编目（CIP）数据

大数据基础与应用 / 王涛生，黄梦桥，郭晓燕主编. 北京 : 中国商业出版社，2024. 12. -- ISBN 978-7-5208-3241-0

Ⅰ. TP274

中国国家版本馆CIP数据核字第2024A3D305号

责任编辑：聂立芳
策划编辑：张 盈

中国商业出版社出版发行
（www.zgsycb.com 100053 北京广安门内报国寺1号）
总编室：010-63180647 编辑室：010-63033100
发行部：010-83120835/8286
新华书店经销
三河市悦鑫印务有限公司印刷
*
710毫米×1000毫米 16开 16.5印张 488千字
2024年12月第1版 2024年12月第1次印刷
定价：78.00元
* * * *
（如有印装质量问题可更换）

编委会

前言

PREFACE

大数据已经成为社会发展的重要驱动力量。对于商科而言，数据是洞察消费者行为、市场趋势和竞争格局的基础，并且数据应用可以转化为个性化的营销策略、风险评估模型、客户关系管理等。通过大数据技术，企业可以实时抓取社交媒体信息、搜索引擎数据、交易记录等，从而更全面地了解市场动态。高效的数据处理能帮助企业迅速响应市场变化，优化库存管理和物流配送。通过深度挖掘和分析数据，企业可以发现潜在的市场机会和竞争风险，为战略决策提供科学依据。

Python 作为处理商科大数据比较流行的工具，主要体现在数据处理、分析、可视化以及帮助解决商科领域实际问题等多个方面。

数据挖掘：Python 强大的数据处理能力、丰富的库和工具，以及简洁的语法使得它成为数据挖掘领域的首选工具。Python 的 Scikit-learn 库是机器学习领域的佼佼者，提供了丰富的算法和工具，涵盖分类、回归、聚类、降维等任务。TensorFlow 和 Keras 是深度学习的常用框架，适用于构建复杂的神经网络模型。Python 的 NLTK 和 SpaCy 库是处理自然语言强大的工具，用于文本处理、词性标注、命名实体识别等任务。

数据处理：Python 具有强大的数据处理能力，可以轻松处理海量数据。通过利用 Pandas 等库，Python 可以高效地读取、清洗、转换和整合各种格式的数据，如 CSV、Excel、SQL 数据库等。在商科大数据中，这种能力尤为重要，因为商业数据往往来自多个源头，格式各异，需要进行统一处理。

数据分析：Python 提供了丰富的数据分析工具和库，如 NumPy、SciPy 等，可以进行复杂的数据分析操作。在商科领域，数据分析是决策的关键。Python 可以帮助分析消费者行为、市场趋势、产品性能等，从而为商业决策提供支持。此外，Python 还支持机器学习算法，可以用来预测市场走势、评估投资风险等。

数据可视化：数据可视化是商科大数据中不可或缺的一环。Python 的 Matplotlib、Seaborn 等库可以实现高度自定义的可视化效果，帮助商业人士更直观地理解数据，发现潜在规律。

鉴于上述原因，湖南涉外经济学院与湖南新道科技公司合作，组织编写了这本《大数据基础与应用》商科版教材。

本书定位为商科大数据分析的初级教材。本书不仅介绍了 Python 及其大数据处理技术的基础知识，同时通过新道科技平台提供了金融、贸易、工商管理、市场营销管理、会计、财务管理、人力资源管理、旅游管理和物流管理等商科专业的专题实战题材。所以，商科学生通过学习本书基本能够独立进行商科大数据分析。

本教材依据王涛生教授拟定的《商科大数据基础与应用》教学大纲（2024 版）进行编写（个别章节在实际编写中有调整）。在编写过程中，王涛生教授对部分书稿进行了审阅，并提出了修改建议。黄梦桥教授负责本教材编写的组织和统稿工作，并重点审阅了理论部分。在本教材编写过程中，邓岳南教授对全书进行了审阅，并提出具体修改建议。张灏先生（用友集团－新道科技股份有限公司－教育服务事业部－教学服务经理）、郭晓燕女士结合新道科技提供的大数据基础与应用教学软件，对本教材实操部分进行了审阅。本教材各章的具体编写分工如下：第 1 章 大数据与 Python 概述（向采辉）、第 2 章 Python 环境搭建（尹仲胜）、第 3 章编程基础（詹结祥）、第 4 章函数（常青妤）、第 5 章模块（刘芸汐）、第 6 章面向对象程序设计（丁飞雅）、第 7 章大数据可视化分析（迟妍）、第 8 章大数据爬虫（肖爱连）、第 9 章大数据存储与查询（廖钰瑾）、第 10 章大数据预处理（张也）、第 11 章大数据挖掘与分析（李宁奇）、第 12 章大数据机器学习初步（黄梦桥）、第 13 章大数据综合应用案例——财务困境预测（张灏）。此外，在本书成稿的过程中，新道科技的孙珣先生对程序代码进行了校验，新道科技的肖仁忠先生给出了宝贵的意见。

本教材在编写过程中参阅了已出版的相关教材、学术研究和网络资源，以期提供最具操作性和时代感的内容，但由于信息技术的持续更新、编写者的个体差异和篇幅的限制，本教材无法覆盖所有细节。请读者在使用过程中，结合自身实际情况，不断探索，以臻完善，适应不断变化的信息环境。

本教材的编写工作得到了宇华教育集团和学校领导以及中国商业出版社的大力支持，谨此一并致谢。

囿于编写者的学识水平，书中难免有不妥当、不完备之处，恳请广大读者提出宝贵意见。

《大数据基础与应用》编委会

2024 年 6 月 19 日

目录

CONTENT

第 1 章　大数据与 Python 概述

教学目标与要求

掌握大数据的概念。了解大数据的发展及特征，理解大数据的价值与作用。掌握大数据分析的现状和步骤。掌握 Python 的语言特点，了解 Python 的应用领域和 Python 机器学习和库与大数据分析的关系。

1.1　大数据概述

1.1.1　大数据概念

随着计算机和数字化技术的发展，人们记录的数据越来越多。进入新世纪，人类社会在数字化、网络化和智能化三大技术的强有力的推动下，数据的产生与存储量开始以几何级速度增长。面对从未遇到过的数据盛况，人们开始对“大数据”提出自己的界定，见表 1.1。

表 1.1　国内外学者、团队对大数据的概念界定

提出人 / 团队	大数据概念
研究机构 Gartner	大数据是需要新处理模式才能具有更强的决策力、洞察发现力和流程优化能力来适应海量、高增长率和多样化的信息资产
麦肯锡咨询公司	大数据是指大小超出常规的数据库工具获取、存储、管理和分析能力的数据集合
肖恩 · 康诺里	大数据是由交易资料、互动资料、观察资料所组成的资料类型
里克 · 斯莫兰	大数据是帮助地球建构神经系统的一个过程，在这个系统中，我们（人类）不过是其中一种感测器
数据分析师团队	大数据通常用来形容一个公司创造的大量非结构化数据和半结构化数据，这些数据在下载到关系型数据库用于分析时会花费过多时间和金钱

我们认为，大数据 (Big Data) 统指在采集、存储、预处理和分析过程中，具有容量大、多样性、高价值等特征且超出传统数据工具能力范围的信息资产。

1.1.2　大数据的发展及特征

1．大数据的发展历程

作为当代社会的一种核心力量之一，大数据的发展有着它的前世今生。人们对于大数据的研究并不是近年才有的，其发展历程可以追溯到20世纪中期。根据不同的技术阶段，大数据的发展历程可以分为以下四个时期，见表1.2。

表1.2　大数据的发展时期

时间	发展时期	主要特点	代表性技术
1940–1970	数据收集时期	数据的产生、收集、存储和管理工作增加，数据的规模和类型也逐渐增加，出现了诸如关系型数据库、层次型数据库、网络型数据库等不同的数据模型和系统	磁带、磁盘、关系型数据库
1970–1990	数据分析时期	重视数据的分析和挖掘，以及数据的应用和价值	数据仓库、数据挖掘、数据可视化
1990–2010	数据大爆炸时期	数据的特征也变得更加复杂和多样，大数据的概念和技术诞生	云计算、分布式系统、并行计算
2010年至今	大数据的发展与智能时期	重视数据的智能化和创新，以及数据的价值和影响	分布式处理框架的发展、非关系型数据库的兴起、云计算和大数据的融合、机器学习和深度学习的应用

2．大数据的特征

高德纳（Gartner）分析师道格·莱尼（Doug Laney）在2001年提出了大数据的“3V”特征，分别为Volume（数据容量大）、Velocity（速度快）、Variety（多样性），是最早对大数据的特征提出公开观点的学者。在他的“3V”特征之后，业界人士在“3V”基础上加上Value（数据有价值），形成“4V”的观点，或者在“4V”的基础上加上Veracity（数据真实性），形成“5V”观点。

本书认为，发展到今天，大数据具有“7V”的特征，分别为：

海量性（Volume）：描述的是数据量的大小，涉及数据采集、存储和计算的规模。海量性是大数据最明显的特点。随着科技的发展，数据的产生呈指数级增长。大数据时代，容量通常以P（Peta，千万亿字节）、E（Exa，百亿亿字节）或Z（Zetta，万亿亿字节）级别来衡量，且数据规模仍是一个不确定的指标，每个企业的数据数量都在源源不断地增长。

多样性（Variety）：描述的是数据的类型多样。随着传感器、智能设备等的飞速发展，数据也变得更为复杂，包括结构化、半结构化和非结构化数据。大数据时代，非结构化数据的比例越来越大，如文本、图像、音频、视频和地理位置信息等数据类型。

高速性（Velocity）：高速性主要描述的是数据的接收和处理速度，体现在两个方面：一方面，是数据的产生速度快；另一方面，是数据的处理速度快。与传统批处理数据相比，大数据时代的数据处理更注重实时分析和效率。

价值性（Value）：价值性在于能够通过分析和挖掘数据，发现隐藏在数据中的模式、趋势和关联性，从而为决策和创新提供支持。企业可以从大数据中提取出有用信息并进行合理运用，帮助企业以低成本创造高价值。

复杂性（Complexity）：指的是数据量巨大，来源多渠道，主要体现在数据类型、数据结构、数据细节的复杂性。随着数据量的增长，数据的类型越来越多，数据结构也越来越多，不同的数据类型具有不同的规则，所以对数据进行处理时就不能用单一的处理方法，要用数据自己的语言语法处理。

可变性（Variability）：指的是数据的质量和完整性可能随着时间和市场动态环境的变化而发生变化。大数据的可变性源于数据源多样化或具有不稳定性，数据处理过程中的误差和不确定性，以及时间和市场的动态变化性。

真实性（Veracity）：指的是数据的准确性和可信度。大数据时代，可能存在着大量的噪声、错误和不准确的数据。在处理大数据时，需要对数据进行清洗、集成、转换和验证，以确保数据的真实性和可靠性。

1.1.3　大数据的价值

大数据包含着深度知识和价值，能为行业或企业带来巨大的商业价值，实现各种高附加值的增值服务，改变我们的生活、工作、思维方式和商业模式，影响企业经济效益、社会管理水平和国家安全保障能力等方面。

1．提高企业经济效益

（1）深入洞察，制定正确的经营策略：无论是农业、工业、金融、媒体等企业，产生的数据均可成为大数据的一部分。企业通过大数据技术更了解市场及自身，及时识别机会，提供更全面、深入的洞察，制定有效的发展策略和做出正确的经营方案。

（2）全面分析，提高经营效率：企业可以应用大数据来分析市场、产品、供应链或内部管理等存在的问题，优化商品或服务项目开发设计，并依据最新数据优化迭代，提高经营效率，帮助企业提升经济效益。

（3）降低运营成本：企业不仅能通过提升经营效果来控制成本，同时也可以依靠大数据技术来降低数据分析系统架构的费用。比如，依靠大数据云技术，企业已不再需要创建全部大数据中心、管理硬件配置或雇用大中型 IT 优秀人才，大大降低了企业的数据建设成本。

（4）优化业务流程：大数据越来越多地用于优化业务流程。如在零售行业，零售商可以利用网站评论、社交媒体数据和消费者搜索趋势等信息、优化库存；在物流配送行业，大数据被广泛应用于供应链优化、库存管理，以提高业务效率。

（5）发现隐藏的模式和关系，推动创新：通过大数据的挖掘和分析，企业可以发现数据背后隐藏的模式、矛盾点或机遇，为创新提供更多可能。

2．增强社会管理水平

（1）推动国家治理能力现代化发展。信息壁垒与垄断被打破，无论是社会组织还是企业都可以通过不同的渠道获得大量信息，公共治理更好地展现在大众的监督下。同时拓宽了公众参与国家治理的渠道，如公众可以通过网站、App、公众号等渠道表达自己的诉求与意见。这使得公众参与治理国家的机会增多，为全面建设社会主义现代化国家贡献力量。

（2）提升决策的科学性与合理性。对数据进行分析可以为决策提供依据，降低主观性。通过实时监测，动态调整，使决策能够更好地适应现实情况变化需要。

（3）提升管理工作可视化水平。数据可视化表现在通过图形化手段，能够清楚传达信息并实现沟通。通过利用图形与图像处理、用户界面与计算机视觉等，对数据进行可视化的解释，帮助政府更好地对信息进行呈现、展示和沟通。

3．提高国家安全保障能力

国防、安全等领域对各部门搜集到的各类信息进行自动分类、整理、分析，有效解决情报、监视和侦查系统不足等问题，提高国家安全保障能力。

1.1.4 大数据的关键技术

1. 大数据采集

数据采集是数据分析和应用的基础，为后续的数据处理、挖掘和决策提供了原材料。数据采集，又称数据获取，是指从各种数据源中收集、获取数据的过程。新的数据分类体系中，将数据源进行归纳与分类，可将其分为线上行为数据与内容数据两大类。其中线上行为数据包括页面数据、交互数据、表单数据、会话数据等。内容数据包括应用日志、电子文档、机器数据、语音数据、社交媒体数据等。

大数据采集与传统数据采集有明显的区别，见表 1.3。

表 1.3 传统数据采集与大数据采集

项目	区别
传统数据采集	来源单一，数据量相对于大数据较小； 结构单一； 关系数据库和并行数据仓库
大数据的数据采集	来源广泛，数据量巨大； 数据类型丰富，包括结构化、半结构化和非结构化； 分布式数据库

随着大数据和互联网的发展，出现了一系列新的大数据采集方法，包括系统日志采集方法、网络数据采集方法和其他数据采集方法。

2. 大数据存储及管理

常用的方式有数据加密技术、数据仓库存储技术和备份服务（云存储技术）。

3. 大数据预处理

高质量、科学的决策必须依赖可靠性和有效性的数据。然而，从各种数据源中采集到的数据大多是不完整、含噪声的和结构不一致的脏数据，无法直接用于数据分析或挖掘。数据预处理是指在进行数据分析和建模前，对采集到的原始数据进行清洗、集成、转化、消减等过程。其目的在于减少数据分析和建模过程中的错误和偏差，将那些杂乱无章的数据转化为相对单一且便于处理的类型。通常数据预处理包含四个部分的工作：数据清理、数据集成、数据转换以及数据规约。

4. 大数据挖掘

数据挖掘是从大量的、不完全的、有噪声的、模糊的、随机的数据中，提取隐含在其中潜在有用的信息和知识的过程。数据挖掘可以采用以下方法：神经网络方法、遗传算法、决策树方法、覆盖正例排斥反例方法、统计分析方法和模糊集方法等。

5. 大数据分析

大数据分析指的是如何从大量复杂的数据中提取有价值的信息。大数据分析涵盖了多种分析方法，包括关联分析、聚类分析、对比分析、帕累托分析和主成分分析等。

6. 大数据应用

大数据技术能够将隐藏于海量数据中的信息和知识挖掘出来，为人类的社会经济活动提供依据，从而提高各个领域的运行效率，大大提高整个社会经济的集约化程度。大数据的应用非常广泛，以下是一些常见的大数据应用领域。

（1）金融行业：大数据广泛应用于金融行业，例如，投资银行和基金公司可以通过大数据分析市场趋势和投资机会，从而制定更加明智的投资策略。

（2）医疗健康：医疗健康领域也是大数据应用的重要领域之一，例如，通过分析医疗记录和健康数据，医生可以更加准确地诊断和治疗疾病，同时也可以预测患者的健康状况。

（3）财务行业：财务是企业经营的重要组成部分，大数据对于分析和管理企业财务数据起着关键作用。大数据的运用，能够提升财务信息收集的精确性，提高财务信息预测与评价的工作效率，为企业的经营提供财务数据支撑。

（4）电子商务：电子商务需要预测消费者的购买行为和需求，这离不开大数据的支持。例如，通过分析用户的购买历史和浏览记录，电子商务平台可以向用户推荐更加个性化的产品和服务。

（5）营销行业：大数据为营销行业提供市场洞察、预测。例如，通过海量的消费者数据分析，了解消费者的需求、行为和偏好等，制订精准的营销计划，提高企业核心竞争力。

1.1.5　大数据分析的问题和未来趋势

1. 大数据分析的问题

目前，大数据分析已广泛应用于许多领域，在商业、医疗、金融等行业都起到了重要的作用。然而，尽管大数据分析已经取得了许多成果，但仍然存在一些挑战和问题。

（1）数据隐私和安全问题是一个不可忽视的因素。在大数据分析过程中，需要处理大量的个人数据，包括用户的姓名、地址、信用卡信息等。如果这些数据泄露或被滥用，将对个人隐私造成严重威胁。因此，保护数据安全和隐私已成为大数据分析领域的重要课题。

（2）面对海量的数据，如何快速、高效地处理和分析数据也是一个亟待解决的问题。当前的数据分析工具和方法在处理和分析大规模数据时还不够强大和高效，需要不断进行技术创新和改进。

2. 大数据分析的未来趋势

随着技术的进步，大数据分析将会迎来更广阔的发展前景。

（1）人工智能技术将会与大数据分析结合，实现更智能化的数据分析和决策支持。通过机器学习和深度学习等技术，可以预测未来的发展趋势，并给出相应的建议和决策。

（2）云计算技术将会为大数据分析提供更强大的计算和存储能力。云计算平台可以通过弹性扩展的方式，在需要的时候提供更多的计算资源，加快数据处理和分析的速度。

（3）随着物联网的普及，大量的传感器和设备将会产生大量的数据，这些数据将成为大数据分析的重要来源。通过对物联网数据的分析，我们可以更好地了解设备和环境的运行状况，提前发现故障和问题，并进行相应的优化和改进。

（4）大数据分析将会成为各行各业的核心竞争力。企业将会通过大数据分析更好地了解市场需求，优化产品和服务，提升用户体验。政府将会通过大数据分析更好地了解社会发展趋势，制定科学有效的政策措施。个人将会通过大数据分析更好地了解自己的健康状况和生活习惯，更好地管理个人的健康。因此，掌握大数据分析技能将成为未来就业市场的热门需求。

1.2　Python 概述

1.2.1　Python 概念

Python 是一种解释型、交互式、面向对象和动态类型的计算机程序设计语言。包含了以下的内涵：

（1）Python 是一种解释型语言：指开发过程中没有编译这个环节，而是直接在运行时由解释器逐行读取并执行源代码中的指令，在运行时才翻译成机器语言，每执行一次都要翻译一次。

（2）Python 是交互式语言：意味着你可以在一个 Python 提示符 >>> 后直接互动执行程序。

（3）Python 是面向对象语言：Python 是一种简洁但功能强大的面向对象编程语言，因此在 Python 中创建类和对象很容易。

（4）Python 是动态类型语言：指的是变量不需要指定类型，Python 会在第一次赋值时内部记录该变量的数据类型，这种语言特性使得 Python 成为一种灵活且强大的编程语言。

1.2.2 Python 的发展历程

Python 是荷兰人 Guido van Rossum 于 1989 年的圣诞节开发的一门语言，诞生于荷兰国家数学和计算机科学研究所的一间小宿舍里。Python 这个名字来自英国电视喜剧《蒙提 · 派森的飞行马戏团》（*Monty Python's Flying Circus*）。Guido van Rossum 非常喜欢这个节目，于是他就用 Python 命名了自己的编程语言。

Python 本身也是由诸多其他语言发展而来的，这包括 ABC、C、C++、Modula-3、Algol-68、SmallTalk、Unixshell 和其他的脚本语言等。

Python 于 1991 年发表了第一个公开版，目前已经有 33 年历史。自诞生以来经历了多个版本，其中 Python 2.7 被确定为最后一个 Python 2.x 版本，它除了支持 Python2.x 语法外，还支持部分 Python3.1 语法。其版本发展历程如表 1.4 所示。

表 1.4 Python 版本发展历程

版本	发布时间	版本	发布时间
Python1.0	1994.01	Python3.4	2014.03.16
Python2.0	2000.10.16	Python3.5	2015.09.13
Python2.4	2004.11.30	Python3.6	2016.12.23
Python2.5	2006.09.19	Python3.7	2018.06.27
Python2.6	2008.10.01	Python3.8	2019.10.15
Python2.7	2010.07.03	Python3.9	2020.10.05
Python3.0	2008.12.03	Python3.10	2021.10.04
Python3.1	2009.06.27	Python3.11	2022.10.24
Python3.2	2011.02.20	Python3.12	2023.10.02
Python3.3	2012.09.29	Python3.13	预计 2024 年下半年

1.2.3 Python 的语言特点

1. 优点

（1）易于学习：Python 是初学者的语言，有相对较少的关键字，结构简单，学习起来简单。

（2）易于阅读：Python 代码定义更清晰。

（3）易于维护：Python 源代码容易维护。

（4）拥有一个广泛的标准库：Python 拥有丰富的库，且是跨平台的，与 UNIX、Windows 和 Mac 兼容。

（5）互动模式：可以从终端输入执行代码并获得结果，可互动测试和调试代码片段。

（6）可移植：Python 代码是开放源，已经被移植到许多平台。

（7）可扩展：使用过程中可以结合 C 或 C++ 程序语言，并可以通过 Python 程序中调用。

（8）丰富的数据库接口：Python 提供所有主要的商业数据库的接口。

（9）可嵌入：你可以将 Python 嵌入到 C/C++ 程序，让程序的用户获得“脚本化”的能力。

（10）免费、开源。任何人都可以自由地发布由 Python 开发的软件的拷贝，阅读它的源代码，可以对它进行改动，并运用到新的软件中去。

2．缺点

（1）运行速度慢：因为 Python 是解释型语言，代码在执行时会一行一行地翻译成 CPU 能理解的机器码，这个翻译过程非常耗时，所以很慢。

（2）代码不能加密：如果要发布 Python 程序，实际上就是发布源代码，是公开性质的，所以不能加密。

1.2.4　Python 的应用领域

1．Web 开发

随着互联网的普及，Web 应用程序成为企业和个人的重要组成部分。其为开发者提供了一种简单、高效的方法来创建 Web 应用程序，如结合 html、css、javascript、数据库等开发一个网站。

2．网络爬虫

网络爬虫是指按照某种规则在网络上爬取所需内容的脚本程序。根据用户需求定向抓取网页并分析，已成为主流的爬取策略。Python 的网络爬虫功能，帮助人们更加高效地获取大量数据，并且避免了手动采集数据的烦琐过程。

3．数据科学

Python 拥有众多强大的库和工具，如 NumPy 和 Pandas，可以帮助用户高效地进行数据处理和分析。这些工具提供了丰富的数据结构和函数，使得数据清洗、转换和建模变得更加简单和灵活。

4．机器学习和人工智能

Python 的机器学习库 Scikit-learn 和深度学习库 TensorFlow、PyTorch 等，为用户提供了强大的机器学习和深度学习算法。用户可以使用这些库进行模型训练、预测和优化，实现各种复杂的数据分析任务。

5．大数据分析

Python 拥有分布式计算框架 PySpark，可以处理海量的结构化和非结构化数据。通过使用 PySpark，用户可以轻松地进行大规模数据处理和分析，并发现隐藏在数据背后的价值。

6．数据可视化

Python 中的 Matplotlib 和 Seaborn 等库可以帮助用户生成各种类型的图表和可视化结果。这些工具直观地呈现数据，帮助用户更好地理解数据并发现潜在的模式和趋势。

1.3　Python 与大数据分析的关系

1.3.1　大数据分析的基本步骤

大数据分析的基本步骤包括以下几个。

（1）数据采集：从不同的来源（如网站、应用程序、传感器、数据库等）收集需要分析的数据，包括结构化和非结构化的数据。

（2）数据存储：将收集的数据存储在数据仓库或大数据存储系统中，并进行分类与管理，方便数据查询。

（3）数据预处理：对收集到的数据进行处理，包括处理缺失值、去除噪声和纠正错误；结合numpy和pandas功能，进行数据清洗、集成、转换和规约等工作，得到高质量的数据集，以便于后续的分析。

（4）数据挖掘与分析：通过数据挖掘技术（如模型、分类算法、回归预测、聚类分析和主成分分析等）提取数据之间的模式、关联性、趋势等信息。

（5）数据可视化：使用Matplotlib功能，将挖掘出来的结果以可视化的方式呈现出来，比如图表（散点图、线形图、柱状图、饼状图和直方图等）、图形（子图、组合图）和数据地图等。

（6）机器学习和人工智能：使用Numpy和Pandas等工具，对数据进行加载、预处理、划分、训练和效果评估，选择分析模型和进行训练，并使用各种算法来预测未来的结果。

1.3.2 Python语言基础与大数据分析的关系

（1）Python的语法简单清晰，易于理解，使得初学者能够迅速掌握基本的编程技能。

（2）Python拥有丰富的数据处理库和函数。如Pandas、NumPy等，这些库提供了灵活而高效的数据结构和算法，使得分析师能够轻松进行数据的读取、清洗、转换和处理；内置函数max、min，标准库函数math、random等，为企业高效调用和计算数据提供了便利。

（3）Python还具有强大的文件操作和数据输入输出功能。Python能够方便地打开文件、读取和追加数据、插入和删除数据、关闭文件、删除文件，并能处理各种数据格式，包括CSV、Excel等，为大数据分析提供了丰富的数据来源和操作方式。

1.3.3 Python爬虫工具与大数据分析的关系

（1）Python爬虫工具可以提高大数据获取的效率。通过Python爬虫工具，分析师可以快速、自动地从互联网上抓取大规模的商业数据，如网页内容、消费者评论、社交媒体数据、电子商务数据等，为后续的数据分析工作提供丰富的数据来源。

（2）Python爬虫工具提供了丰富且灵活的大数据获取策略。Python爬虫工具提供了灵活的抓取策略和强大的数据解析功能，使得分析师能够针对不同的数据源和需求制订相应的抓取方案，从而更加高效地获取所需数据。

（3）Python爬虫工具丰富了大数据的应用领域。随着人工智能技术的不断发展，爬虫大数据采集与挖掘技术将会在更多领域得到广泛应用，为商业、政府、科研等各个领域提供更加精准的决策支持。

1.3.4 Python挖掘工具与大数据分析的关系

数据挖掘是大数据分析的重要组成部分，通过挖掘数据中的潜在模式、趋势和关联，能够帮助分析师发现有价值的信息和见解。

（1）Python为大数据分析提供了丰富的挖掘算法和工具。Python有多种数据挖掘工具和算法库，如Pandas、Scikit-learn等，能够帮助分析师进行各种数据挖掘工作，如分类、回归、预处理、关联规则挖掘等。

（2）Python为大数据提供了丰富的分析技术。Python拥有丰富的分析技术，如决策树、支持向量机、聚类分析等，帮助分析师处理大规模的数据，为数据获取、数据清洗、数据可视化、数据

分析等方面提供支持。

1.3.5　Python 可视化工具与大数据分析的关系

Python 可视化是一种强大的工具，它可以帮助我们更好地理解和分析数据。

（1）辅助数据分析过程，提高分析效率。数据可视化是将数据转化为可视化图表或图形的过程，能够帮助分析师和决策者更直观、更清晰地理解数据并发现潜在的市场机会，提高数据的分析效率。

（2）更好地呈现和解释大数据分析的结果。Python 提供了丰富的可视化工具和库，如 Matplotlib、Seaborn、Plotly 等，能够帮助分析师快速、灵活地生成各种类型的可视化图表。同时，这些可视化工具提供了丰富的图表类型和样式，如折线图、柱状图、直方图、散点图、热力图等，使得分析师能够根据不同的数据特征和分析目的选择合适的可视化方式进行数据展示。

（3）提高可视化结果的多样展示和沟通。Python 的可视化工具还支持交互式可视化，能够使用户更加灵活地探索和分析数据，从而更好地发现数据中的规律和趋势。

1.3.6　Python 机器学习与大数据分析的关系

机器学习是大数据分析的重要技术手段之一，能够帮助分析师从数据中挖掘出隐藏的模式和规律，并进行数据的预测、分类和聚类分析。

（1）提供丰富的数据资源和框架。Python 提供了丰富的机器学习库和框架，如 Scikit-learn、TensorFlow、Keras 等，可以帮助分析师构建和训练各种机器学习模型。这些工具提供了多种机器学习算法和模型，如线性回归、逻辑回归、决策树、神经网络等，使得分析师能够根据不同的问题和数据特征选择合适的机器学习模型进行建模和分析。

（2）支持模型优化和调整。Python 的机器学习工具还支持模型的调优和评估，能够帮助分析师优化模型的性能并评估模型的准确性和泛化能力，从而更好地应用机器学习技术进行大数据分析。通过机器学习，分析师可以利用数据中的规律和模式进行预测，为企业和组织提供更精准的数据支持。

1.3.7　Python 库与大数据分析的关系

除了以上提到的特定领域工具外，Python 还拥有众多通用性的库和模块，如 SciPy、Statsmodels、NLTK 等。

（1）可以帮助分析师进行更加深入和复杂的数据分析。这些库提供了丰富的数据分析、统计分析和自然语言处理功能，如假设检验、回归分析、文本分析等，能够满足不同领域的数据分析需求。通过这些库，可以深入挖掘数据，发现数据中的隐藏模式和规律，从而提供更精准的数据支持。

（2）提高数据分析的效率和准确性。同时，这些库还提供了丰富的文档和示例，使得分析师能够更好地掌握和应用这些工具，优化数据分析的效率和准确性。通过不断学习和探索 Python 的各种库和工具，不断拓展数据分析能力，为企业和组织的发展提供更有力的数据支持。

课堂思政

通过探析大数据技术的重大价值及驱动经济发展的引擎作用，培养学生坚定数字经济强国建设的信念与决心，增强建设数字经济强国的自信。通过探析 Python 在大数据分析领域的应用，激发学生学习大数据的兴趣，培养学生的大数据分析思维逻辑和正确的价值观。通过探析 Python 与大数据分析的关系，增强学生对世界事物相互联系的辩证思维意识。

本章小结

本章主要介绍了大数据与 Python 的基本概念，以及二者之间的关系。

首先，介绍了大数据的概念、大数据的 7V 特征和关键技术，以及大数据分析的现状和未来趋势。接着介绍了 Python 的发展历程和语言的优缺点，以及应用领域。最后，介绍了 Python 与大数据分析的关系，包括大数据分析的基本步骤，以及 Python 语言基础、爬虫工具、挖掘工具、可视化工具、机器学习和库与大数据分析的关系。

课后练习

1．大数据的 7V 特征是什么？

2．Python 语言有哪些优缺点？

3．简述 Python 与大数据分析的关系。

第 2 章　Python 环境搭建

教学目标与要求

掌握 Python 的安装和基本使用；掌握 PyCharm 的安装和基本使用；掌握 Anaconda 的安装和基本使用。

在电脑上搭建基于 Python 的数据分析环境，主要有两种方式：第一种方式是先安装 Python 程序，并安装 Jupyter Notebook 或 PyCharm 等集成开发环境，然后使用 Jupyter Notebook 或 PyCharm 进行数据分析；第二种方式是安装 Anaconda，使用 Anaconda 自带的 Jupyter Notebook 进行数据分析。

第一种方式搭建的 Python 环境，由于并没有安装数据分析所需的模块，因此，后续在进行数据分析时，需要人工安装包括 NumPY、Pandas、Scikit-learn 等在内的数据分析相关模块，费时费力，优点是灵活和可定制化。第二种方式搭建的 Python 环境，由于 Anaconda 集成了众多的科学计算库和工具包，安装完成后就可以进行数据分析，优点是方便省时，缺点是占用硬盘空间较多。对于初学者，推荐用第二种方式搭建基于 Python 的数据分析环境。

2.1　Python 的安装及使用

2.1.1　Python 的安装

在使用Python语言之前，首先要进行Python的安装与环境的配置。本书示例为安装Python 3.12 版本。

1. 下载 Python 安装程序

打开 Web 浏览器，访问 Python 官网下载页面（www.python.org/downloads），网站会自动检测电脑的操作系统，并显示一个下载按钮，点击该按钮下载合适的最新版本 Python 安装程序。本书示例中，分别下载的是适用于 Windows 系统和 MacOS 系统的 Python 3.12 版本，如图 2.1 所示。

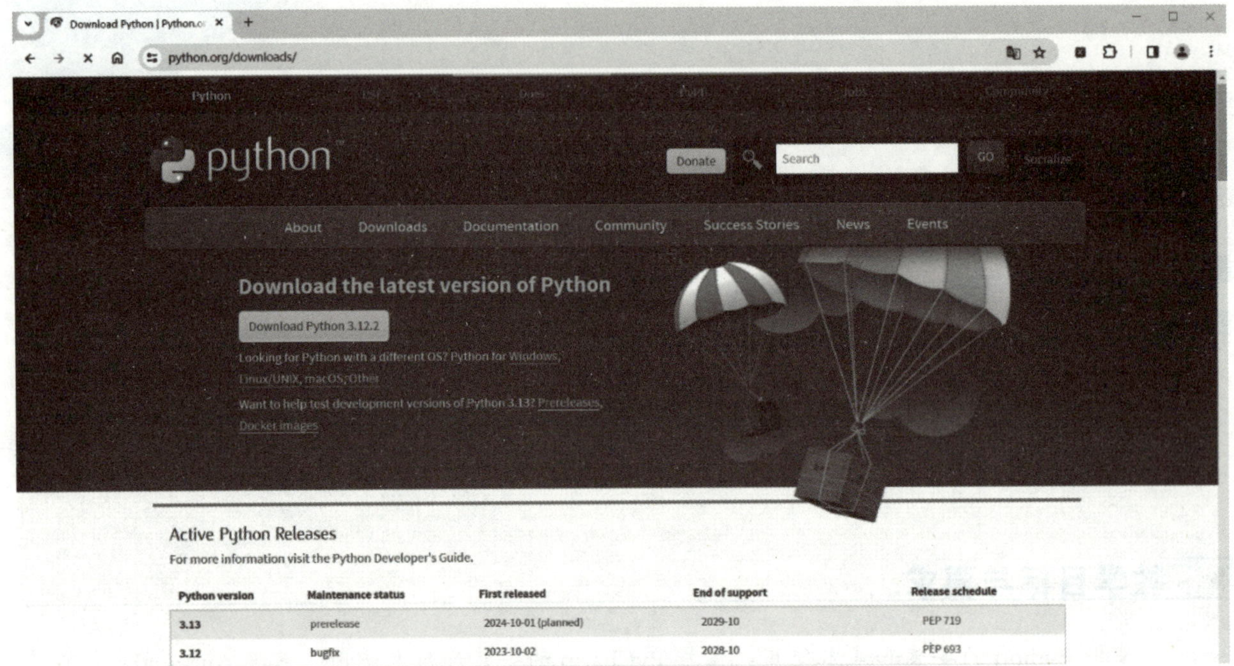

图 2.1　Python 下载

2．安装 Python 程序

以下分 Windows 系统和 MacOS 系统分别介绍 Python 的安装方法。

（1）Windows 系统电脑安装 Python。

第一步：先勾选环境变量，再进行自定义安装。双击下载的 Python 安装程序，进入安装模式选择界面，如图 2.2 所示。

首先勾选 Use admin privileges when installing py.exe 复选框。然后勾选 Add python.exe to PATH 复选框，这会将 python3.12 添加到环境变量中，建议勾选，否则，后续需要手动设置环境变量。最后勾选好复选框之后，单击“Customize installation”按钮，进行自定义安装。

第二步：选配安装功能。单击“Customize installation”按钮后，进入 Optional Features 界面，如图 2.3 所示，保持默认即可，单击“Next”按钮。

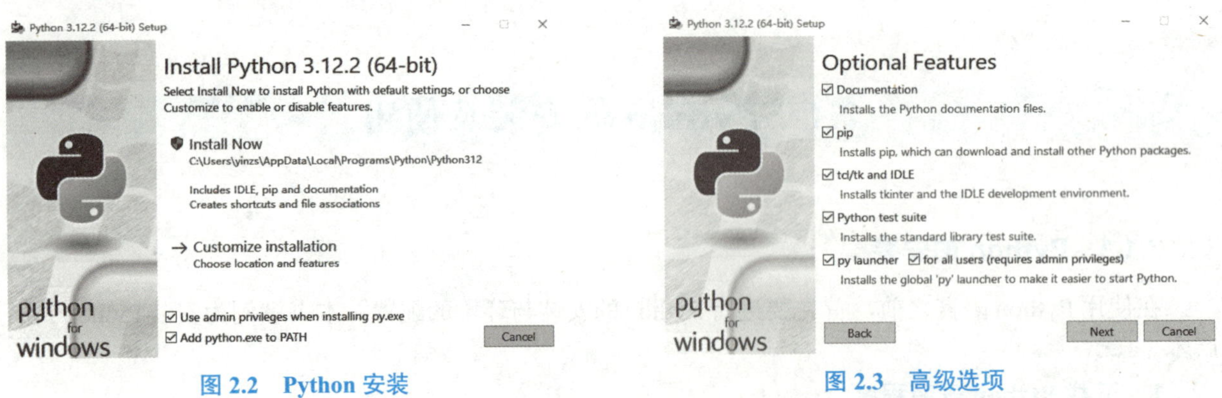

图 2.2　Python 安装　　　　图 2.3　高级选项

第三步：自定义安装路径。单击“Next”按钮后，进入 Advanced Options 高级选项界面，如图 2.4 所示。

单击“Browse”按钮，指定安装路径。在本书示范安装过程中，选择将 Python 根目录的安装路径指定为创建的文件夹 D:\app\python312，如图 2.5 所示。

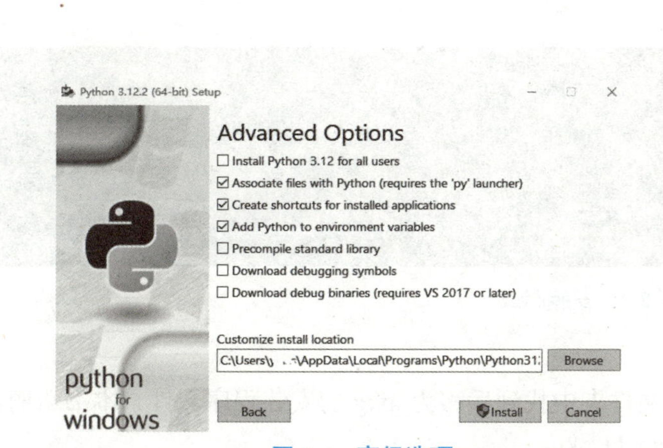

图 2.4　高级选项

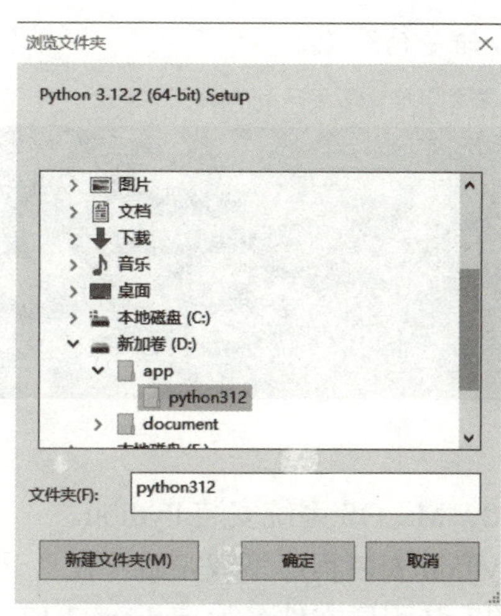

图 2.5　环境变量

第四步：选择好安装路径后，点击“确定”，然后点击“Install”按钮，如图 2.6 所示。

第五步：耐心等待安装。安装需要一定时间，等待安装进度条加载完成即可，如图 2.7 所示。

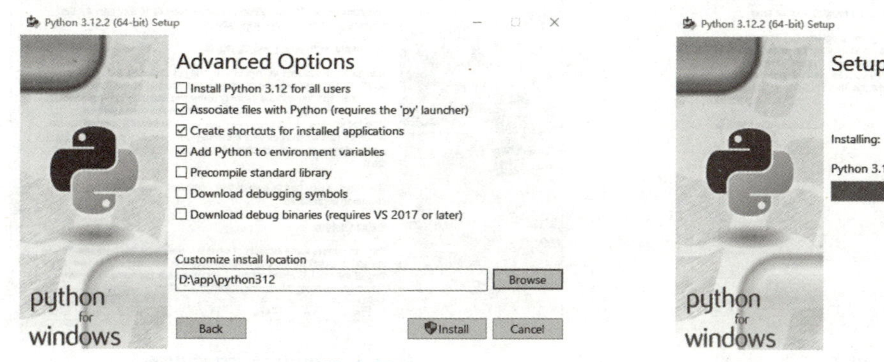

图 2.6　环境变量

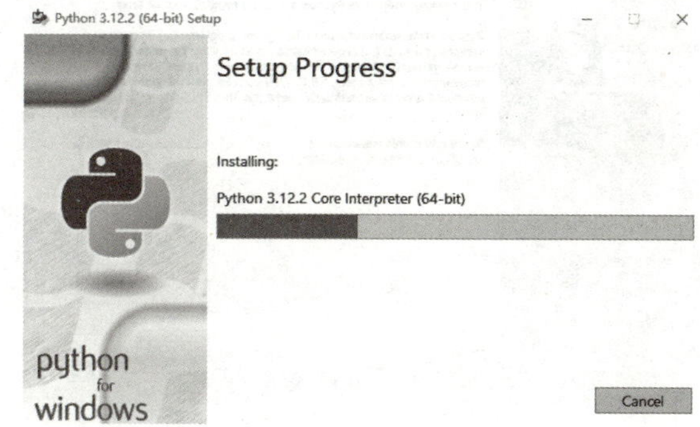

图 2.7　安装

第六步：安装完成。正常安装完成后，会进入到 Setup was successful 界面，如图 2.8 所示。

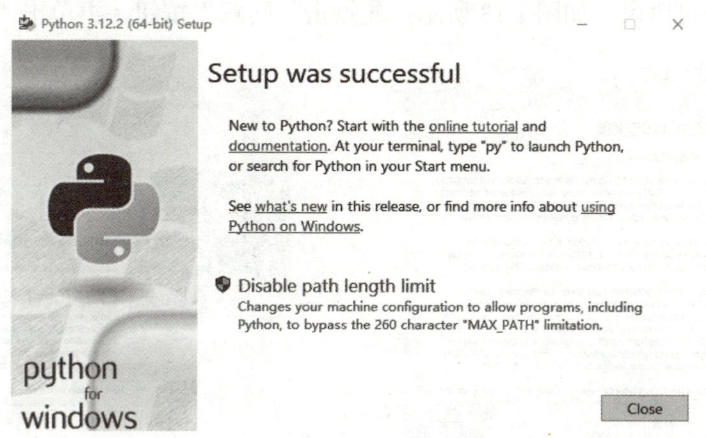

图 2.8　Python 安装完成

单击“Close”按钮，关闭安装向导，Python 安装完成。

第七步：验证。安装完成后，使用快捷键 win+R，输入 cmd 并回车，在命令行输入 python 并回车，若出现 Python 命令行终端，则表明安装成功，如图 2.9 所示。注意：Exit() 命令可退出

Python 命令行终端。

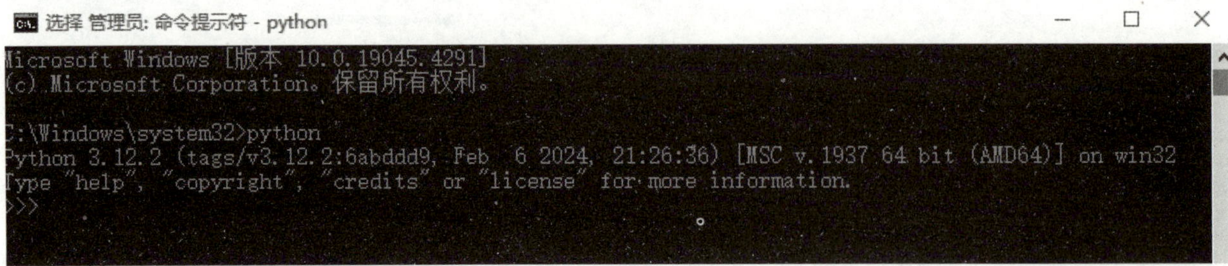

图 2.9　安装测试

（2）MacOS 系统安装 Python。

Python 安装程序下载完后，在“下载”文件夹中找到后缀为 .pkg 的安装程序文件。本书示例，下载的安装程序文件名为 python-3.12.2-macof11.pkg。

第一步：双击下载的 Python 安装程序，会弹出欢迎界面，如图 2.10 所示。点击“继续”按钮。

第二步：阅读提示信息，如图 2.11 所示。单击“继续”按钮。

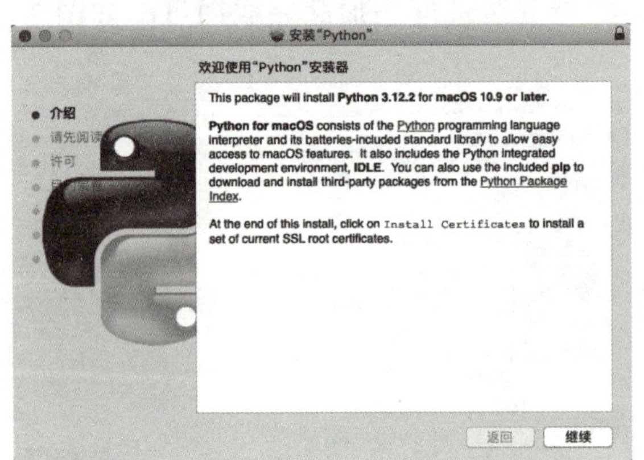

图 2.10　Python 安装界面

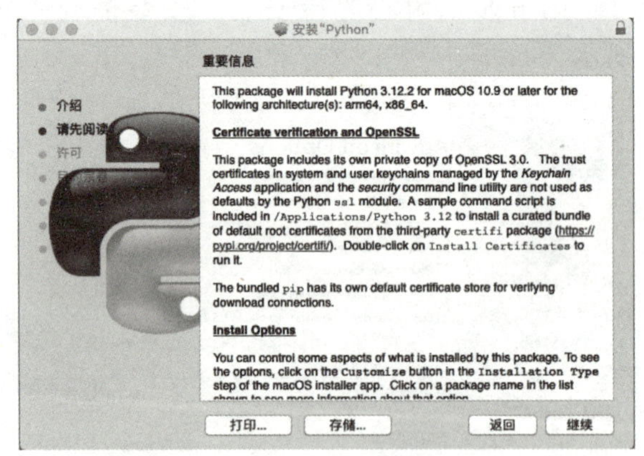

图 2.11　Python 安装界面

第三步：阅读许可协议，如图 2.12 所示。单击“继续”按钮。

第四步：同意许可协议，如图 2.13 所示。先点击“同意”按钮，再单击“继续”按钮。

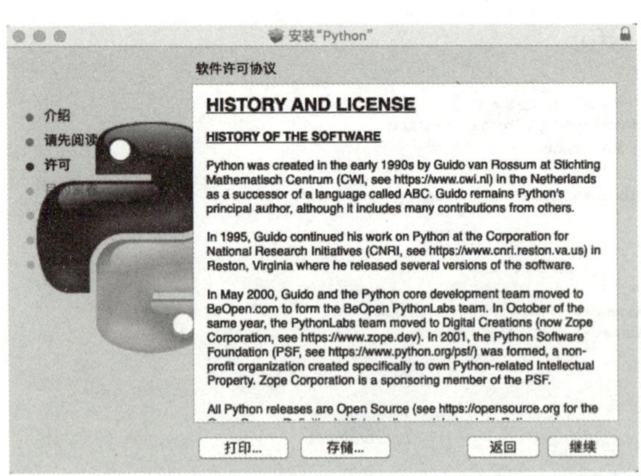

图 2.12　Python 安装界面

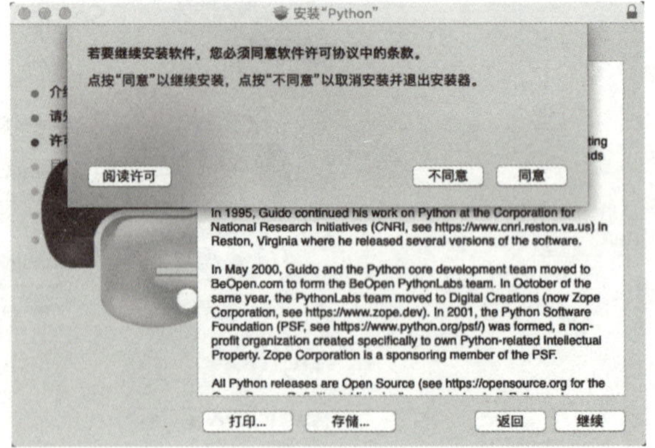

图 2.13　Python 安装界面

第五步：安装软件预计所需的硬盘空间，如图 2.14 所示。单击“继续”按钮。

第六步：安装软件的路径，如图 2.15 所示。按默认位置安装，单击“继续”按钮。

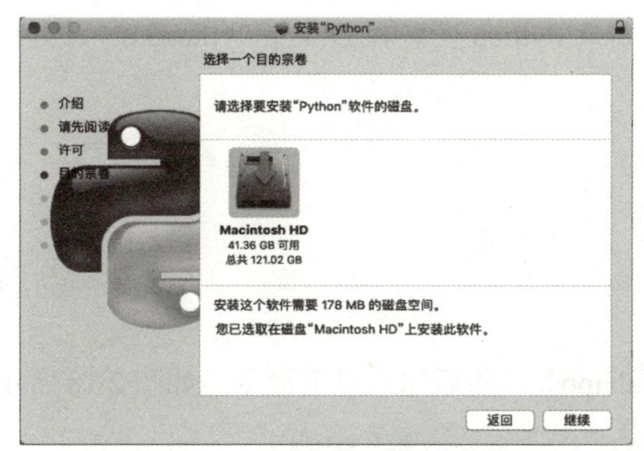

图 2.14　Python 安装界面

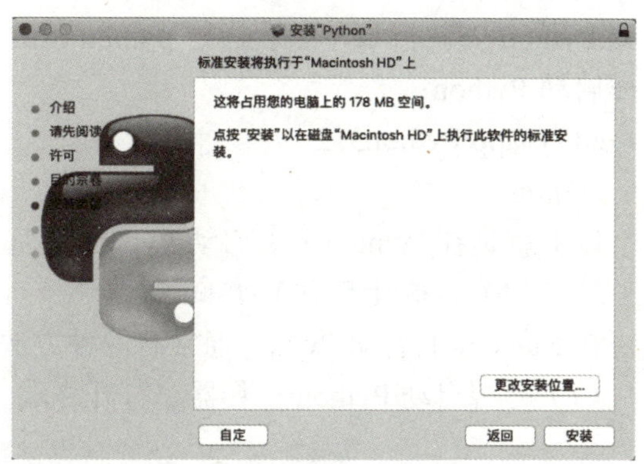

图 2.15　Python 安装界面

第七步：安装完成，如图 2.16 所示。单击“关闭”按钮，完成安装。

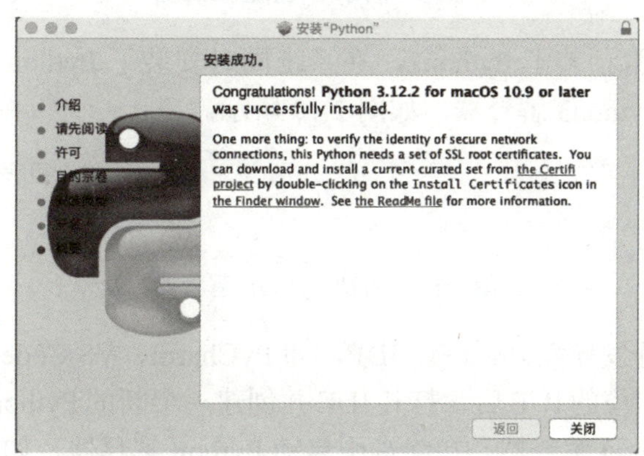

图 2.16　Python 安装界面

第八步：验证。安装完成后，打开 MacOS 的「终端」，执行 python3 ——version 命令，如果输出的信息与安装程序版本相同，则表明已经安装成功。

2.1.2　Python 的使用

1．在 Windows 上启动 Python

在 Windows 上启动 Python 通常有两种基本方式：通过命令行界面（CLI）和通过图形用户界面（GUI）。

（1）命令行界面（CLI）。打开命令提示符（cmd）或 PowerShell，然后输入 python 命令，如图 2.17 所示。如果 Python 已正确安装，它将启动 Python 解释器，你可以直接输入 Python 代码。

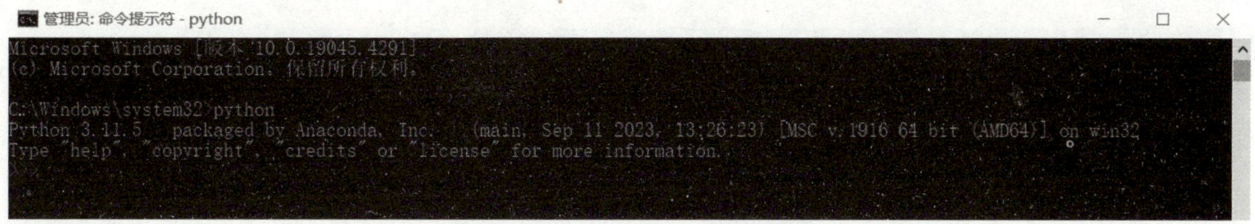

图 2.17　启动　Python 解释器

（2）图形用户界面（GUI）。如果你希望在图形界面中运行 Python，可以使用 IDLE（Python 的官方集成开发环境）。首先，搜索并打开 IDLE，它通常会在 Python 的程序组里。然后，当 IDLE 打开后，你可以在新窗口中编写和运行 Python 代码。注意：如果你在安装 Python 时没有勾选“Add Python to PATH”，或者你的系统 PATH 环境变量没有包含 Python 的路径，你可能需要先导航到 Python 安装目录，然后运行 python.exe。例如，如果 Python 安装在 D:\app\Python312，你可以这样启动 Python：

cd D:\app\Python312

python

以上就是在 Windows 上启动 Python 的基本方法。

2．在 MacOS 上启动 Python

在 MacOS 上启动 Python 通常有两种方法。

（1）终端启动 Python 解释器。打开终端（Terminal.app），然后输入以下命令，如图 2.18 所示。

图 2.18　启动 Python 解释器

注意：MacOS 系统通常预装了 Python2，在系统同时安装了 Python2 和 Python3 情况下，需要使用 Python3 命令来启动 Python3 解释器，如图 2.19 所示。

图 2.19　启动 Python 解释器

（2）使用 IDE（集成开发环境）。许多 IDE，如 PyCharm、VS Code 等，都内置了 Python 解释器，可以直接启动。安装相应的 IDE 后，打开 IDE 并创建一个新的 Python 项目或打开现有的项目，IDE 会自动启动内置的 Python 解释器。在终端中启动 Python 解释器，如图 2.20 所示。

```
Bash                                                    Copy code
$ python3
Python 3.x.x (default, xxx, xxx:xx:xx)
[GCC x.x.x] on darwin
Type "help", "copyright", "credits" or "license" for more information.
>>>
```

图 2.20　启动 Python 解释器

当你看到 >>> 提示符时，表示你已经进入了 Python 交互式环境，可以直接输入 Python 代码并执行。

2.2　PyCharm 的功能、安装及使用

2.2.1　PyCharm 的功能

PyCharm 是一款由 JetBrains 公司开发的强大的集成开发环境（Integrated Development Environment, IDE），专门用于 Python 开发。它提供了丰富的功能和工具，帮助开发者提高开发效率、改善代码质量，并支持各种与 Python 相关的技术和框架。

PyCharm 的主要功能如下。

（1）代码编辑和智能提示：PyCharm 提供了强大的代码编辑功能，包括语法高亮、自动补全、

代码格式化等。它具有智能提示功能，可以根据上下文提供变量、函数和模块的建议，加速代码编写和减少错误。

（2）代码导航和搜索：PyCharm 提供了强大的代码导航和搜索功能，使开发者能够快速定位和浏览代码。它支持跳转到函数定义、查找引用、查找特定符号等操作，提供了便捷的代码导航体验。

（3）调试和测试：PyCharm 集成了全面的调试器，使开发者能够轻松地调试 Python 代码。它支持设置断点、单步调试、变量查看等功能，帮助开发者快速定位和修复问题。此外，PyCharm 还提供了对单元测试的支持，可以方便地编写、运行和分析测试用例。

（4）项目管理和版本控制：PyCharm 具有强大的项目管理功能，可以创建和管理多个项目。它支持集成多种版本控制系统，如 Git、SVN 等，使开发者能够轻松地进行代码版本管理和协作开发。

（5）代码质量和重构：PyCharm 提供了丰富的静态代码分析工具，帮助开发者改善代码质量。它可以检测潜在的错误以及不一致的代码风格，并提供相应的修复建议。此外，PyCharm 还支持代码重构操作，如变量重命名、方法提取等，以提高代码的可读性和可维护性。

（6）支持框架和技术：PyCharm 针对各种 Python 相关的框架和技术提供了特定的支持和集成。例如，它提供了对 Django、Flask、Pyramid 等 Web 框架的开发和调试支持；支持科学计算库 NumPy 和 Pandas 的代码分析和调试；支持机器学习框架 TensorFlow 和 PyTorch 的开发和调试等。

（7）扩展性和插件支持：PyCharm 具有良好的扩展性，允许开发者通过插件来增强和定制 IDE 的功能。JetBrains 提供了丰富的插件生态系统，开发者可以根据自己的需求选择和安装插件，以满足特定的开发需求。

2.2.2 PyCharm 的安装

1. 下载 PyCharm

PyCharm 官网地址为：https://www.jetbrains.com/pycharm/。PyCharm 分专业版（Professional）和社区版（Community）两个不同版本。其中，专业版为付费版本，功能比较齐全；社区版本为免费使用，功能比专业版少，学习用途一般选择社区版。电脑访问 PyCharm 官网，根据电脑是 Windows 系统或 MacOS 系统下载相应的 PyCharm 社区版，如图 2.21 所示。

2. 安装 PyCharm

以下分 Windows 系统和 MacOS 系统分别介绍 PyCharm 的安装方法。

（1）Windows 系统安装 PyCharm。

第一步：双击安装程序，弹出欢迎界面，点击“下一步”，如图 2.22 所示。

图 2.21　PyCharm 下载页面

图 2.22　PyCharm 安装

第二步：选择安装路径，如图 2.23 所示。

点击“浏览”，指定安装路径。点击“下一步”。

示例：安装路径指定为创建的文件夹 D:\app\pycharm\，如图 2.24 所示。

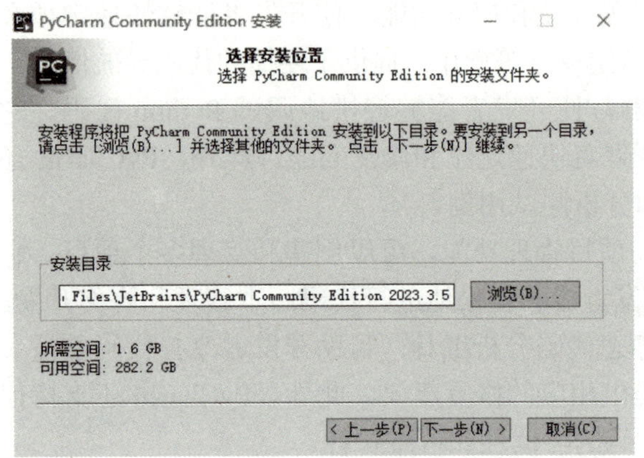

图 2.23 PyCharm 安装页面

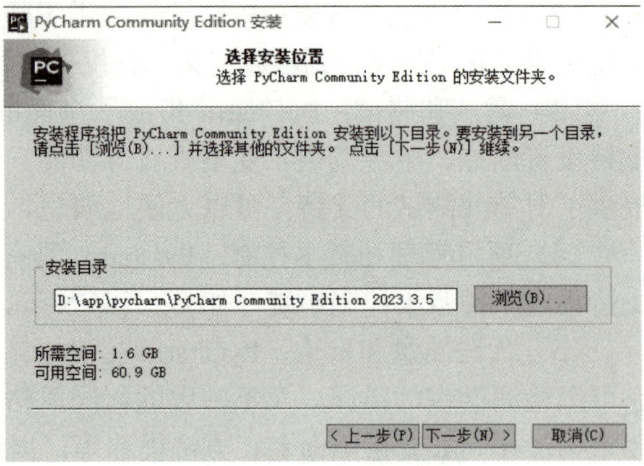

图 2.24 PyCharm 安装页面

第三步：安装选项，如图 2.25 所示。全勾选上，然后点击“下一步”。

第四步：安装，如图 2.26 所示。点击“安装”。

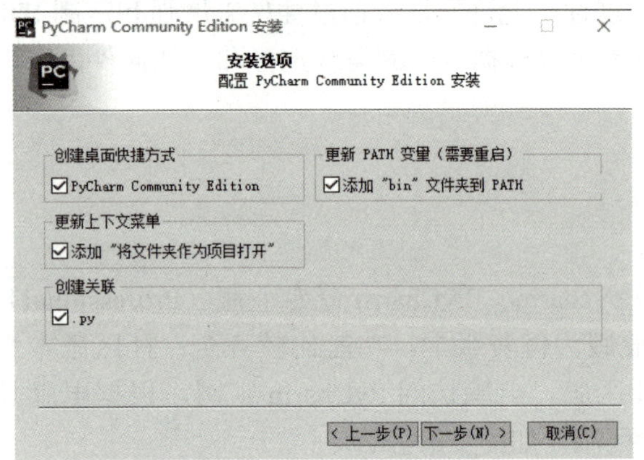

图 2.25 PyCharm 安装页面

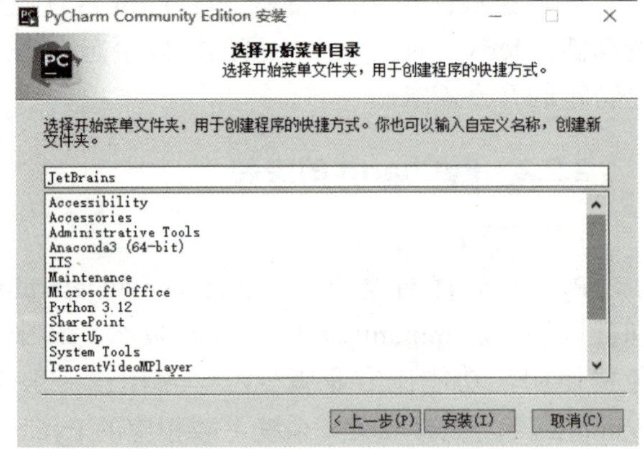

图 2.26 PyCharm 安装页面

第五步：安装完成。点击“完成”，如图 2.27 所示。

（2）MacOS 操作系统安装 PyCharm。

第一步：双击下载的安装文件“pycharm-community-2023.3.5.dmg”，开始安装。

第二步：在弹出的窗口中，使用鼠标将“PyCharm CE.app”图标拖入到“Applications”图标中，如图 2.28 所示。

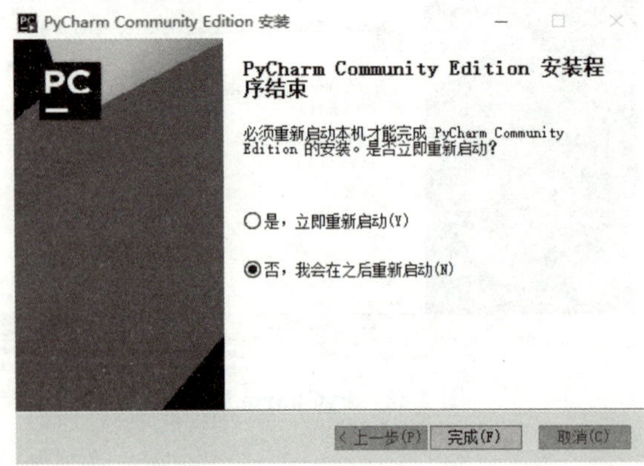

图 2.27 PyCharm 安装页面

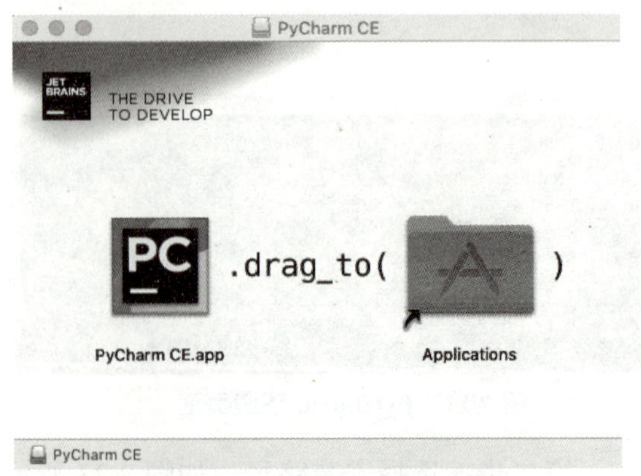

图 2.28 PyCharm 安装页面

等待文件复制完成后，安装即完成，关闭该窗口。安装完成后，在“访达”的“应用程序”中，可找到 PyCharm CE 图标。

2.2.3　PyCharm 的使用

1．启动 PyCharm

（1）Windows 系统启动 PyCharm。在 Windows 系统的电脑桌面双击 PyCharm 图标，即可打开 PyCharm。也可以从开始菜单上的 JetBrains 定位到 PyCharm，然后单击打开 PyCharm。

（2）MacOS 系统启动 PyCharm。双击 PyCharm 图标，即可打开 PyCharm。注意：由于 PyCharm 不是从 MacOS 系统的“App Store”中安装的应用程序，首次打开时需要授权。在弹出的窗口中，点击“打开”，如图 2.29 所示。

图 2.29　PyCharm 初次使用授权

2．PyCharm 的界面

PyCharm 界面如图 2.30 所示，常用的主要是以下 5 个区域。

（1）菜单栏：新建、设置都在这里。

（2）Run 和 Debug：用于运行，Run 直接启动，Debug 启动可以加断点调试。

（3）项目的目录：项目相关的文件在这里找。

（4）编辑区域：写代码的地方。

（5）终端区：TODO 记录要做的事；Terminal 是程序输出的地方；Python Console 是控制台，可以直接运行 Python 语句，就像在 cmd 里输入 python 后的效果。

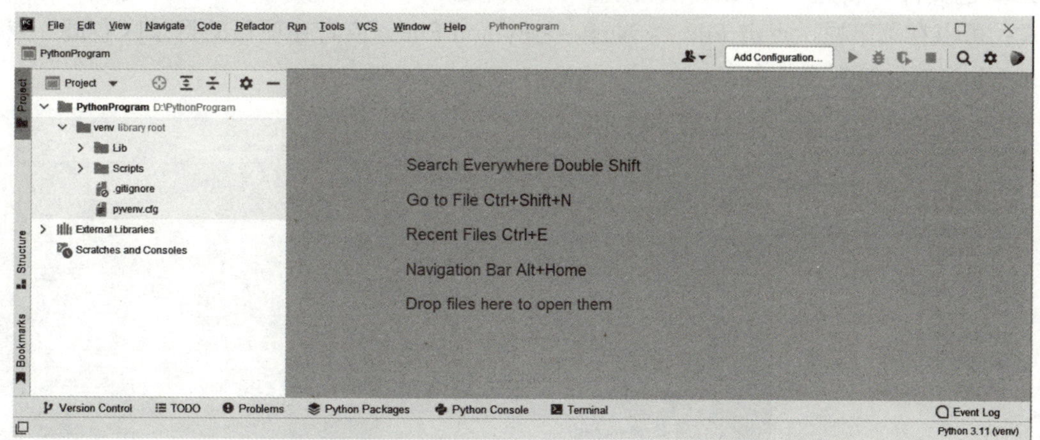

图 2.30　PyCharm 界面

3．新建项目和新建文件

（1）新建 Python 项目。新建 Python 项目，如图 2.31 所示，在菜单栏：File ->New Project。

Location: 第一个 Location 是这个项目所在的文件夹，最好新建一个文件夹专门存放，第二个 Location 是项目的文件名。

Virtualenv：是用来为一个应用创建一套“隔离”的 Python 运行环境，解决不同应用间多版本的冲突问题（比如有的项目需要 Python 2.x，有的需要 Python 3.x）。

Base Interpreter：是解释器，选择你要用的版本（Python 2.x 或 Python 3.x），方法是点击右边的…，打开 Select Python Interpreter，找到本地 python.exe 的路径。

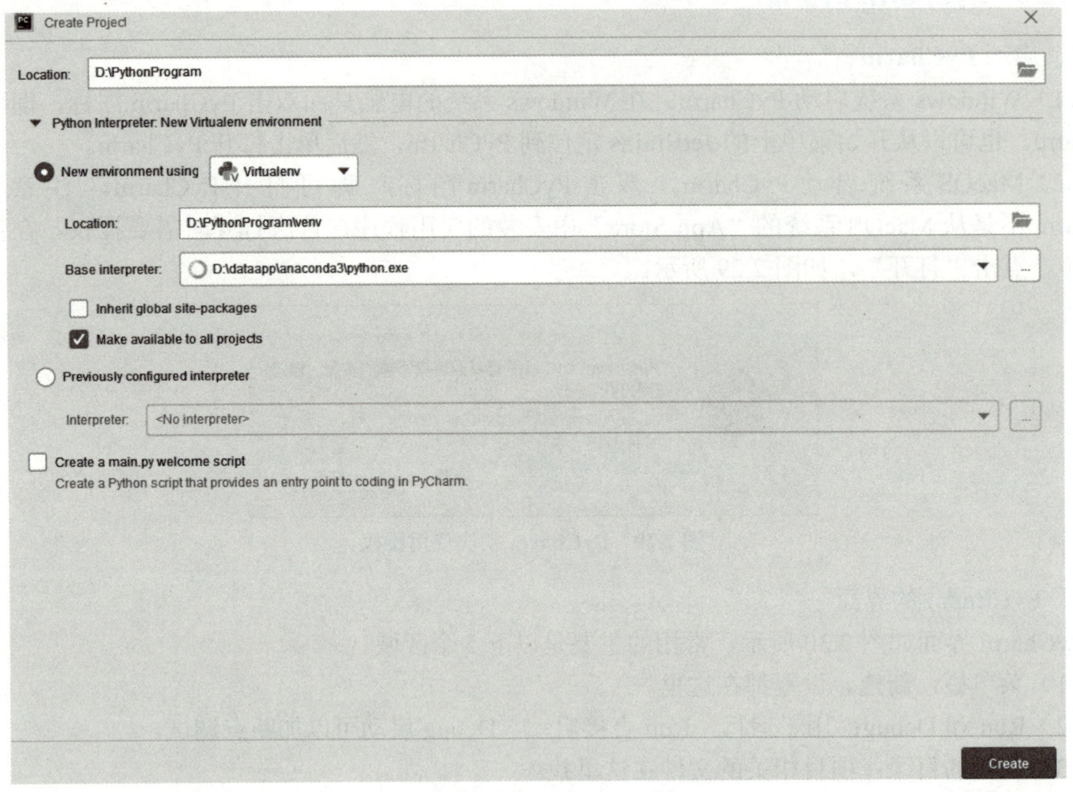

图 2.31　PyCharm 新建项目

点击“Create”。

（2）新建文件。新建好 Python 项目后，可以新建 Python 文件，如图 2.32 所示。新建文件有两种方式：可以在菜单栏，点击 File -> New -> Python File；或者在项目的目录区右键，点击 New ->Python File。然后给新文件命名。

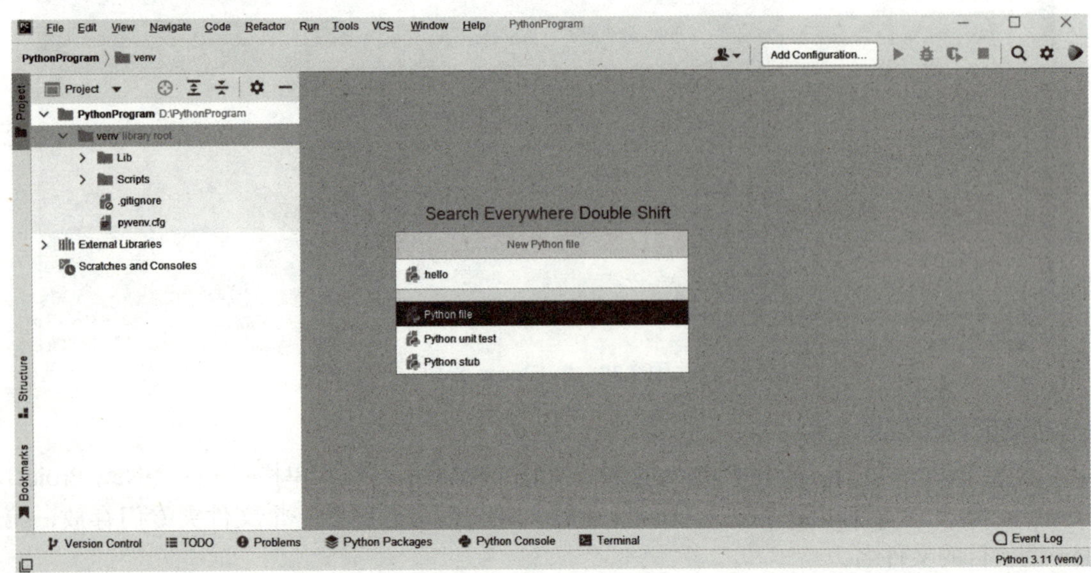

图 2.32　PyCharm 新建文件

4．配置解释器

菜单栏：File ->Settings ->Project ->Project Interpreter，首次使用时可能显示的是 No interpreter（没有解释器）。点击 Python Interpreter 右侧的配置按钮，选择 Add，打开 Add Python Interpreter 界面，如图 2.33 所示。

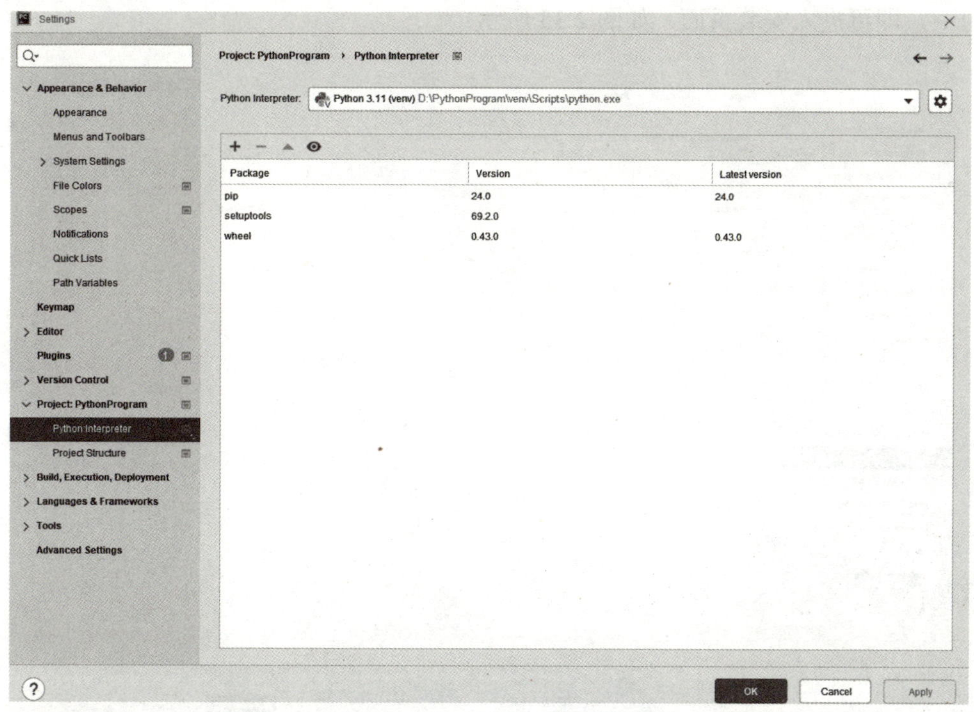

图 2.33　PyCharm 配置解释器

在当前环境下选择 python.exe。如果有两个版本的 Python，就可以在这里切换，写代码时要注意两个版本语法的不同，如图 2.34 所示。

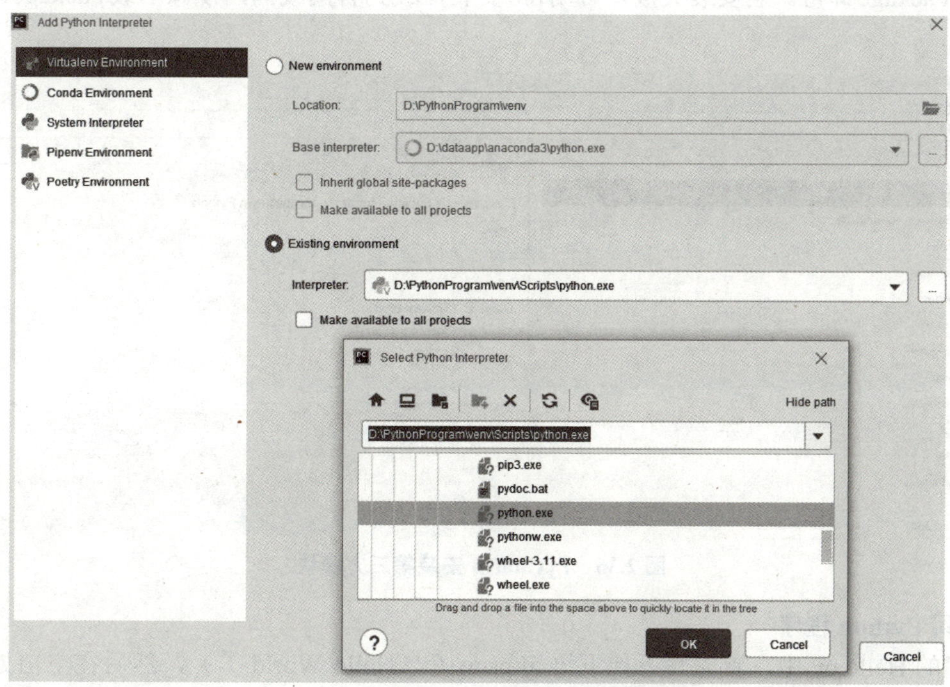

图 2.34　PyCharm 配置解释器

5. 安装第三方模块

写 Python 程序会用到一些 Python 包（比如处理数据的 NumPy，Pandas，机器学习使用到的 TensorFlow），你可以使用 pip 命令在 cmd 安装，也可以在 PyCharm 一键安装。

菜单栏：File –> Settings –>Project Interpreter。列表中已有的模块不需安装。若需要安装模块，点击上方的 +，即可进入安装页面，如图 2.35 所示。

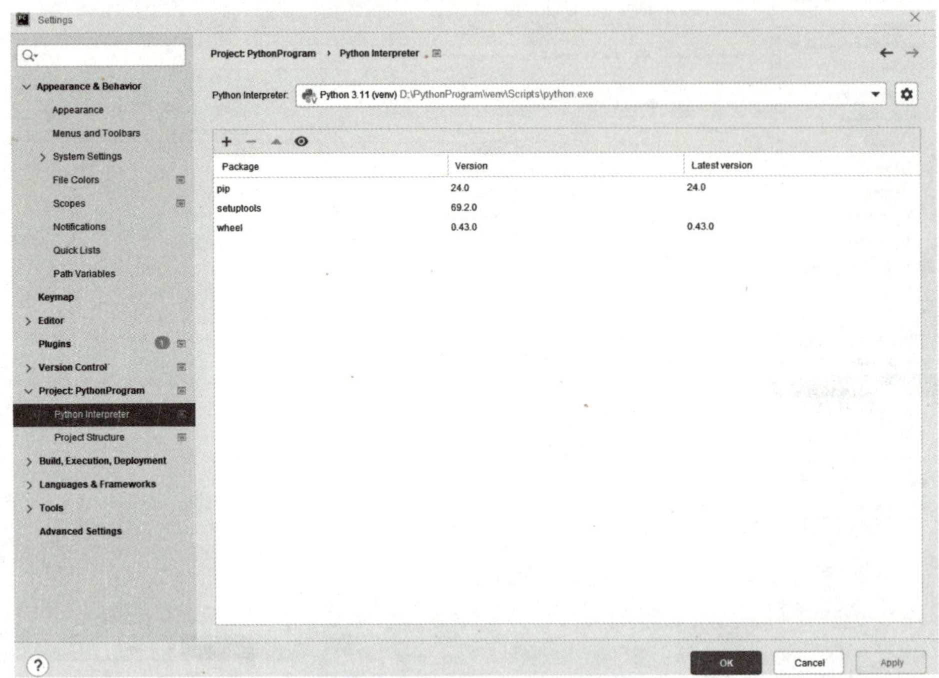

图 2.35　PyCharm 安装第三方模块

输入模块名称，若模块存在，会定位到包含所输入模块名称的位置，选择需要的模块及版本，点击 Install Package 即可。若安装失败，可用 pip 安装，或到官网或国内镜像下载 Package，如图 2.36 所示。

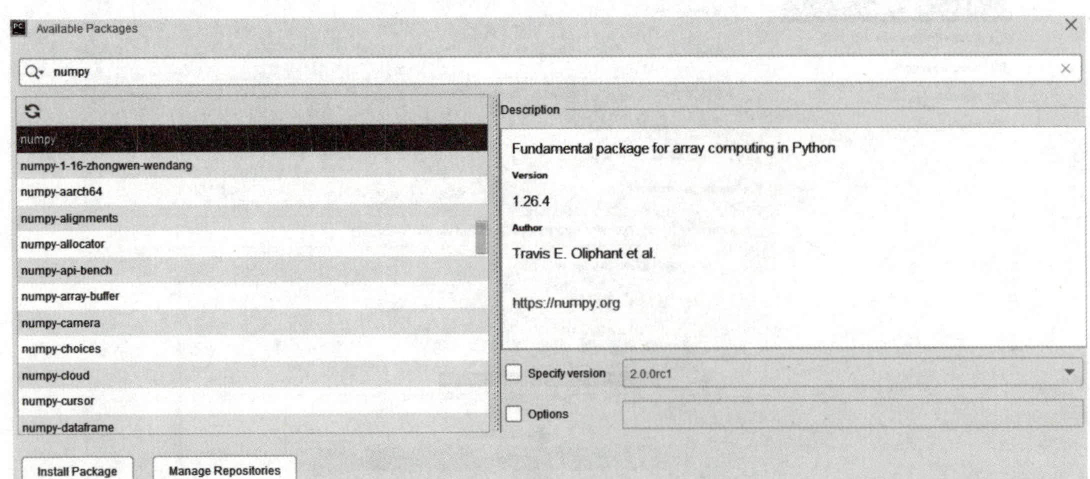

图 2.36　PyCharm 安装第三方模块

6. 编写 Python 程序

在新建的 Hello.py 中，首先写下如下语句 print（ ' Hello World ' ），然后在空白处右击选择 Run ' Hello ' （Hello 是文件名），下方窗口就会有输出，如图 2.37 所示。

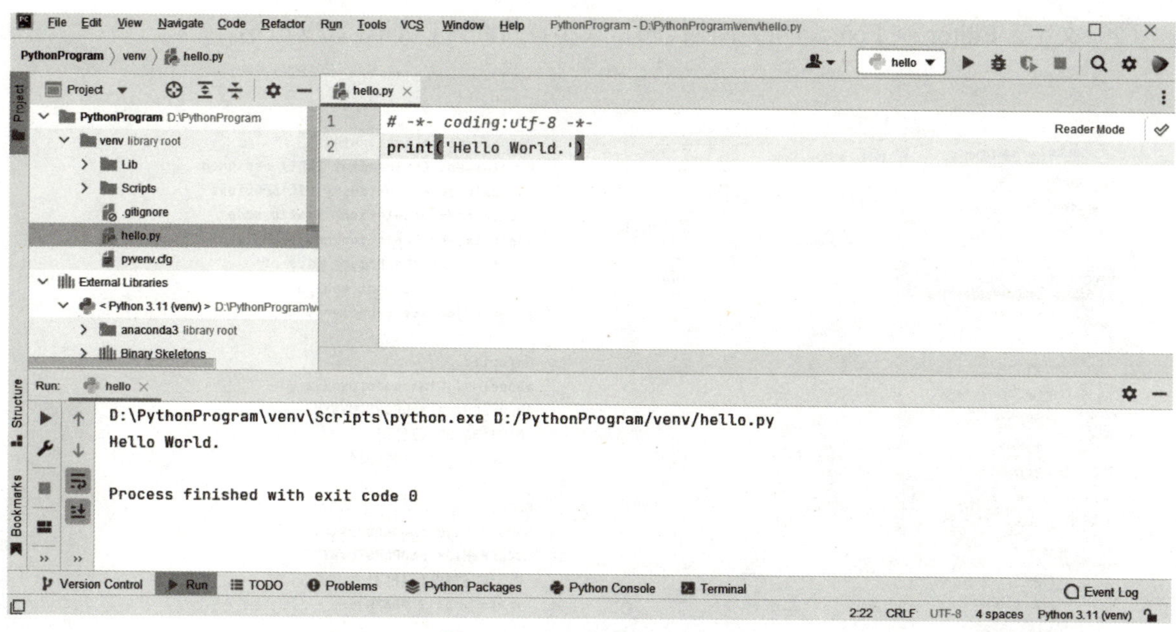

图 2.37　PyCharm 编写程序

7. 简单设置

打开菜单栏的 File ->Settings。若不知道某项配置的位置，可以直接在搜索框输入名字。设置好之后需点击 Apply（应用）。

（1）背景颜色。Appearance & Behavior -> Appearance ->theme，如图 2.38 所示。

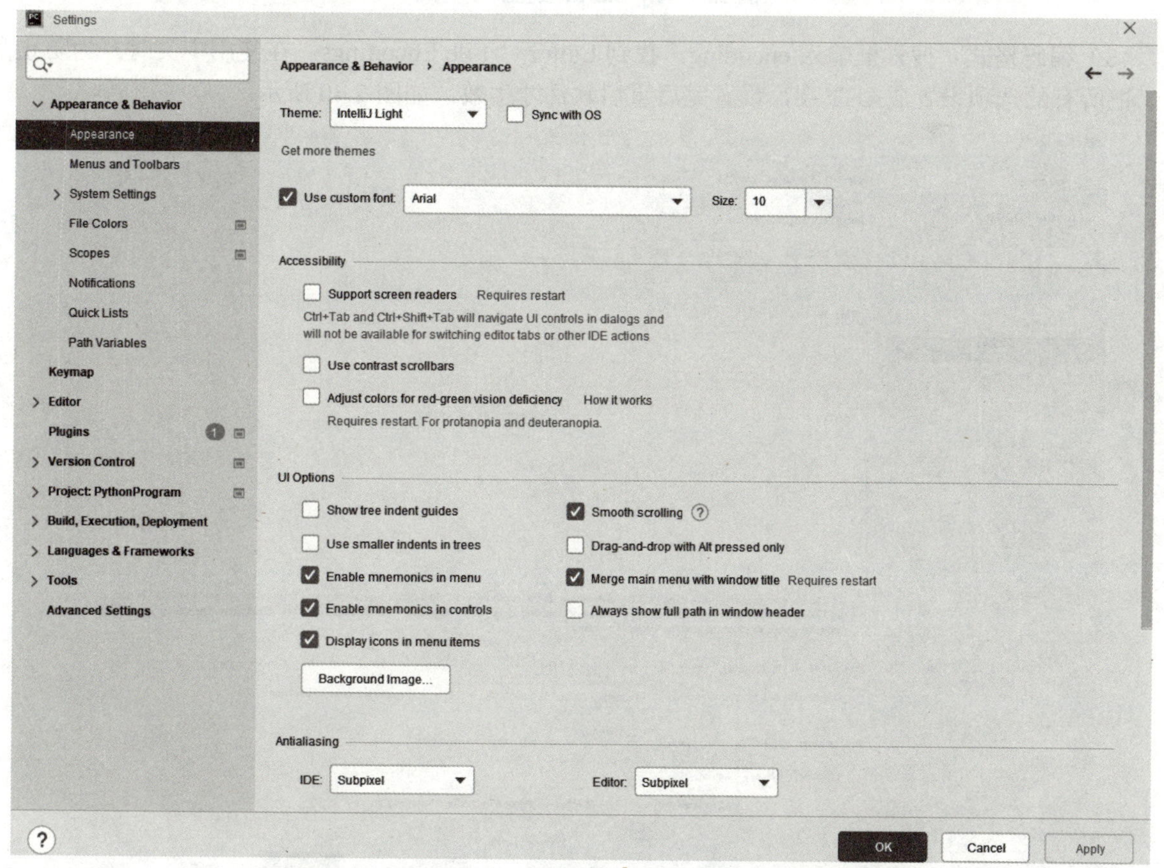

图 2.38　PyCharm 设置背景颜色

（2）文字。Editor -> Font，能改字体代码、大小、行间距，如图 2.39 所示。

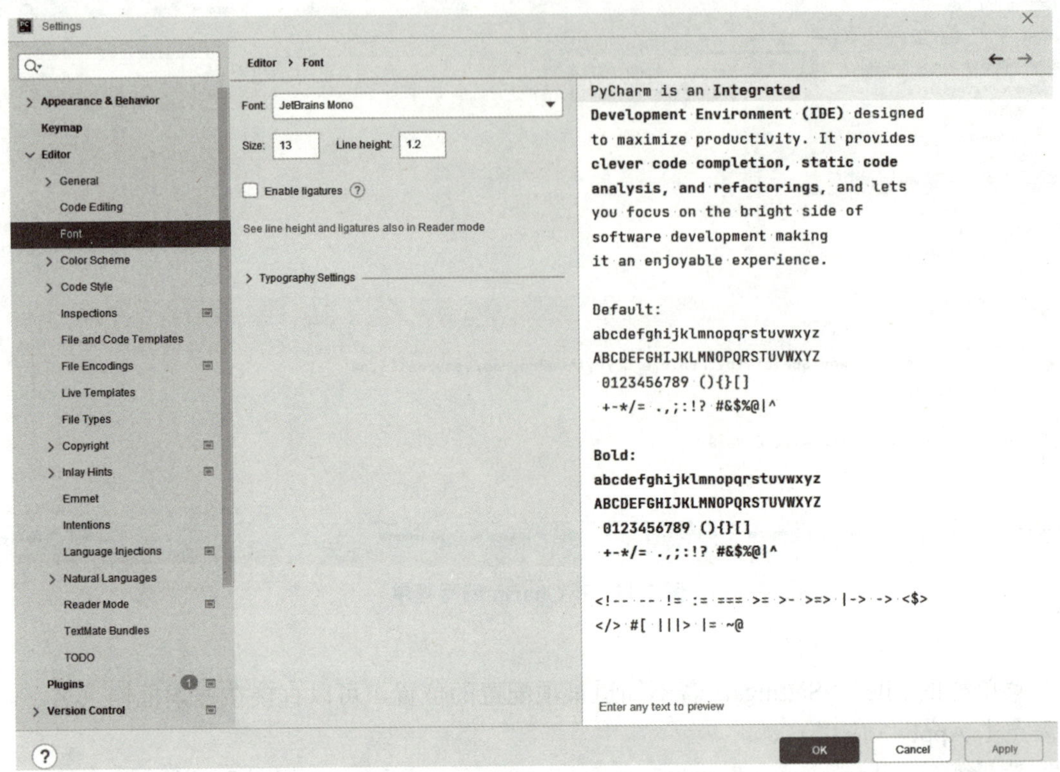

图 2.39 PyCharm 设置文字格式

（3）编码格式。搜索框输入 encoding，找到 Editor ->File Encodings。在使用中文时，为防止乱码，把所有的选项设置成 UTF-8，设置完后重启软件才生效，如图 2.40 所示。

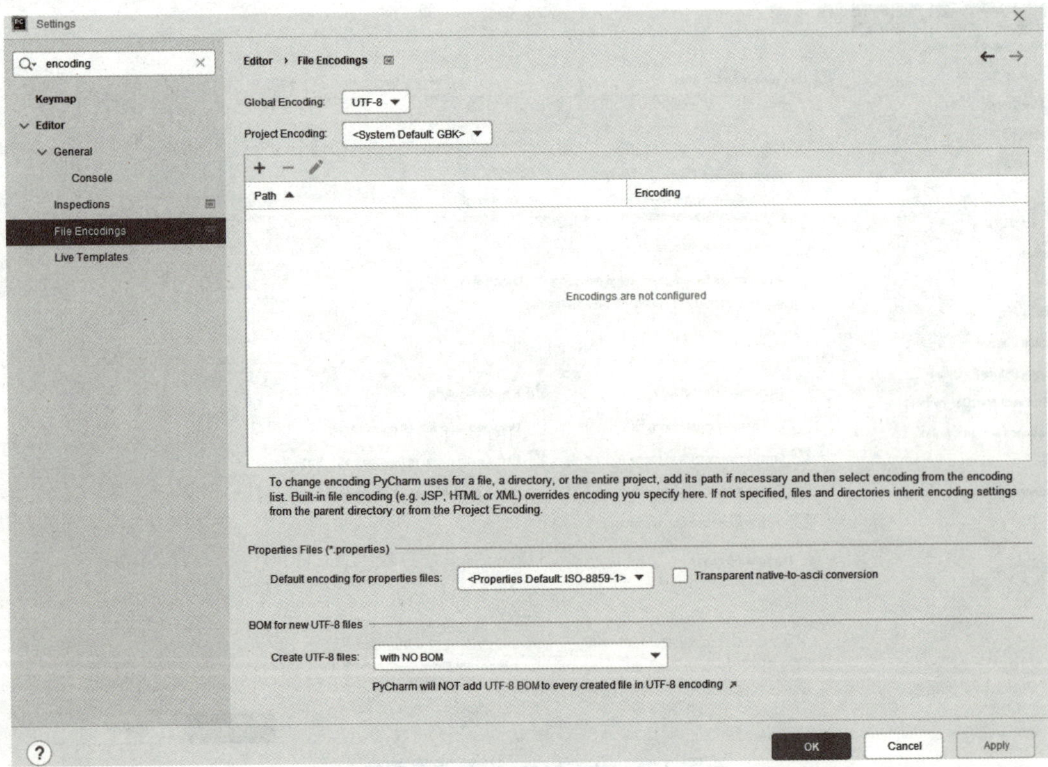

图 2.40 PyCharm 安装页面

（4）脚本头。利用模板为新建的文件开头自动添加注释（解释器路径和编码）。Editor ->File and Code Templates，找到右边的 Python Script，输入下面的语句，如图 2.41 所示，以后每次新建文件的开头会自动加上注释，如图 2.42 所示。

```
#!/usr/bin/env python
# -*- coding:utf-8 -*-
```

图 2.41　PyCharm 注释模板

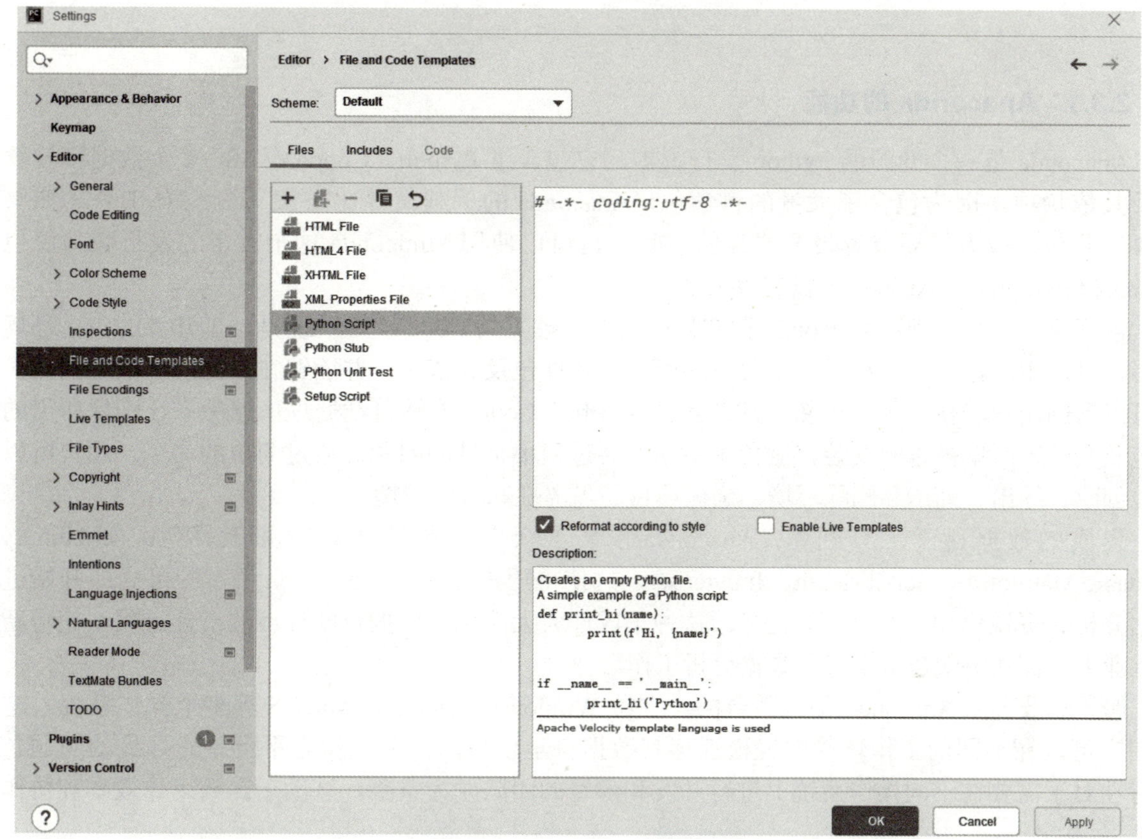

图 2.42　PyCharm 注释模板

8. 技巧

以下是一些常用的快捷键。

复制一行：Ctrl + D

删除一行：Ctrl + Y

查找：Ctrl + F

替换：Ctrl +R

快速换行：Ctrl + Enter

批量注释 / 取消：Ctrl + /

向后缩进：Tab

向前缩进：shift + Tab

折叠：Ctrl + ‘–’

展开：Ctrl + ‘+’

全部折叠：Ctrl + shift + ‘–’

全部展开：Ctrl + shift + ‘+’

查看某个函数或模块：选中函数名 Ctrl + 单击

2.3 Anaconda 的功能、安装及使用

2.3.1 Anaconda 的功能

Anaconda 是一个开源的 Python 发行版本，它包含了 Python、Conda 等 180 多个数据科学软件包及其依赖项。因为包含了大量的科学包，Anaconda 的下载文件比较大（约 531MB），如果只需要某些包，或者需要节省带宽或存储空间，也可以使用 Miniconda 这个较小的发行版（仅包含 Conda 和 Python）。Anaconda 具有以下功能。

包管理与环境管理：Anaconda 拥有自己的包管理工具 Conda。Conda 是一个开源的包、环境管理器，可以用于在同一个机器上安装不同版本的软件包及其依赖，并能够在不同的环境之间切换，它可以帮助用户轻松安装、更新、卸载各种软件包。Conda 能够自动处理依赖关系，确保所需的软件包及其特定版本被正确安装，避免了手动安装过程中常见的问题。通过简单的命令，用户可以轻松地创建、导出、列出和删除环境，确保项目的隔离性和可维护性。

集成的数据科学工具和库：Anaconda 预装了众多的科学计算库和工具包，如 NumPy、Pandas、Matplotlib、Scikit-learn、Jupyter 等，这使得用户在安装 Anaconda 后，即可立即开始进行数据分析、可视化和机器学习等任务。这种集成性大大简化了数据科学环境的搭建过程，使得新手和专业人士都能够快速上手进行数据分析工作。

跨平台支持：Anaconda 是跨平台的，支持 Windows、Linux 和 MacOS 等多个操作系统。这使得用户可以在不同的工作环境中轻松迁移其数据科学项目，而无须担心平台差异导致的问题。这一特性对于需要在不同操作系统上进行开发和部署的团队尤为重要，有助于提高工作效率和协作顺畅度。

集成 Jupyter Notebook：Anaconda 内置了 Jupyter Notebook，这是一个非常流行的交互式计算和数据可视化工具。Jupyter Notebook 支持多种编程语言，但在 Anaconda 中主要以支持 Python 为主。通过 Jupyter Notebook，用户可以编写、执行和共享包含实时代码、方程、可视化和解释性文本的文档，使得数据分析和报告生成更加灵活和直观。

支持大数据处理和分布式计算：Anaconda 不仅局限于小规模的数据科学任务，还支持大规模的数据处理和分布式计算。通过集成 Apache Spark 和 Dask 等框架，Anaconda 使得用户能够处理大规模数据集，实现并行计算，提高数据处理效率。这对于需要处理大数据的企业和研究机构而言，是一个强大的功能，为其提供了灵活的数据处理解决方案。

以上功能使得 Anaconda 成为进行科学计算、数据分析以及机器学习等任务的开发者的强大工具。

2.3.2 Anaconda 的安装

1. Anaconda 下载

Anaconda 的官方下载网址为：www.anaconda.com，如图 2.43 所示。

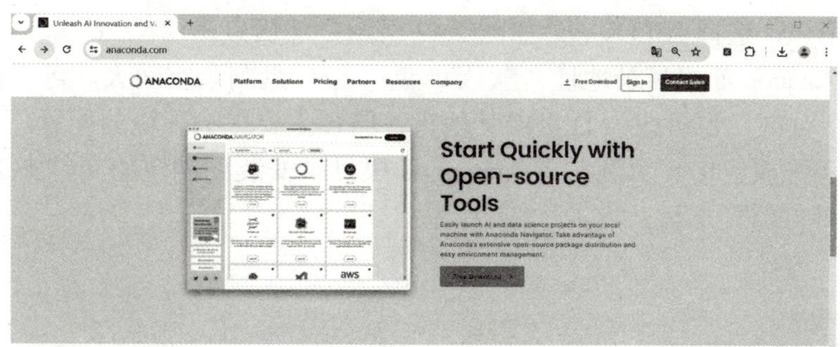

图 2.43　Anaconda 下载页面

Anaconda 可以在 Windows、MacOS、Linux 系统平台中安装和使用，选择对应操作系统的 Anaconda 安装包下载。注意：受网络的影响，从官网下载要等待很长时间，有时还会下载中断。推荐使用国内的镜像网站下载，比如，清华大学镜像，如图 2.44 所示。

https://mirrors.tuna.tsinghua.edu.cn/anaconda/archive/?C=M&O=D

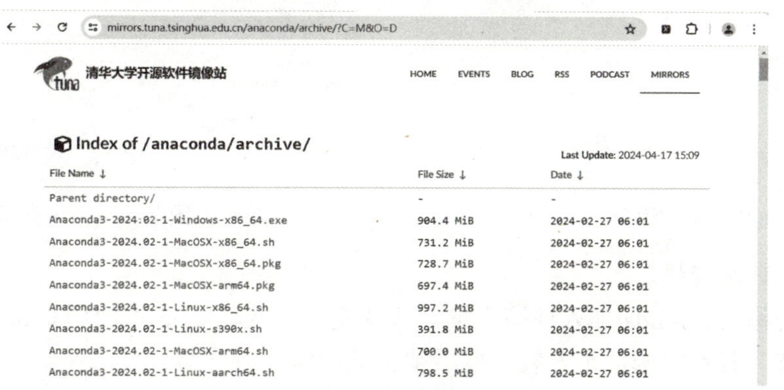

图 2.44　清华大学开源软件镜像

可根据电脑的系统类型，下载对应 Windows 或 macOS 系统的安装包。

2. Anaconda 的安装

以下分 Windows 系统和 MacOS 系统分别介绍具体的安装过程。

（1）Windows 系统安装 Anaconda。

第一步：右键 Anaconda 的 .exe 文件，以管理员身份运行，出现欢迎页面，如图 2.45 所示。点击“Next”。

第二步，同意协议，如图 2.46 所示，点击“I Agree”。

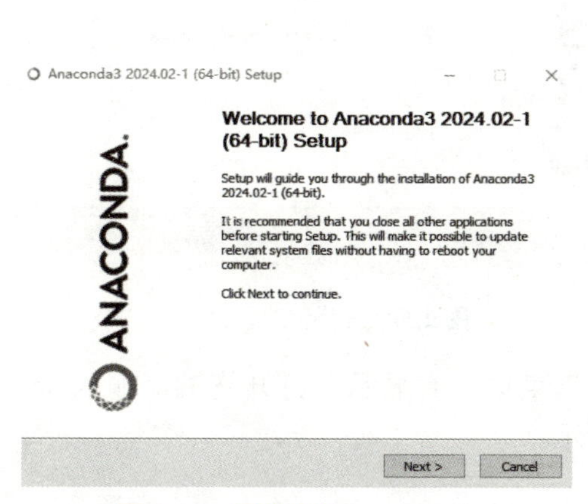

图 2.45　开始安装 Anaconda

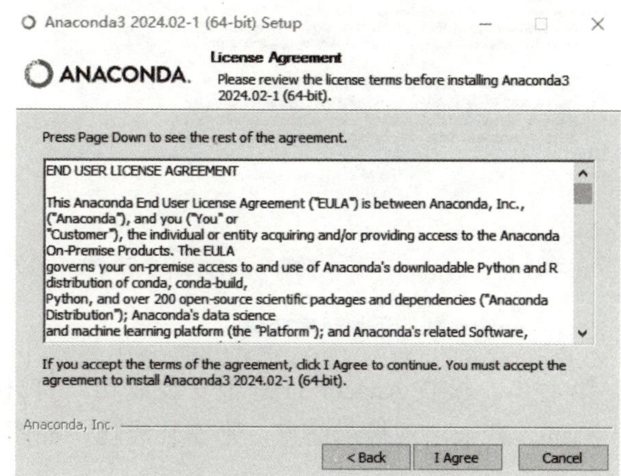

图 2.46　同意协议

第三步，选择用户，选择 All Users，如图 2.47 所示，然后点击“Next”。

第四步，选择 Anaconda 根目录地址。默认 C 盘：若 C 盘剩余空间大，可以保持默认安装。如果电脑的硬盘有多个分区，也可改为 D 盘或其他盘，路径主要影响环境的配置。但要注意的是，路径中不要出现中文字符或空格。示例：将 Anaconda 根目录安装到创建的文件夹 D:\app\anaconda\，如图 2.48 所示。选择好路径之后，点击“Next”。

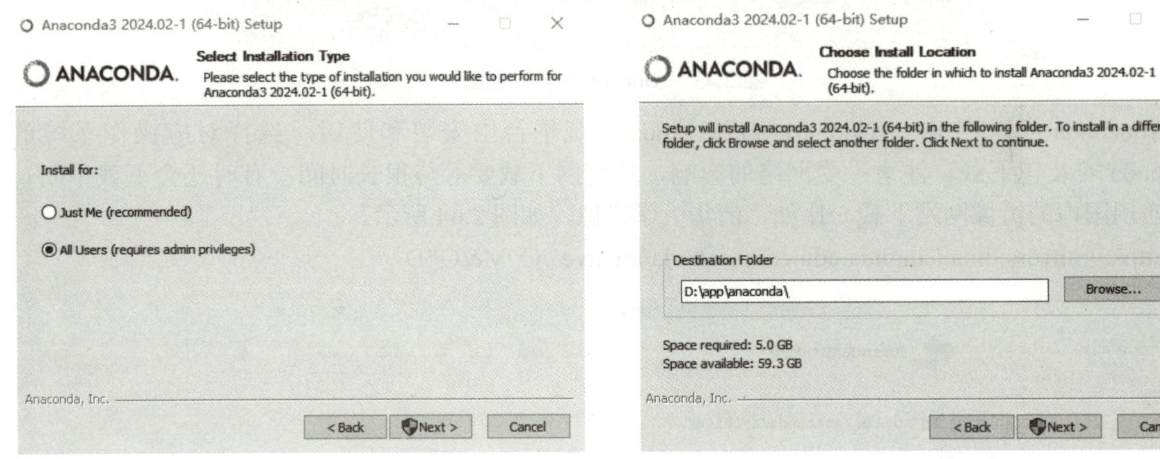

图 2.47　选择用户　　　　图 2.48　指定安装路径

第五步，添加环境变量。

选项一：是否将 Anaconda 加入环境变量，涉及能否直接在 cmd 中使用 conda、jupyter、ipython 等命令。建议勾选。若不勾选，则安装完成后须手动配置系统变量。

选项二：是否设置 Anaconda 所带的 Python 为系统默认的版本。

两个选项都勾选上，如图 2.49 所示，点击 Install。

第六步，完成安装。最后界面的两个钩一般不必打上，如图 2.50 所示。

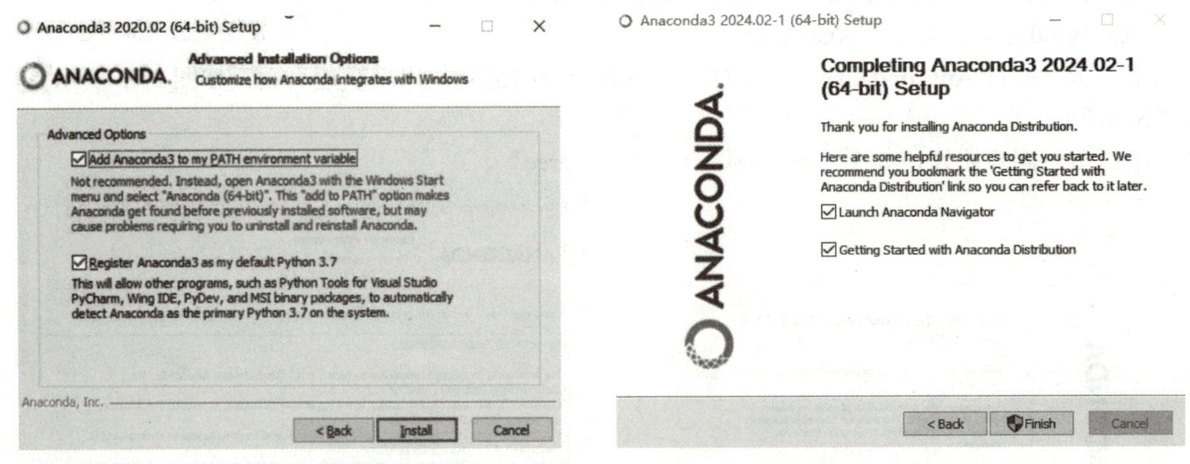

图 2.49　添加环境变量　　　　图 2.50　安装完成

第七步，检查 Anaconda 是否安装成功。打开“开始”菜单，有显示。打开终端，输入 conda info 测试。若未出现报错信息，则安装成功，如图 2.51 所示。

图 2.51 测试信息

（2）MacOS 系统安装 Anaconda。

第一步，双击下载的 .pkg 文件，出现提示信息，如图 2.52 所示，点击“继续”。

第二步，欢迎页面，如图 2.53，点击“继续”。

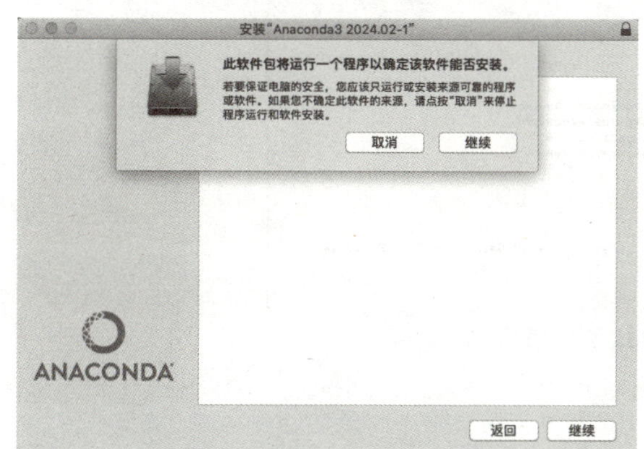

图 2.52 Anaconda 安装提示

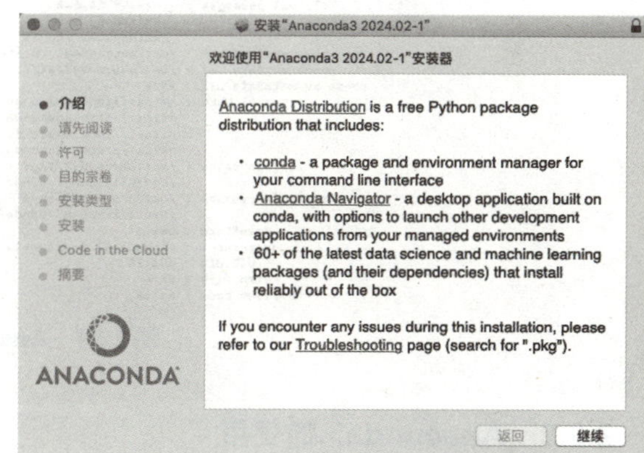

图 2.53 Anaconda 安装

第三步，同意协议，点击“同意”，如图 2.54 所示，然后点击“继续”。

第四步，选择用户，选择“为这台电脑上的所有用户安装”，如图 2.55 所示，然后点击“继续”。

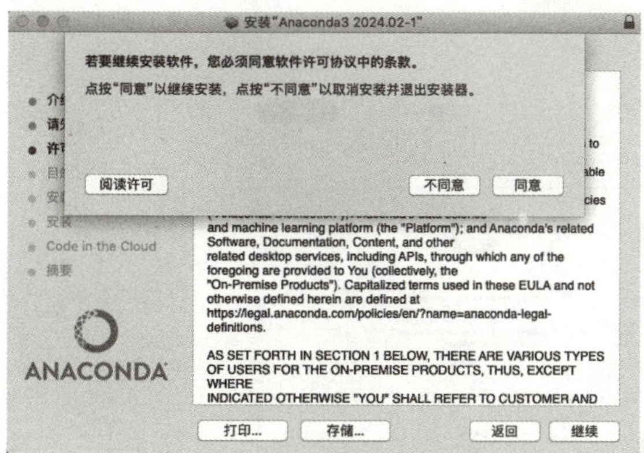

图 2.54 Anaconda 安装

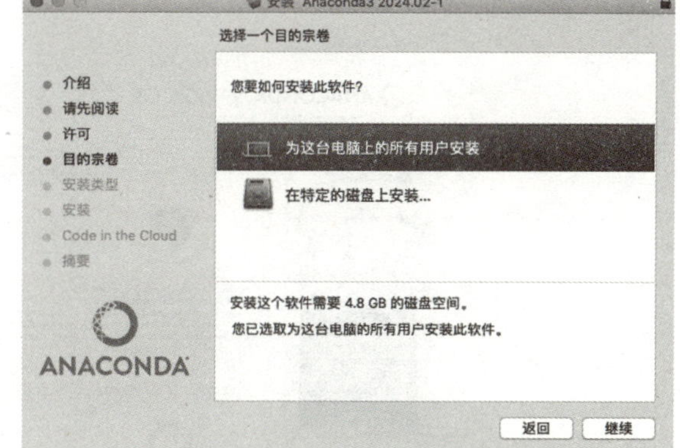

图 2.55 Anaconda 安装

第五步，安装，点击“继续”，如图 2.56 所示。

第六步，安装完成，点击“关闭”，如图 2.57 所示。

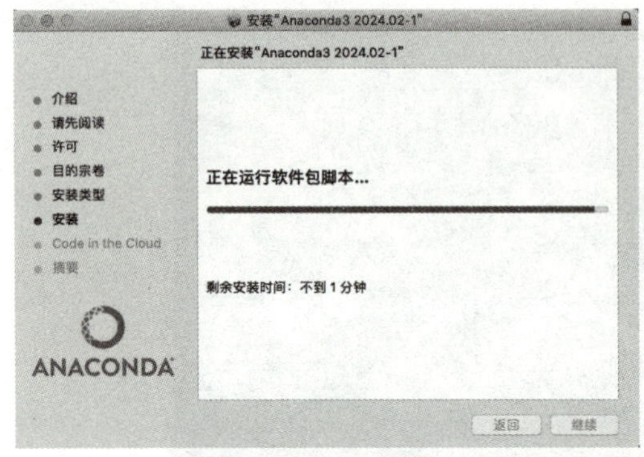

图 2.56　Anaconda 安装

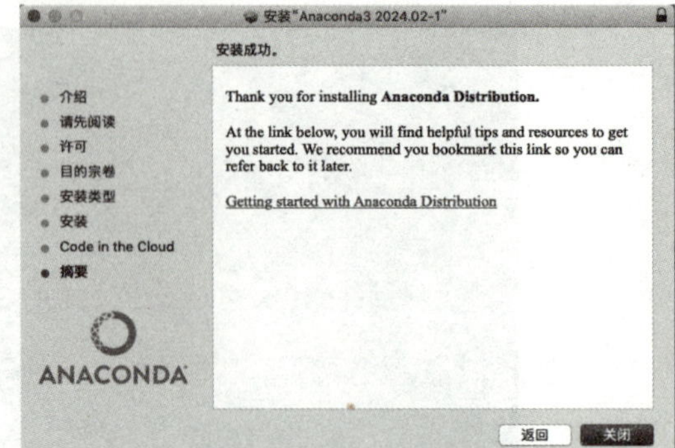

图 2.57　Anaconda 安装

第七步，测试是否安装成功。在“终端”输入 conda info 命令进行测试，如图 2.58 所示。

```
ivypeng — -bash — 99×30
Last login: Wed Apr 17 21:31:23 on ttys000
(base) IvydeMacBook-Air:~ ivypeng$ conda info

     active environment : base
    active env location : /opt/anaconda3
            shell level : 1
       user config file : /Users/ivypeng/.condarc
 populated config files : /Users/ivypeng/.condarc
          conda version : 4.12.0
    conda-build version : 3.21.8
         python version : 3.9.12.final.0
       virtual packages : __osx=10.14.6=0
                          __unix=0=0
                          __archspec=1=x86_64
       base environment : /opt/anaconda3  (writable)
      conda av data dir : /opt/anaconda3/etc/conda
  conda av metadata url : None
           channel URLs : https://repo.anaconda.com/pkgs/main/osx-64
                          https://repo.anaconda.com/pkgs/main/noarch
                          https://repo.anaconda.com/pkgs/r/osx-64
                          https://repo.anaconda.com/pkgs/r/noarch
          package cache : /opt/anaconda3/pkgs
                          /Users/ivypeng/.conda/pkgs
       envs directories : /opt/anaconda3/envs
                          /Users/ivypeng/.conda/envs
               platform : osx-64
             user-agent : conda/4.12.0 requests/2.27.1 CPython/3.9.12 Darwin/18.7.0 OSX/10.14.6
                UID:GID : 501:20
             netrc file : None
           offline mode : False
```

图 2.58　Anaconda 测试信息

2.3.3　Anaconda3 的使用

1．可视化界面 Anaconda Navigator

Anaconda Navigator 是用于管理工具包和环境的图形用户界面。

Windows 系统安装 Anaconda 完成之后，开始菜单 ->Anaconda3-> Anaconda Navigator, 启动完成之后，如图 2.59 所示。

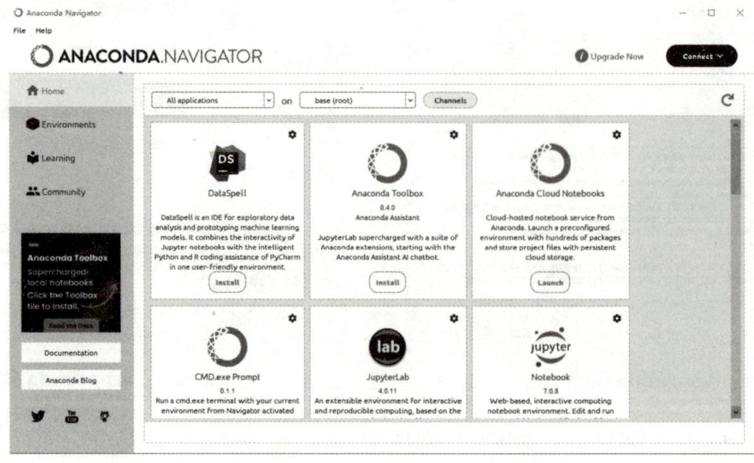

图 2.59　Anaconda　Navigator 界面

点击 Environments，即可创建新环境或者在环境中搜索下载想要的依赖库。

2．Jupyter Notebook

Jupyter Notebook 是基于 Web 的交互式计算环境，可以编辑易于人们阅读的文档，用于展示数据分析的过程。

启动 Jupyter：在可视化界面 Anaconda Navigator->Jupyter Notebook->点击其下方 Launch。或者，开始菜单 ->Anaconda3->Jupyter Notebook，如图 2.60 所示。

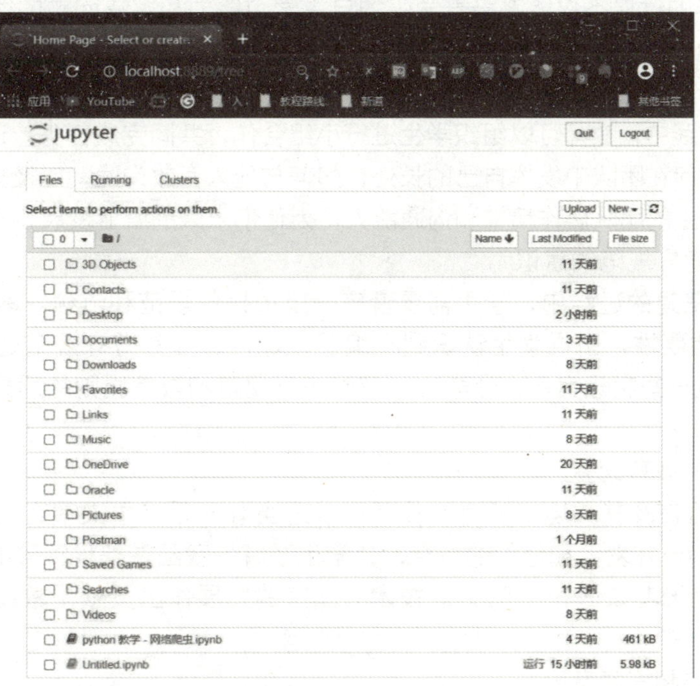

图 2.60　Jupyter 界面

3．Anaconda Prompt

Anaconda Prompt 可以理解为 Anaconda 版的 cmd 命令提示窗。Conda 和 pip 的用法一样，可以通过一系列的 Conda 指令来操作 Anaconda。

启动 Anaconda Prompt：开始菜单 -> Anaconda ->Anaconda Prompt，如图 2.61 所示。

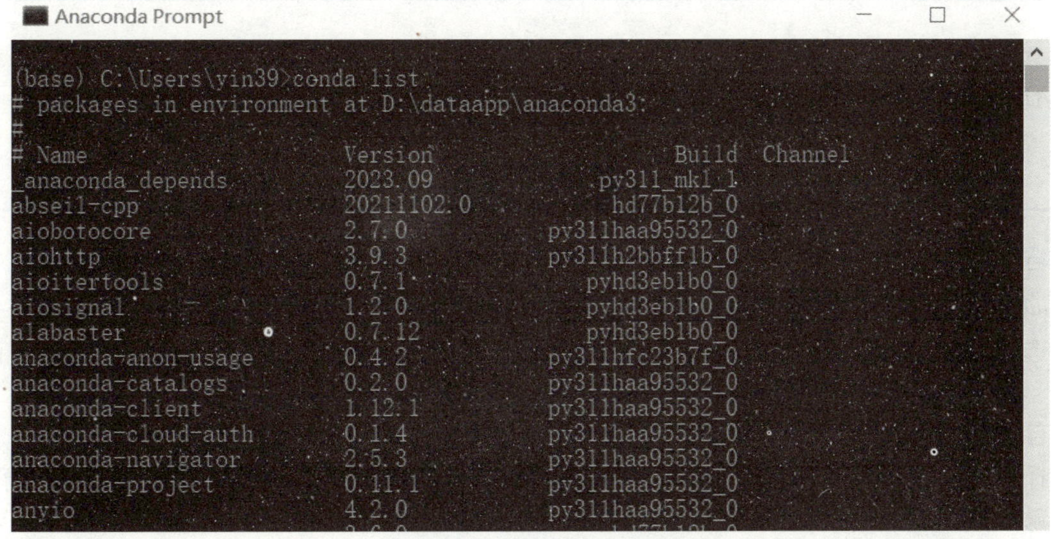

图 2.61　Anaconda Prompt

课堂思政

1. 强调自主学习与解决问题的能力

在 Python 环境搭建的过程中，学生可能会遇到各种问题和挑战，如安装失败、配置错误等。此时，教师可以鼓励学生自主查找问题原因，通过查阅官方文档、搜索网络资源或参与在线社区讨论来解决问题。这样的过程不仅能够培养学生的自主学习能力和解决问题的能力，还能让他们体验到探索与发现的乐趣，从而激发他们对编程的兴趣。

2. 培养团队协作与沟通的能力

在环境搭建的实践中，教师可以组织学生进行小组合作，共同完成任务。通过分工合作、交流讨论，学生可以学会如何在团队中发挥自己的长处，如何与他人有效沟通，以及如何协同解决问题。这样的实践能够培养学生的团队协作精神和沟通能力，为他们未来的职业发展打下坚实的基础。

3. 注重诚信与遵守规范的意识

在 Python 环境搭建的过程中，学生需要遵守一定的操作规范和流程。教师可以借此机会强调诚信和遵守规范的重要性，引导学生认识到在编程领域，诚信和遵守规范是不可或缺的素质。同时，教师还可以结合一些实际案例，让学生了解到违反规范和诚信原则的后果，从而增强他们的自律意识和责任感。

4. 融入爱国主义教育元素

在介绍 Python 语言及其环境搭建时，教师可以适当融入爱国主义教育元素。例如，可以介绍一些国内优秀的 Python 开发者和他们的成果，让学生了解到我国在编程领域的实力和成就。同时，教师还可以引导学生思考如何利用 Python 技术为国家的发展作出贡献，激发他们的爱国情感和使命感。

5. 培养创新精神和探索意识

Python 作为一种灵活且强大的编程语言，为创新提供了广阔的舞台。在环境搭建的过程中，教师可以鼓励学生尝试不同的配置和扩展方式，以满足个性化的学习需求。这样的实践能够培养学生的创新精神和探索意识，让他们在不断尝试和探索中提升自己的编程能力。

本章小结

本章主要介绍了 Python、PyCharm 和 Anaconda 的功能。并基于 Windows 系统和 MacOS 系统分别介绍 Python、PyCharm 和 Anaconda 的安装与使用。

实战训练

项目 1：Python 基础环境安装

访问 Python 官方网站，下载适用于自己操作系统的 Python 安装包。按照安装向导进行安装，注意勾选 “Add Python to PATH” 选项以自动设置环境变量。安装完成后，在命令行中输入 python ——version 和 pip ——version 验证 Python 和 pip 是否安装成功。

项目 2：集成开发环境（IDE）安装与配置

选择一款 Python IDE（如 PyCharm、VS Code 等），下载并安装。在 IDE 中配置 Python 解释器，确保能够识别已安装的 Python 版本。自定义 IDE 的设置，如代码风格、自动补全、调试工具等，提升编程效率。

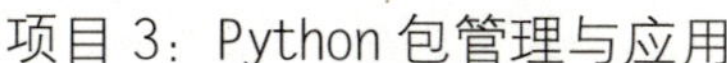

项目 3：Python 包管理与应用

使用 pip 命令安装常用的 Python 包，如 RumPy、Pandas、Matplotlib 等。创建一个简单的 Python 项目，如数据分析或 Web 应用，并引入已安装的包进行实践。探索包的其他功能和应用场景，提升对 Python 包的理解和使用能力。

课后练习

1．基础环境搭建

请描述 Python 的官方下载网站，并说明如何根据自己的操作系统选择合适的安装版本。在安装 Python 的过程中，有哪些重要的步骤和注意事项？安装完成后，如何验证 Python 是否成功安装？请写出验证步骤。

2．集成开发环境（IDE）的安装与配置

选择一款你感兴趣的 Python IDE（如 PyCharm），并说明其安装步骤。安装完成后，如何配置 IDE 以支持 Python 语言的开发？请列出关键配置项。尝试在 IDE 中创建一个简单的 Python 项目，并编写一个简单的程序来打印"Hello, World!"。

3．Python 包的安装与管理

请解释 Python 包的概念，并说明为什么需要安装和管理包。如何使用 pip 命令来安装一个 Python 包？请给出一个具体的安装示例。如果在安装包的过程中遇到问题（如网络问题、版本冲突等），你会如何解决？

4．环境变量的配置与检查

请解释环境变量的概念及其在 Python 环境搭建中的作用。如何配置 Python 的环境变量？请写出具体的配置步骤。配置完成后，如何检查环境变量是否配置成功？请给出检查方法。

第3章 编程基础

教学目标与要求

理解 Python 编程语言的基本概念，包括其设计哲学、特点和应用领域。掌握 Python 的基本语法，能够编写格式规范、逻辑清晰的 Python 代码。熟悉 Python 的基本数据类型，如整数、浮点数、字符串、列表、元组、字典和集合，并能够进行相应的操作。理解控制流的概念，能够使用条件语句和循环语句控制程序的执行流程。

3.1 Python 中的变量

3.1.1 保留字与标识符

在学习 Python 中的变量之前，先了解一下 Python 中的保留字和标识符分别是什么。

1. 保留字

在 Python 中，有一些单词具有特殊的意义，这些单词被称为保留字。它们不能被用作变量名、函数名或其他标识符。在使用 Python 编写代码时，需要特别注意不要使用保留字作为自定义的变量、函数或其他对象的名称，否则可能会导致语法错误。

在 Python 中可以通过内置模块 keyword 来查看保留字，也可以在 IDLE 中输入 help("keywords")进行查看。以下是一个简单的示例：

```
>>>help("keywords")          # 使用 help 函数快速查询关键字。
```

执行结果如下：

```
Here is a list of the Python keywords. Enter any keyword to get more help.
False          class          from          or
None           continue       global        pass
True           def            if            raise
and            del            import        return
as             elif           in            try
assert         else           is            while
async          except         lambda        with
```

```
await        finally        nonlocal        yield
break        for            not
```

2. 标识符

在 Python 编程中，标识符是对变量、函数、类等元素进行命名的标识。使用标识符时需要遵守以下准则。

（1）标识符只能由英文字母（包括大写和小写）、数字以及下划线构成。

（2）标识符的开头不能是数字，以防止与数值常量产生混淆。

（3）标识符对大小写敏感，需要注意区分。例如：“myName”和“myname”在 Python 中将被视作两个不同的标识符。

（4）标识符不得使用 Python 中的保留字，例如“if”“else”“while”等 Python 中的保留字不能作为标识符进行使用，因为这些词已在 Python 中作为特殊的语法用途使用了。

（5）通常以下划线为首的标识符有特殊含义。如单下划线开头的标识符“_width”，表示该属性不应直接被访问；双下划线开头的标识符“__add”，用于指示类的私有成员；而前后都出现双下划线的标识符“__init__”，是 Python 保留的特别用途的标识符，比如代表构造函数。

（6）尽管 Python 支持使用汉字作为标识符，但为了确保代码的可读性和一致性，通常建议最好还是采用英文字母、数字以及下划线来构造标识符。

3.1.2 变量与引用

在 Python 中无须事先声明变量的名称和类型，仅需通过赋值操作即可定义任意类型的变量。同时，通过变量名便能实现对内存中存储对象的访问。不过 Python 中的变量命名还是必须遵守一些基本规则。

（1）变量名必须为符合标识符的构造准则。

（2）变量名不能是 Python 中的保留字。

（3）变量名要尽量避免使用小写字母“i”和大写字母“O”。因为它们与数字“1”和“0”极为相似，极容易导致视觉混淆，尤其是在缺少上下文的情境时。所以一般为了使代码的可读性更高，减少因视觉混淆导致的误解，在 Python 中进行变量命名时最好避免使用小写字母“i”和大写字母“O”。

（4）变量名应选择能够体现变量功能的词汇。当选择能够体现变量功能的词汇作为变量名时，通过变量名就能很容易地理解其代表的含义，这样有利于提升代码的可读性。

与其他程序设计语言（如 VB、C++ 等）不同，Python 不需要预先声明变量及其类型，Python 采用的是动态赋值方式，只需要通过对变量进行赋值便可完成变量的创建，系统会自动根据所赋的值判断变量的类型。这意味着在 Python 中，变量不但可以随时改变取值，还可以随时改变类型。例如：

```
>>>a = 123                    # 定义变量 a 并赋值
>>>type(a)                    # 使用内置函数 type() 查看变量的数据类型
<class 'int'>
```

Python 在给变量赋值的时候，不仅可以对单变量进行赋值，也可以对双变量和多变量进行赋值。

例如：

```
>>>a = b = c = 5              # 相当于三个变量均等于 5
>>> print(a,b,c)
  5 5 5
>>>a,b = 5,6                  # 相当于 a = 5; b = 6
>>>print(a,b)
5 6
```

此外，Python 对变量进行赋值是基于引用的内存管理方式，这就意味着在 Python 中变量本身并不直接存储变量的值，而是存储值在内存中的地址，系统是通过内存地址来获取变量的值的。因此，如果两个变量具有相同的值，那么它们的值在内存中的地址也就是相同的。例如：

```
>>>a = 10
>>>id(a)                    # 使用内置函数查找变量 a 的值的内存地址
140715888626392
>>>b = a
>>>id(b)
140715888626392            # 经过赋值，a 和 b 的值的内存地址是一样的
>>>a = 11
>>>id(a)
140715888626424            # 重新赋值后，a 的值的内存地址变了
>>>id(b)
140715888626392            #b 没有重新赋值，b 的值的内存地址就没有变
>>>b = 11
>>>id(b)
140715888626424            #b 重新赋值与 a 重新赋值相同后，b 的内存地址也和 a 的新的内存地址一样了
```

如果想要在 Python 中删除某个变量，使用命令“del 变量名”便可实现。

例如：

```
>>>a = 123
>>>print(a)
123
>>>del a
>>>print(a)              # 因为变量被删除，所以显示未被定义
Traceback (most recent call last):
File "<pyshell#12>", line 1, in <module>
print(a)
NameError: name "a" is not defined
```

3.2 基本数据类型

Python 中基本数据类型主要分为两类，一类是用于表示和处理数字的数值类型，主要包括整型（int）、浮点型（float）、复数型（complex）和布尔型（bool）；另一类是用于表示和存储文本信息的字符串类型（str）。

3.2.1 数值类型

1. 整型 (int)

在 Python 中，整型数据代表没有小数部分的数值，包括正数、负数和零。在 Python 3.x 版本中，整型数据可以表示非常大的整数，不再区分标准整型（int）和长整型（long），因此无须担心存在整数过大而导致数据溢出的问题。整型数据可以使用多种进制表示，主要包括二进制、八进

制、十进制和十六进制。以下将对每种进制分别进行介绍：

（1）二进制整型数据由 0 和 1 两个数字组成，遵循“逢二进一”的进位规则。例如，二进制的 101 经转换后是十进制的 5，而 1010 经转换后是十进制的 10。

（2）八进制整型数据由 0 到 7 的数字组成，遵循“逢八进一”的进位规则，通常以 0o 或 0O 开头。例如，八进制的 0o123 经转换后是十进制的 83，而八进制的 -0o123 经转换后是十进制的 -83。

（3）十进制整型数据由 0 到 9 的数字组成，是最常见的整型数据。例如，1、-1、0、108 和 -2024 都是十进制整型数据。需要注意的是，除非数据本身就是 0，否则十进制整型数据都不应以 0 开头，因为在 Python 中，以 0 开头的整型数据通常会被视为八进制整型数据。

（4）十六进制整型数据由 0 到 9 的数字和 A 到 F 的字母组成，遵循“逢十六进一”的进位规则，通常以 0x 或 0X 开头。例如，十六进制的 0x25 经转换后是十进制的 37，而十六进制的 0Xb01e 经转换后是十进制的 45086。

通过上述不同的进制表示方法，Python 提供了灵活的整型数据处理能力，能适用于各种数学计算需求。

2. 浮点型 (float)

浮点型整型数据是由一个整数部分和一个分数部分组成，主要用来表示包含小数点的数值，例如 1.414、-1.732、2.7182818、3.1415926535897932384626 等。此外，浮点型整型数据也支持科学记数法的表示方式，如 2e3（代表 2×10^3）、-3e4（代表 -3×10^4）以及 4e-5（代表 4×10^-5）等。

需要注意的是，在执行浮点型整型数据的计算时，可能会遇到小数精度不稳定的问题。例如，在 Python 中，将 0.1 和 0.1 相加，将得到正确的结果 0.2，但将 0.1 和 0.2 相加时，结果却是 0.30000000000000004，并不是正确的结果 0.3。具体过程如下：

```
>>>0.1+0.1
0.2
>>>0.1+0.2
0.30000000000000004
```

这是一个普遍存在于所有编程语言中的问题，通常是由于计算机内部表示浮点型数据的方式引起的，在这种情况下，可以暂时忽略这些多余的小数位数。

3. 复数型 (complex)

复数型整型数据与数学中的复数形式相同，用于表示既有实部又有虚部的数值，其中实部是一个标准的实数，虚部通常用j或J表示。当表示一个复数型整型数据时，可以将其实部和虚部相加。例如，一个复数的实部为 1.2, 虚部为 3j, 那么这个复数型整型数据可表示为 1.2+3j。

例如：

```
>>>x1 = 1+2j
>>>x2 = -3+4j
>>>x3 = x1+x2
>>>print(x3)            # 输出变量 x3 的值
(-2+6j)
>>>type(x3)             # 使用内置函数 type() 查看变量 x3 的数据类型
<class "complex">
```

4. 布尔型 (bool)

布尔型整型数据用于表示逻辑值，包含两个基本的值：True 和 False。这两个值分别代表真（正确）和假（错误）两种逻辑状态。在 Python 中，标识符 True 和 False 被视为布尔值。

```
>>>type(True)           # 使用内置函数 type() 查看 True 的数据类型
<class "bool">
```

```
>>>type(False)          # 使用内置函数 type() 查看 False 的数据类型
<class "bool">
```

布尔值在 Python 中可以与整型数值进行转换，其中 True 转换为整型数值时，其值为 1；False 转换为整型数值时，其值为 0。这种转换在编程中非常有用，特别是在涉及条件判断和逻辑运算的场景中。

此外，布尔型整型数据也可以进行数值运算，例如，表达式“True+1”的结果为 2。但一般不建议将布尔型整型数据用于数值运算，因为布尔型整型数据的主要目的是用于做逻辑判断而非数值计算。

```
>>>x = False+1                # 定义变量 x，用布尔类型的值进行赋值
>>>print(x)
1
```

3.2.2 字符串类型

字符串类型是一种用于表示和存储文本信息的基本数据类型，是由包括字母、数字、标点、空格以及其他任何 Unicode 字符集内的其他符号等一系列字符组成的。在 Python 中，可以使用单引号（'）、双引号（"）、三重单引号（'''）或三重双引号（"""）来定义字符串，例如：'hello' "hello" '''hello''' 和 """hello""" 都可以表示字符串 "hello"。通常，单引号和双引号只能用于表示单行的字符串，而三重单引号和三重双引号则可用于表示跨越多行的字符串。下面使用四种不同的定义方式来定义四个字符串变量，并使用 print() 函数输出它们，具体代码如下：

```
>>>str1 = '我爱学 Python '
>>>str2 = "  Python 是一种高级编程语言，以简洁、易读的语法而闻名 "
>>>str3 = '''     Python 简单易学、功能强 大、应用广泛
广泛应用于软件开发、数据分析、人工智能等领域 '''
>>>str4 = """  学 Python，从入门到精通
用 Python，连接数据与智能
掌握 Python，探索未知，创造奇迹 """
>>>print(str1)
>>>print(str2)
>>>print(str3)
>>>print(str4)
```

执行结果如下：

```
我爱学 Python
Python 是一种高级编程语言，以简洁、易读的语法而闻名
Python 简单易学、功能强大、应用广泛
广泛应用于软件开发、数据分析、人工智能等领域
学 Python，从入门到精通
用 Python，连接数据与智能
掌握 Python，探索未知，创造奇迹
```

Python 中字符串的处理功能强大且灵活，若能掌握一些常用方法，则在处理文本数据时可以事半功倍。为此，本文将重点介绍转义字符、索引和切片、拼接和重复等常用操作，以便读者能更好地理解和应用这些方法。

1. 转义字符

在 Python 中，字符串可以包含控制字符和特殊含义的字符。要在字符串中使用这些特殊字符时，就必须采用转义字符。转义字符通常是在特定字符前加上反斜杠（\），以便将该字符转换成

另一种意义。常见的转义字符及其说明详见表 3.1。

表 3.1　常用的转义字符及其说明

转义字符	说明
\\	反斜杠本身，用于在字符串中包含一个反斜杠字符
\'	单引号，用于在字符串中包含一个单引号字符
\"	双引号，用于在字符串中包含一个双引号字符
\r	回车符，将光标移动到当前行的开头
\n	换行符，在文本中创建一个新行
\f	换页符，用于创建新的一页或清除屏幕
\b	退格符，删除光标前的一个字符
\t	水平制表符，用于横向跳到下一制表位
\v	垂直制表符，用于垂直对齐文本
\ddd	3 位八进制数对应的 ASCII 码字符
\xhh	2 位十六进制数对应的 ASCII 码字符

例如，如果需要输出字符串：I'm Jack, 由于该字符串中包含了一个单引号，我们不能使用单引号来定义这个字符串，但我们可以使用双引号来定义。

```
>>>print('I'm Jack')        # 不能使用单引号来定义
SyntaxError: unterminated string literal (detected at line 1)
>>>print("I'm Jack")        # 可以使用双引号来定义
I'm Jack
```

如果想要使用单引号来定义该字符串，则需要使用反斜杠“\”来进行转义。

```
>>>print('I\'m Jack')       # 使用反斜杠“\”进行转义
I'm Jack
```

2. 索引和切片

索引就是在 Python 中给字符串中每一个元素的编号，字符串在 Python 中被定义为一系列按特定顺序排列的字符，这种顺序就使得每个字符都占据了一个特定的位置，因此使用索引便可以获取字符串中的元素。为了表示字符串中字符的位置，使用了 [起始索引：结束索引] 的形式。默认情况下，当使用正向索引时，最左边的字符的索引是 0，并且索引向右逐渐增加，直至字符串的长度减 1；当使用反向索引时，最右边的字符的索引是 -1，并且索引向左逐渐减少。以“Python”这个字符串为例，利用索引便能够访问字符串中的任意一个字符，具体可如图 3.1 所示。

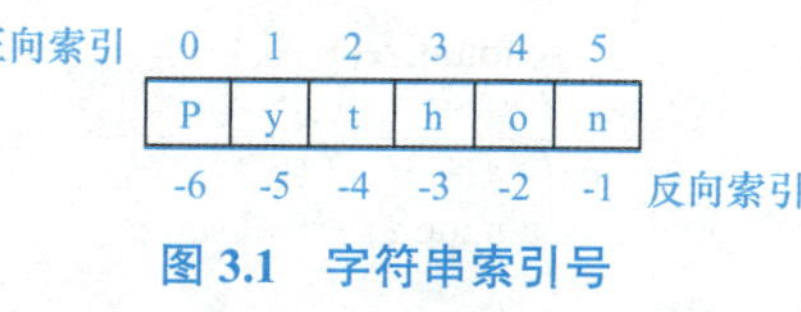

图 3.1　字符串索引号

```
>>>str = " Python "        # 定义一个字符串 str
>>>print(str[1])        # 通过正向索引 1 来访问字符串 str 里的 y 字符
y
>>>print(str[-3])       # 通过反向索引 -3 来访问字符串 str 里的 h 字符
h
```

切片是 Python 中用于提取字符串中连续字符序列的一种操作，该操作将会返回一个新的字符串，该新字符串是原始字符串的一个子字符串。切片的使用一般通过冒号分隔起始索引和结束索引来定义，其一般形式为 [起始索引：结束索引：步长]。在这个定义中，起始索引表示切片开始的位置，并且包含该位置的字符，如果未指定起始索引，则默认从字符串的开头开始。结束索引表示切片的结束位置，但不包括该位置的字符，如果未指定结束索引，则默认直到字符串的末尾。步长表示选取字符的间隔，如果未指定步长，则默认步长为 1。例如，考虑字符串“Python”，我们可以使用切片来获取它的子字符串。

```
>>>str = "Python"          # 定义一个字符串 str
>>>print(str[2:4])  # 通过切片来访问字符串 str 中由位置 2 和 3 构成的子字符串
th
```

3. 字符串的常用操作

Python 为字符串类型数据提供了丰富的操作方法，涵盖了拼接、重复、比较、查找、替换和分割等常用操作。

（1）拼接。在 Python 中可以使用符号“+”来实现两个或多个字符串的拼接。

```
>>>str1 = "Python"
>>>str2 = "3.X"
>>>str3 = str1+str2        # 使用“+”拼接新字符串 str3
>>>print(str3)
Python3.X
```

（2）重复。在 Python 中可以使用符号“*”来实现字符串的多次重复。

```
>>>str1 = "Python"
>>>str2 = str1*3        # 使用“*”将字符串 str1 重复 3 次
>>>print(str2)
PythonPythonPython
```

（3）字符串常用操作的内置函数。Python 提供了大量的内置函数来进行字符串的常用操作，这些函数可以通过以下方式调用：对象名、方法名（参数）。表 3.2 列举了一些字符串常用操作的内置函数，并通过示例对其功能进行了展示。

表 3.2　字符串常用操作的内置函数

方法	作用及示例
capitalize()	将字符串的第一个字符转换为大写，其余字符转为小写 示例："hELLo".capitalize()　输出 'Hello'
upper()	将字符串中的全部字符转换为大写 示例："hELLo".upper()　输出 'HELLO'
lower()	将字符串中的全部字符转换为小写 示例："hELLo".lower()　输出 'hello'
swapcase()	将字符串中的全部字符的大小写进行互换 示例："hELLo".swapcase()　输出 'HellO'
title()	将字符串标题化（每个单词的首字母大写，其余字母小写） 示例："hello world".title() 输出 'Hello World'
count(sub,start,stop)	计算子字符串 sub 在字符串指定范围内（从 start 位置开始到 stop 位置为止）出现的次数 示例："hello world".count('o',5,) 输出 1
find(sub,start,stop)	查找子字符串 sub 在字符串指定范围内（从 start 位置开始到 stop 位置为止）首次出现的位置，如果未找到则返回 -1 示例："hello world".find('o',5,) 输出 7

续表

方法	作用及示例
rfind(sub,start,end)	查找子字符串 sub 在字符串指定范围内（从 start 位置开始到 stop 位置为止）最后出现的位置，如果未找到则返回 -1 示例："hello world".rfind('l') 输出 9
replace(old,new,count)	将字符串中指定的子字符串 old 替换为新的子字符串 new。当指定 count 参数时，则只替换前 count 个匹配的子字符串；若不指定 count 参数，则默认替换所有匹配的子字符串 示例："hello".replace('l','*',1) 输出 'he*lo'
isalpha()	检查字符串是否仅由字母组成。如果是则返回 True，如果字符串中含有非字母字符则返回 False 示例："hello123".isalpha() 输出 False
isdigit()	检查字符串是否仅由数字组成。如果是则返回 True，如果字符串中含有非数字字符则返回 False 示例："hello123".isdigit() 输出 False
isalnum()	检查字符串是否仅由字母和数字组成。如果是则返回 True，如果字符串中含有非字母或非数字字符则返回 False 示例："hello123$".isalnum() 输出 False
islower()	检查字符串中的字母是否都是小写。如果是则返回 True，如果字符串中含有大写字母则返回 False 示例："hello123".islower() 输出 True
isupper()	检查字符串中的字母是否都是大写。如果是则返回 True，如果字符串中含有小写字母则返回 False 示例："Hello123".isupper() 输出 False
istitle()	检查字符串是否标题化。如果字符串已经标题化 (每个单词的首字母大写，其余字母小写) 则返回 True，否则返回 False 示例："Hello World 2024".istitle() 输出 True
isidentifier()	检查字符串是否符合 Python 标识符的命名规则。如果符合命名规则，是有效标识符则返回 True，否则返回 False 示例："hello^_^".isidentifier() 输出 False
ljust(width,fillchar)	将字符串左对齐，并使用指定字符 fillchar（默认为空格）填充至指定的 width 宽度。如果字符串的长度大于或等于指定宽度，则不进行任何操作 示例："hello".ljust(9,'*') 输出 'hello****'
rjust(width,fillchar)	将字符串右对齐，并使用指定字符 fillchar（默认为空格）填充至指定的 width 宽度。如果字符串的长度大于或等于指定宽度，则不进行任何操作 示例："hello".rjust(9,'*') 输出 '****hello'
center(width,fillchar)	将字符串居中对齐，并使用指定字符 fillchar（默认为空格）填充至指定的 width 宽度。如果字符串的长度大于或等于指定宽度，则不进行任何操作 示例："hello".center(9,'*') 输出 '**hello**'

此外，还可以使用 dir() 查看字符串实例对象的属性和方法，如查看字符串实例对象的属性和方法（函数）。

```
>>>str = "Python"        # 定义一个字符串 str
>>>dir(str)
['__add__', '__class__', '__contains__', '__delattr__', '__dir__',
'__doc__', '__eq__', '__format__', '__ge__', '__getattribute__', '__
getitem__', '__getnewargs__', '__getstate__', '__gt__', '__hash__', '__
```

```
init__', '__init_subclass__', '__iter__', '__le__', '__len__', '__lt__',
'__mod__', '__mul__', '__ne__', '__new__', '__reduce__', '__reduce_ex__',
'__repr__', '__rmod__', '__rmul__', '__setattr__', '__sizeof__', '__
str__', '__subclasshook__', 'capitalize', 'casefold', 'center', 'count',
'encode', 'endswith', 'expandtabs', 'find', 'format', 'format_map', 'index',
'isalnum', 'isalpha', 'isascii', 'isdecimal', 'isdigit', 'isidentifier',
'islower', 'isnumeric', 'isprintable', 'isspace', 'istitle', 'isupper',
'join', 'ljust', 'lower', 'lstrip', 'maketrans', 'partition', 'removeprefix',
'removesuffix', 'replace', 'rfind', 'rindex', 'rjust', 'rpartition', 'rsplit',
'rstrip', 'split', 'splitlines', 'startswith', 'strip', 'swapcase',
'title', 'translate', 'upper', 'zfill']
```

3.3 常用组合数据类型

在 Python 编程环境中，组合数据类型是一种用于容纳和整理多个数据元素的工具，能极大地增强编写程序的数据处理效率。Python 中常用的四种组合数据类型分别是：列表（List）、元组（Tuple）、字典（Dictionary）以及集合（Set）, 本节将对这四种常用的组合数据类型进行详细探讨。

3.3.1 列表类型

列表（List）是 Python 中的一种有序且可变的组合数据类型，被专门设计来存储和操作一个有序的元素集合，既具有动态性也具有灵活性，是 Python 语言中使用频率最高的数据结构之一。一个列表能够包含多种类型的元素，包括字符、数字、字符串等，列表中的不同元素无须是相同的数据类型。创建列表的过程也极为简单，仅需要使用方括号 []，并且通过逗号将元素隔开即可，例如：list= [学号，10，姓名，张三]。列表的主要特点分析如下。

（1）列表与字符串相似，也支持使用索引操作来访问列表中元素。列表的索引也是采用 [起始索引：结束索引] 的切片语法来获取一部分子列表元素的。与字符串相似，当使用正向索引时，从左到右的索引从 0 开始逐渐增加计数，当使用反向索引时，从右到左的索引从 -1 开始逐渐减少计数。

例如：

```
>>>list1 = ['中国','China',2023,2024]
>>>list2 = [1,2,3,4,5]
>>>list3 = ["a","b","c","d"]
>>>list1[0]
中国
>>>list2[0:3]
[1,2,3]
>>>list1[-1]
结果是：2024
```

（2）列表除了支持切片操作以获取子列表外，还可以进行元素的修改、添加、插入和删除等多种操作，当使用加号“+”，还可以方便地将两个列表合并在一起进行输出。

例如：

```
>>>list0 = ['年龄',17,'姓名','张三']
>>>list0[1] = 18                 # 将第二个元素修改为 18
```

```
>>>list0.append('金融学')      #在列表末尾添加专业
>>>list0.insert(3,'湖南')      #在索引位置 3 插入籍贯
>>>del list0[2]                #删除索引位置 2 的'姓名'项
>>>print(list0)
['年龄', 18, '湖南', '张三', '金融学']
>>>list1 = ['班长','13820232024']
>>>list2 = list0+list1           #使用加号合并列表
>>>print(list2)
['年龄', 18, '湖南', '张三', '金融学', '班长', '13820232024']
```

（3）列表可通过切片操作来任意获取一部分元素并重新组成一个新的列表。

例如：

```
>>>list = [1,3,8,2,0,2,3,2,0,2,4]
>>>print(list[0:3]+list[7:])      #切片获取索引 0 到 2 的元素和索引 7 到结束的元素，组成一个新的列表
[1, 3, 8, 2, 0, 2, 4]
```

（4）列表中还可以包含另一个或多个列表作为其元素，即列表可以嵌套使用，构成嵌套列表或多维列表，这种结构在处理具有层次结构的数据时非常有用。

例如：

```
>>>list1 = ['英语','数学','经济学']
>>>list2 = [70,90,85]
>>>list3 = [list1,list2]         #嵌套列表
>>>print(list3)
[['英语', '数学', '经济学'], [70, 90, 85]]
>>>print(list3[0][0])       #通过正向索引来访问嵌套列表里的元素
英语
>>>list3[1][2] = 88       #通过正向索引来修改第二个子列表的第三个元素
>>>print(list3) ·
[['英语', '数学', '经济学'], [70, 90, 88]]
```

为了更好地说明列表的使用，下面将通过一个综合示例来进行说明：

美迪公司财务部经理钱丹安排实习生李小新管理应收账款信息。实习生李小新要做的工作如下：①创建应收账款金额的列表。②将列表中第 2 至 3 个元素更改为 15000，165800。③统计 2020 年 9 月初美迪公司应收账款账面总金额。

参考代码及程序执行结果如下：

```
# 1. 创建应收账款金额的列表
>>>ls = [ 265444.00, 159570.00, 134384.00, 110362.00, 193284.00 ]
>>>print(f'美迪公司 2020 年 9 月初应收账款为：{ls}。\n')
美迪公司 2020 年 9 月初应收账款为：[265444.0, 159570.0, 134384.0, 110362.0, 193284.0]。
# 2. 将列表中第 2 至 3 个元素更改为 150000, 165800
>>>print(ls)
[265444.0, 159570.0, 134384.0, 110362.0, 193284.0]
>>>ls[1:3] = [150000,165800]
>>>print(ls)
[265444.0, 150000, 165800, 110362.0, 193284.0]
# 3. 统计 2020 年 9 月初美迪公司应收账款账面总金额
```

```
>>>sum_08 = sum(ls)
>>>print(f'2020年9月初美迪公司应收账款账面总金额为：{sum_08}。\n')
```

2020年9月初美迪公司应收账款账面总金额为：884890.0。

3.3.2 元组类型

元组（Tuple）是Python中的一种具有与列表类似的功能，但与列表不同的是，元组是一种有序但不可变的组合数据类型，元组一旦创建，其元素就不能修改，因此元组适用于那些不需要或不应该被修改的数据。与列表类似，一个元组也能够包含多种类型的元素，包括字符、数字、字符串、其他元组甚至列表等。创建元组则需要使用小括号()，内部元素之间也是通过逗号隔开。元组的主要特点分析如下。

（1）可以通过小括号()来实现元组的创建，但如果元组只有1个元素，则元素后面必须加一个逗号，表示它是一个元组而不是一个普通的括号表达式。

例如：

```
>>>tup0 = ("中国","美国","法国","英国","俄罗斯")  #创建一个元组
>>>print(tup0)
('中国', '美国', '法国', '英国', '俄罗斯')
>>>type(tup0)
<class 'tuple'>
>>>tup1 = ("中国")
>>>print(tup1)
中国
>>>type(tup1)          #tup1不是元组，而是字符串
<class 'str'>
>>>tup2 = ("中国",)    #创建只有1个元素的元组时元素后面必须加逗号
>>>print(tup2)
('中国',)
```

（2）元组是不可变的组合数据类型，元组一旦创建，其元素就不能直接修改。

例如：

```
>>>tup3 = (4,1,2,3)
>>>tup3[0] = 0
Traceback (most recent call last):
  File "<pyshell#47>", line 1, in <module>
    tup3[0] = 0
TypeError: 'tuple' object does not support item assignment
```

（3）元组本身虽然不支持直接修改的操作，但可以通过切片的方式间接实现对元组的修改。

例如：

```
>>>tup4 = ('a','b','c','e','f')
>>>tup4 = tup4[:3]+('d',)+tup4[3:]  #通过切片间接修改元组
>>>print(tup4)
('a', 'b', 'c', 'd', 'e', 'f')
```

3.3.3 字典类型

字典（Dictionary）是Python中唯一的映射类型，是一种将键（key）映射到值（value）的无序数据结构，以键值对（key-value）的组合形式来储存数据。字典中的每个键（key）必须是独一无二且不能更改的，而与之相关联的值（value）则可以是任意类型的数据，如数值、字符串、列表、

元组等。创建字典的基本方法是运用大括号 {}，在其中填充由逗号分隔的键值对，每个键与它对应的值之间用冒号进行分隔，其基本形式可表示如下：

```
dict = {key1:value1,key2:value2…}
```

字典的主要特点分析如下。

（1）键（key）必须是独一无二，不允许同一个键重复出现。如果在字典中为同一个键分配了不同的值，那么该键对应的值将是最后一次赋值的结果。字典的这一特性使得其在处理需要唯一键映射到特定值的情况时显得特别有用和高效。

例如：

```
>>>dict1 = {'a':1,'b':2,'c':3,'b':'hello','c':'Python','b':'dict'}
>>>print(dict1)
{'a': 1, 'b': 'dict', 'c': 'Python'}
```

（2）键（key）必须是不能更改的，因此键可以是数值、字符串和元组，但不能是列表，而值（value）则可以是包括列表在内的任意类型的数据。

例如：

```
>>>dict2 = {1:'Jack',2:['age',20],'Python':80,('英','数'):(70,80)}
>>>print(dict2)
{1:'Jack',2:['age',20],'Python':80,('英','数'):(70,80)}
>>>dict3 = {1:'Jack',['英','数']:(70,80)}
Traceback (most recent call last):
  File "<pyshell#12>", line 1, in <module>
    dict3 = {1:'Jack',['英','数']:(70,80)}
TypeError: unhashable type: 'list'
```

（3）键（key）必须是可哈希的，这样才能保证字典的正确运作和高效的查询速度。可哈希类型包括整数、浮点数、字符串、元组（如果元组内的所有元素都是可哈希的）等，因此列表、字典、集合等不可哈希的类型均不能作为键进行使用。但当使用布尔值作为键时，True 默认代表 1，False 默认代表 0。

例如：

```
>>>dict4 = {False:0,True:1,"c":3,"d":4}    # 可哈希的布尔值可以作为键
>>>print(dict4)
{False: 0, True: 1, 'c': 3, 'd': 4}
>>>dict5 = {False:0,True:1,0:'hello',1:'world'}  # 布尔值代表 0 和 1 赋值被更改
>>>print(dict5)
{False: 'hello', True: 'world'}
```

（4）字典的查找。如果知道键，可以使用方括号直接通过键来查找值，但如果键不存在则会引发 KeyError。如果不确定键是否存在，可以使用 get() 方法，该方法可以返回指定键的值，但如果键不存在，则返回 None。

例如：

```
>>>dict6 = {'姓名':'张三','年龄':18,'专业':'金融学'}
>>>print(dict6['姓名'])        #使用方括号直接通过键来查找
张三
>>>print(dict6['学号'])        #键不存在则会引发 KeyError
Traceback (most recent call last):
  File "<pyshell#21>", line 1, in <module>
    print(dict6['学号'])
KeyError: '学号'
```

```
>>>print(dict6.get('学号'))          #get() 方法查找字典
None
```

（5）字典的修改。可以直接通过键来完成字典的更新、添加、删除，也可以通过 update() 方法将另一个字典的键值对更新到当前字典中。

例如：

```
>>>dict7 = {'姓名':'李四','年龄':19,'专业':'会计学'}
>>>dict7['年龄'] = 20                    # 更新
>>>dict7['学院'] = "商学院"               # 添加
>>>del dict7['专业']                     # 删除键是'专业'的条目
>>>print(dict7)
{'姓名': '李四', '年龄': 20, '学院': '商学院'}
>>>dict8 = {'年龄':21, '籍贯':'湖南'}
>>>dict7.update(dict8)                  #update() 方法更新字典
>>>print(dict7)
{'姓名': '李四', '年龄': 21, '学院': '商学院', '籍贯': '湖南'}
```

3.3.4 集合类型

集合（Set）是 Python 中的一种无序、不重复的数据类型，集合不允许有重复的元素，即相同元素只能出现一次。集合可以使用大括号 {} 或者 set() 函数来创建。需要注意的是，空集合必须使用 set() 而不是 {}，因为 {} 创建的是空字典。集合的主要特点分析如下。

（1）集合是可变的数据类型，可以使用不同的方法对集合中的元素进行添加、删除等操作。不同的操作方法具体可见表 3.3。

表 3.3 集合的常用操作方法

方法	作用
add()	向集合中添加一个元素，如果该元素已经存在于集合中，则集合不会发生任何变化，因为集合中元素不可重复
update()	添加多个元素到集合中，也可以将另一个集合的元素添加进来，每个元素只会出现一次，不会重复添加
remove()	删除集合中的指定元素，如果指定元素不存在于集合中，将会引发 KeyError
discard()	删除集合中的指定元素，如果指定元素不存在于集合中，将不会引发 KeyError
clear()	清空集合中的所有元素

```
>>>set1 = {1,2,3}                    # 创建一个集合
>>>set1.add(4)                      # 添加一个元素
>>>print(set1)
{1, 2, 3, 4}
>>>set1.update({4,5,6})              # 添加多个元素
>>>print(set1)
{1, 2, 3, 4, 5, 6}
>>>set1.discard(4)                   # 删除元素 4
>>>print(set1)
{1, 2, 3, 5, 6}
>>>set1.remove(7)                   # 删除的指定元素 7 不存在于集合中
Traceback (most recent call last):
```

```
  File "<pyshell#9>", line 1, in <module>
    set1.remove(7)
KeyError: 7
>>>set1.clear()            # 清空集合
>>>print(set1)
set()
```

（2）可以使用 in 关键字来检查一个元素是否存在于集合中，这在需要验证指定元素是否存在时非常有用。

例如：

```
>>>set2 = {'张三','李四','王五'}
>>>print('张三' in set2)
True
```

（3）可以将列表或其他可迭代对象转换为集合来去除重复元素。

例如：

```
>>>list0 = [1,3,8,2,0,2,3,2,0,2,4]
>>>set3 = set(list0)    # 使用 set() 函数转换为集合实现去除重复元素
>>>list1 = list(set3)
>>>print(list1)
[0, 1, 2, 3, 4, 8]
```

3.4 运算符

在 Python 编程中，运算符是用于执行各种数学和逻辑操作的特殊符号，能够对变量和值进行各种计算和比较。Python 中的运算符主要有：算术运算符、逻辑运算符、位运算符、关系 (比较) 运算符、赋值运算符、成员运算符和身份运算符等。

3.4.1 算术运算符

在 Python 编程中，算术运算符扮演着重要的角色，它们专门用于执行各类数学运算。这些运算符在处理数字时应用频繁，主要包括加法运算（+）、减法运算（−）、乘法运算（*）、除法运算（/）、取整运算（//）、取余运算（%）以及求幂运算（**），其具体含义如表 3.4 所示。

表 3.4 算术运算符

运算符	功能	例子	结果
+	两个数相加	5+10	15
−	两个数相减	10−5	5
*	两个数相乘	3*5	15
/	用一个数除以另一个数	10/4	2.5
//	两个数相除取整	10/4	2
%	取余运算，返回相除的余数	21%2	1
**	求幂运算	2**3	8

示例：根据案例资料给定的信息，计算总经理佘峰的应发工资和实发工资。代码如下：

```
>>>staff = input("请输入员工姓名：")
>>>bs = eval(input("请输入基本工资：")) # bs 表示 basic_salary
>>>ws = eval(input("请输入绩效工资：")) # ws 表示 wage subsidy
>>>sip = eval(input("请输入代扣社会保险金额："))
>>># sip 表示 social insurance premium
>>>hf = eval(input("请输入代扣住房公积金的金额："))
>>># hf 表示 housing fund
>>>it = eval(input("请输入代扣个人所得税的金额："))
>>># it 表示 income tax
>>># 计算应发工资
>>>wages = bs + ws
>>># 计算代扣总金额
>>>withhold = sip + hf + it
>>># 计算实发工资
>>>net = wages - withhold
>>># 打印结果
>>>print(f"{staff} 这个月应发的工资是：{wages} 元，实发的工资是 {net:.2f} 元。")
# 控制输出浮点数的小位位数
```

该程序代码执行结果如下所示：

```
请输入员工姓名：佘峰
请输入基本工资：10000
请输入绩效工资：6200
请输入代扣社会保险金额：1296
请输入代扣住房公积金的金额：3600
请输入代扣个人所得税的金额：420.4
佘峰这个月应发的工资是：16200 元，实发的工资是 10883.60 元。
```

3.4.2 逻辑运算符

在 Python 编程中，逻辑运算符发挥着不可或缺的作用，它们主要用于布尔值（True 和 False）的操作。Python 提供了多种逻辑运算符，包括逻辑与 (and)、逻辑或 (or) 以及逻辑非 (not)，它们的具体含义如表 3.5 所示。

表 3.5 逻辑运算符

运算符	功能	例子	结果
and	逻辑与	True and True True and False False and False	True False False
or	逻辑或	True or True True or False False or False	True True False
not	逻辑非	not True not False	False True

3.4.3　位运算符

在 Python 编程中，位运算符是一种强大的工具，它们在整数的二进制形式上进行操作，从而能够执行高效的计算和数据处理任务。位运算符将整数转换为二进制数，然后根据位运算的规则对它们进行操作，并最终把结果转换回十进制形式。位运算符主要包括按位与运算符 (&)、按位或运算符 (|)、按位异或运算符 (^)、按位取反运算符 (~)、左移运算符 (<<) 和右移位运算符 (>>)，其具体含义如表 3.6 所示。

表 3.6　位运算符

<table>
<tr><th>运算符</th><th>功能</th><th>例子</th><th>结果</th></tr>
<tr><td>&</td><td>两个相应的二进制位都为 1，则为 1，否则为 0</td><td>3&4</td><td>0
(11 and 100 低位对齐按位与)</td></tr>
<tr><td>|</td><td>两个相应的二进制位有一个为 1，则为 1，否则为 0</td><td>3|4</td><td>7
(11 or 100 低位对齐按位或)</td></tr>
<tr><td>^</td><td>两个相应的二进制位值不同，则为 1，否则为 0</td><td>4^5</td><td>1
(100 和 101 低位对齐按位异或)</td></tr>
<tr><td>~</td><td>每一位二进制位反转，即 1 变为 0，0 变为 1，最终结果为 -(x+1)</td><td>~ 7</td><td>-8</td></tr>
<tr><td><<</td><td>将数的所有二进制左移一位，右侧空出的以 0 补齐</td><td>2<<1
2<<2</td><td>4(10 → 100，左移一位)
8(10 → 1000，左移两位)</td></tr>
<tr><td>>></td><td>将数的所有二进制右移一位，左侧空出的以 0 补齐</td><td>8>>1
8>>2</td><td>4(1000 → 100，右移一位)
2(1000 → 10，右移两位)</td></tr>
</table>

3.4.4　关系运算符

在 Python 编程中，关系运算符也被称为比较运算符，主要用于比较两个值的大小，并根据这个对比结果返回 True 或 False，方便在进行条件判断和逻辑处理时的操作。常用的关系运算符主要包括：大于（>）、小于（<）、大于等于（>=）、小于等于（<=）、等于（==）或不等于（!=），其具体含义如表 3.7 所示。

表 3.7　关系运算符

运算符	功能	例子	结果
>	大于	3>2 2>3	True False
<	小于	1<2 3<2	True False
>=	大于等于	3>=2 2>=3	True False
<=	小于等于	2<=2 3<=2	True False
==	等于	2==2 3==2	True False
!=	不等于	3!=2 2!=2	True False

3.4.5 赋值运算符

在 Python 编程中，赋值运算符主要用来为将某个表达式的计算结果赋给一个变量。最常见的赋值运算符是等号（=），它的作用是将右侧表达式计算的值直接赋给左侧的变量。为了提高代码的简洁性和编程效率，Python 还允许将算术运算与赋值操作相结合，形成复合赋值运算符。常用的复合赋值运算符主要包括加法赋值（+=）、减法赋值（-=）、乘法赋值（*=）、除法赋值（/=）、取整赋值（//=）、取余赋值（%=）、求幂赋值（**=）等，其具体含义如表 3.8 所示。

表 3.8 赋值运算符

运算符	功能	例子	结果
=	基本赋值	a=1+2	a 的值赋为 3
+=	加法赋值	a+=1	等价于 a=a+1
-=	减法赋值	a-=2	等价于 a=a-2
*=	乘法赋值	a*=3	等价于 a=a*3
/=	除法赋值	a/=4	等价于 a=a/4
//=	取整赋值	a//=5	等价于 a=a//5
%=	取余赋值	a%=6	等价于 a=a%6
**=	求幂赋值	a**=7	等价于 a=a**7

3.4.6 成员运算符

在 Python 编程中，成员运算符主要用于判断一个元素是否位于某个序列（例如字符串、列表、元组）内，或者一个对象是否具有某个特定属性。Python 提供了两种成员运算符，即 in 和 not in，其具体含义如表 3.9 所示。

表 3.9 成员运算符

运算符	功能	例子	结果
in	检查指定序列中是否包含指定元素，包含则返回 True，否则返回 False	"P" in "Python"	True
not in	与 in 作用相反	"y" not in "Python"	False

3.4.7 身份运算符

在 Python 编程中，身份运算符主要用于判断两个对象是否相同，即它们在内存中的地址是否相同。Python 提供了两种身份运算符，即 is 和 is not，其具体含义如表 3.10 所示。

表 3.10 身份运算符

运算符	功能	例子	结果
is	判断两个对象是否相同，是则返回 True，否则返回 False	a=10 b=10 a is b	True
is not	与 is 作用相反	a=10 b=10 a is not b	False

3.4.8　运算符的优先级

在 Python 编程中，掌握运算符的优先级是编写高效且逻辑正确的代码的关键。当一个表达式中涉及多种运算符时，各类运算符一般遵循的优先级顺序为：

算术运算符 > 位运算符 > 关系运算符 > 逻辑运算符 > 赋值运算符 > 身份运算符 > 成员运算符。对于包含多种运算符的复杂表达式，一般推荐使用圆括号来明确规定运算的顺序，这不仅可以避免混乱，还能提高代码的可读性。

3.5　程序流程控制结构

在 Python 编程中，通常需要利用程序流程来控制与指导程序的运行路径，这些程序流程控制结构主要有三种，为顺序结构、分支结构和循环结构。其中，顺序结构是指按照逻辑顺序组织程序，只需将处理过程的各个步骤详细列出，并依据处理的逻辑顺序从上到下排列相关命令。分支结构也被称为选择结构或条件结构，它基于特定条件来执行不同的代码段。循环结构又称重复结构，它是根据一个条件表达式的真假来决定是否多次执行同一段代码，直至该条件表达式为假方停止执行。这三种程序流程控制结构具体如图 3.2 所示。

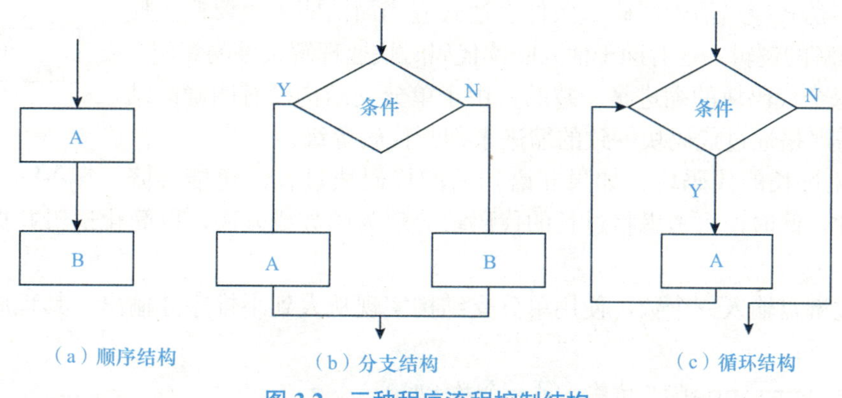

图 3.2　三种程序流程控制结构

本节重点讲述这三种程序流程控制结构的实现与具体使用。

3.5.1　顺序结构

顺序结构是最简单且最为基础的程序控制结构，是一种按照命令在程序中被编写的顺序来执行的结构，即程序代码会依照从一侧到另一侧、自上而下的顺序运行。顺序结构主要使用包括赋值语句、输入语句和输出语句等在内的各种语句。

例如：根据提示输入某同学的语文、数学和英语三门主课程的成绩，求它们的平均分并输出。其程序代码可采用顺序结构编写如下：

```
>>>name = input("请输入学生姓名:")
>>>Chinese = float(input("请输入语文课的成绩:"))
>>>Math = float(input("请输入数学课的成绩:"))
>>>English  = float(input("请输入英语课的成绩:"))
>>>average = (Chinese+Math+ English)/3
>>># 格式化输出，成绩保留小数点两位
```

```
>>>print("%s 三门课的平均成绩为 :%.2f"%(name,average))
```

该顺序结构的程序执行结果如下：

```
请输入学生姓名：张三
请输入语文课的成绩：90
请输入数学课的成绩：80
请输入英语课的成绩：84
张三三门课的平均成绩为：84.67
```

3.5.2 分支结构

在 Python 编程中，并非所有情况都可采用顺序结构，因为有时需要基于特定条件来决定程序是否执行某段代码程序，这时就需要使用分支结构。分支结构也被称作选择结构或条件结构，是一种依据条件表达式的不同结果来选择执行特定的代码段的结构。这种结构通常通过 if 语句来达成目的，主要存在单分支、双分支及多分支等多种分支形式。

1. 单分支结构

单分支结构是最简单的分支结构语句，其 if 语句只包含一个分支，当条件为真（Ture）时执行代码块，但如果条件判断为假（False），则程序会跳过该代码块继续执行后续的代码。单分支结构的流程图如图 3.3 所示。

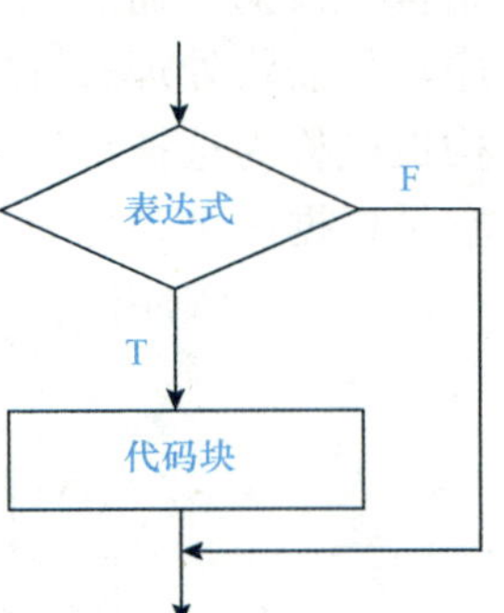

图 3.3 单分支结构流程图

使用单分支结构时需注意以下事项：

（1）条件表达式应当清晰明确。条件表达式应当简洁明了，要避免使用复杂或难以理解的逻辑。这有助于他人阅读代码时快速理解条件的意图。

（2）确保每个代码块的缩进是一致的。由于单分支结构没有明确的结束标志，因此需严格通过代码块一致的缩进来判断代码等级。

（3）应避免过长的代码块。如果 if 语句后的代码块过长，可能会降低代码的可读性。此时，可考虑将过长的代码块分解为函数或方法，以简化逻辑并提高代码的可复用性。

例如：通过键盘输入三个数，使用单分支结构实现从大到小排序并输出。其程序代码可采用单分支结构编写如下：

```
>>>num1 = int(input(" 请输入第一个数 :"))
>>>num2 = int(input(" 请输入第二个数 :"))
>>>num3 = int(input(" 请输入第三个数 :"))
>>>if num1<num2:
>>>     num1,num2 = num2,num1          # 两个变量值互换
>>>if num1<num3:
>>>     num1,num3 = num3,num1
>>>if num2<num3:
>>>     num2,num3 = num3,num2
>>>print(" 三个数从大到小为 :", num1,num2,num3)
```

该程序代码执行结果为：

```
请输入第一个数：80
请输入第二个数：90
请输入第三个数：88
三个数从大到小为：90 88 80
```

2. 双分支结构

单分支结构只能对一种情况进行选择，但如果需要根据条件的真假来执行两个不同的代码块所

代表的情况时，则需要使用双分支结构。这种结果需要通过 if-else 语句来实现，当条件为真（Ture）时执行与 if 语句相关联的代码块，但如果条件判断为假（False）时则执行与 else 语句相关联的另一个代码块。双分支结构流程图可如图 3.4 所示。

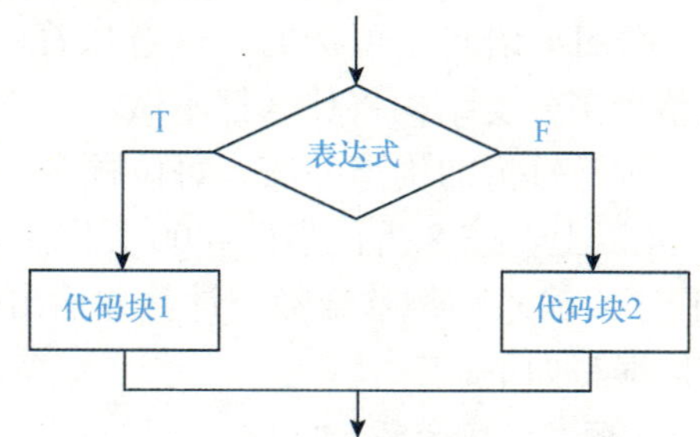

图 3.4　双分支结构流程图

使用双分支结构时需注意应严格通过一致的缩进来表示代码块 1 和代码块 2。

例如，让用户输入一个人的姓名，然后根据美迪公司财务部员工的清单：

list_MD = ["钱丹","赵晓阳","高敏"]

判断此人是否在财务部。如果此人在员工清单中，则打印：×× 是财务部员工。否则打印：×× 不是财务部员工。

其程序代码可采用双分支结构编写如下：

```
>>>list_MD = ["钱丹","赵晓阳","高敏"]
>>>Name = input("请输入查询姓名：")
>>># 使用成员运算符 in 判断 Name 在不在 List_MD
>>>if Name in list_MD:
>>>     print(f"{Name} 是财务部员工。")
>>>else:
>>>     print(f"{Name} 不是财务部员工。")
```

该程序代码执行结果为：

```
请输入查询姓名：钱丹
钱丹是财务部员工。
```

3. 多分支结构

虽然单分支和双分支结构（如 if 和 if-else 语句）可以处理简单的条件判断，但当语句分支多于两个时，就需要使用多分支结构。多分支结构通常通过 if-elif-else 语句来实现。在多分支结构中，程序会自上而下评估每个条件表达式，一旦找到第一个为真的条件表达式，它就会执行相应的代码块，并跳过其余的条件。如果没有条件为真，则会执行 else 部分的代码块（如果存在）。多分支结构流程图如图 3.5 所示。

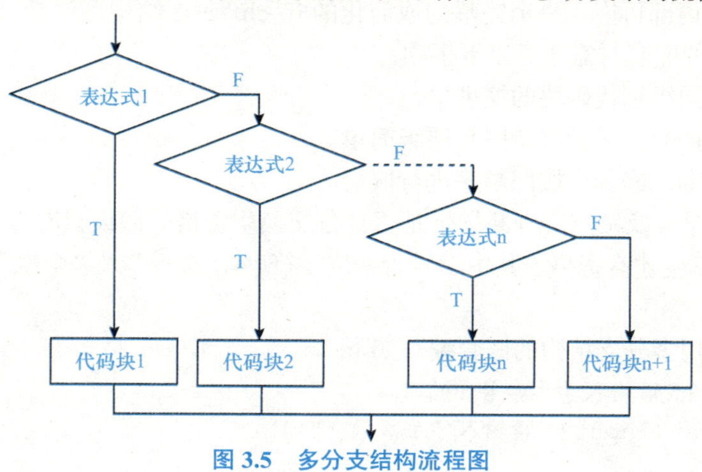

图 3.5　多分支结构流程图

使用多分支结构时需注意以下事项：

（1）需确保 if、elif 及 else 语句的条件逻辑是明确且互补的，以避免出现重叠或遗漏的情况。

（2）需确保每个代码块的缩进是一致的。

（3）if 和 elif 语句是必需的，而 else 语句是可选的。这意味着，如果所有的 if 和 elif 条件都没有满足，且没有 else 部分，那么整个多分支结构将什么都不做。

例如，某商场为了促销，采取阶梯打折的优惠办法。每位顾客一次购物 1000 元以下，不打折；1000 元以上，按 9 折优惠；2000 元以上，按 8 折优惠；4000 元以上，按 7.5 折优惠；8000 元以上，按 6.5 折优惠。现为该商场编写程序，输入购物款金额，计算并输出优惠后的价格。

其程序代码可采用多分支结构编写如下：

```
>>>x = float(input("请输入顾客消费金额:"))
>>>if x>8000:
>>>     y = x*0.65
>>>     zk = "享受 65 折优惠"
>>>elif x>4000:
>>>     y = x*0.75
>>>     zk = "享受 75 折优惠"
>>>elif x>2000:
>>>     y = x*0.8
>>>     zk = "享受 8 折优惠"
>>>elif x>1000:
>>>     y = x*0.9
>>>     zk = "享受 9 折优惠"
>>>else:
>>>     y = x
>>>     zk = "不打折"
>>>print("该顾客消费金额为%.2f，%s，最终需要支付%.2f元"%(x,zk,y))
```

该程序代码执行结果为：

```
请输入顾客消费金额：988
该顾客消费金额为 988.00，不打折，最终需要支付 988.00 元
请输入顾客消费金额：25000
该顾客消费金额为 25000.00，享受 65 折优惠，最终需要支付 16250.00 元
```

4. 多分支结构的嵌套

前面介绍了三种形式的选择语句，这三种形式都可以互相嵌套，形成多分支结构的嵌套，即在一个 if-elif-else 语句内部再嵌入一个完整的或简化的 if-elif-else 结构。

使用多分支结构的嵌套时需注意以下事项：

（1）应控制好不同级别代码块的缩进量。

（2）避免过深的嵌套，尽量保持嵌套层级简单。

（3）不能交叉嵌套，嵌套应按照顺序进行嵌套。

例如，输入学生学号及绩点，判断学生是否具备交换生资格。假设只有专业为“会计”及“金融”且绩点在 3.7 以上的学生才有资格，其中学号为 9 位字符串，“会计”及“金融”专业的学号第 4 ～ 5 位分别为 19 及 26。

其程序代码可采用多分支结构的嵌套编写如下：

```
>>>id = input("请输入学生学号:")
>>>score = float(input("请输入学生成绩:"))
```

```
>>>if id[3:5] == "19" or id[3:5] == "26":
>>>     if score>3.7:
>>>         print("该学生具备交换生资格！")
>>>     else:
>>>         print("对不起，该学生不具备交换生资格！")
>>>else:
>>>print("对不起，该学生不具备交换生资格！")
```

该程序代码执行结果为：

```
请输入学生学号：214190116
请输入学生成绩：3.8
该学生具备交换生资格！
请输入学生学号：214260212
请输入学生成绩：3.7
对不起，该学生不具备交换生资格！
```

再例如，根据输入的员工综合所得收入额，制作个人所得税计算器，自动计算出应交个税数额。其程序代码可编写如下：

```
# 获取计算应税所得额的基本数据
>>>wages = eval(input("请输入您本年的综合收入额（单位：元）："))  # eval 函数自动识别整型和浮点型
>>>sip = eval(input("请输入您本年工资中各项扣除总额（单位：元）："))
# 定义免征额（全国统一为 60000 元）
>>>exemption = 60000
# 定义计算月应税收入的计算方法
>>>t_income = wages - exemption - sip
# 先判断是否需要缴税（外层 if 语句）          （知识技能点：if 语句）
>>>if t_income > 0:
>>>     print("纳税光荣，您本月获得纳税资格。")
>>>     # 再判断适用税率和速算扣除数        （知识技能点：if 语句嵌套）
>>>     if t_income <= 36000:
>>>         t_rate = 0.03
>>>         quick_d = 0
>>>     elif 36000 < t_income <= 144000:
>>>         t_rate = 0.1
>>>         quick_d = 2520
>>>     elif 144000 < t_income <= 300000:
>>>         t_rate = 0.2
>>>         quick_d = 16920
>>>     elif 300000 < t_income < 420000:
>>>         t_rate = 0.25
>>>         quick_d = 31920
>>>     elif 420000 < t_income < 660000:
>>>         t_rate = 0.3
>>>         quick_d = 52920
>>>     elif 660000 < t_income < 960000:
>>>         t_rate = 0.35
>>>         quick_d = 85920
```

```
>>>     elif 960000 < t_income:
>>>         t_rate = 0.45
>>>         quick_d = 181920
>>>     # 接着定义个人所得税的计算方法
>>>     per_tax = t_income * t_rate - quick_d
>>>     # 最后打印结果
>>>       print(f"您当年的应纳税所得额为{t_income}元，应预缴个税款为：{per_tax:.2f}元。")
>>>else:
>>>     print("争取下年获得纳税资格。")
```

该程序代码执行结果为：

```
请输入您本年的综合收入额（单位：元）：180000
请输入您本年工资中各项扣除总额（单位：元）：36000
纳税光荣，您本年获得纳税资格。
您当年的应纳税所得额为84000元，应预缴个税款为：5880.00元。
```

3.5.3 循环结构

在 Python 编程中，当需要重复执行一段代码时，就需要使用循环结构。这种结构的优势在于能够显著提升效率并降低代码的重复性，从而优化程序的整体性能和清晰度。Python 中提供的循环结构主要包括 while 循环和 for 循环两种。

1. while 循环

while 循环是最基本的循环结构之一。当条件表达式为真时，将重复执行一组语句（循环体代码），直到给定的条件不再满足。while 循环的流程图如图 3.6 所示。

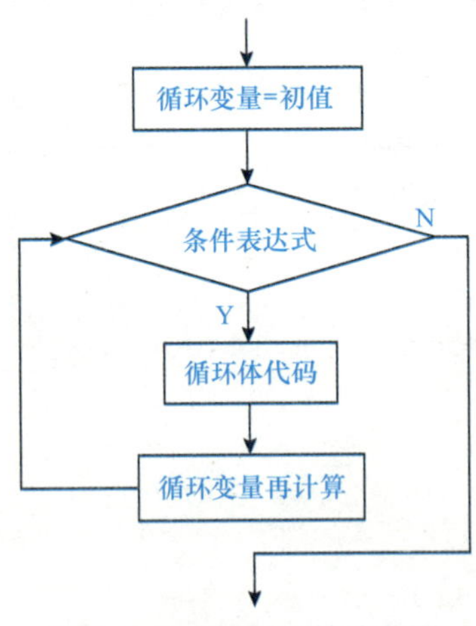

图 3.6　while 循环的流程图

使用 while 循环时需注意以下事项：

（1）在循环开始前，应确保所有用于控制循环的变量都有明确的初始值。

（2）应确保循环有一个明确的退出条件，避免无限循环。因为在该循环语句中，只要条件表达式为真，循环体代码就将一直执行，只有直到条件表达式结果为假才会跳出循环。

（3）在需要提前终止整个循环时可使用 break 语句。

（4）else 语句非强制结构，可以根据情况决定是否添加。

例如，编写一个程序，统计水仙花数的个数，并求出所有水仙花数（注：水仙花数是指一个 3

位数，各位数字的 3 次幂之和等于它本身）。

其程序代码可采用 while 循环编写如下：

```
>>>num = 100                    # 循环变量赋初始值
>>>i = 0                        # 统计水仙花数个数的变量
>>>while num<= 999:
>>>     n100 = num//100         # 取出百位上的数
>>>     n10 = (num//10)%10      # 取出十位上的数
>>>     n = num%10              # 取出个位上的数
>>>     if (num == n100**3+n10**3+n*n*n):
>>>         print("%d 是一个水仙花数 "%num)
>>>         i+ = 1             # 如果是水仙花数，则加 1，相当于 i=i+1
>>>     num = num+1
>>>print(" 经统计，水仙花数一共有 %d 个 "%i)
```

该程序代码执行结果为：

```
153 是一个水仙花数
370 是一个水仙花数
371 是一个水仙花数
407 是一个水仙花数
经统计，水仙花数一共有 4 个
```

2. for 循环

for 循环是一种计次的循环结构，一般应用于在循环次数已知的情况下，通常更适合于遍历序列（如列表、元组、字符串）或迭代对象中的元素。for 循环的流程图如图 3.7 所示。

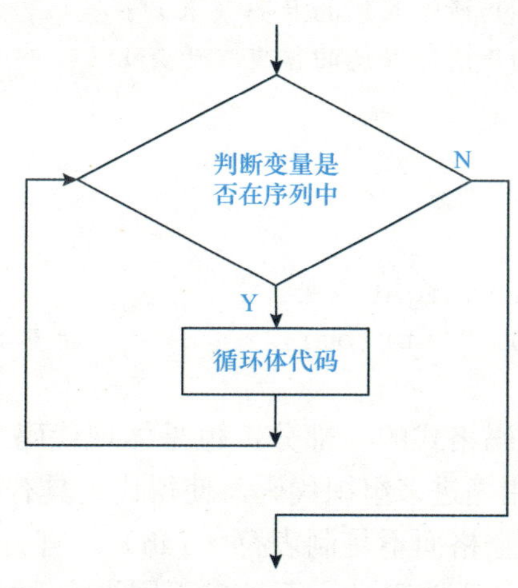

图 3.7　for 循环的流程图

使用 for 循环时需注意以下事项：

（1）在循环开始前，确保所有用于控制循环的变量都有明确的初始值。

（2）应确保迭代对象有限且循环有明确的终止条件。虽然 for 循环本质上不会像 while 循环那样容易形成无限循环，但确保迭代对象有限且循环有明确的终止条件仍然很重要。

（3）与 while 循环一样，else 语句也并非强制结构，可以根据情况决定是否添加。

例如，计算 1 ～ 100 所有数之和并输出其计算结果。其程序代码可采用 for 循环编写如下：

```
>>>s = 0               # 循环变量赋初始值
>>>for a in range(1,101):
>>>     s+ = a
```

```
>>>print("1～100所有数之和为{}".format(s))
```

该程序代码执行结果为：

```
1 ~ 100所有数之和为5050
```

3.6 Python 代码编写规范

Python 代码编写规范是一系列旨在增强代码可读性和后期维护便利性的规则和建议。这些代码编写规范在 Python 界得到了普遍的认可和应用，能够使编程人员创作出更加整洁、统一的代码。PEP8，作为 Python 官方支持的编码风格指南，涵盖了诸如缩排、变量命名、注释等规范内容，具体内容的详细信息可参见 https://www.python.org/dev/peps/pep-0008/。以下我们将对这些规范的主要内容进行详细探讨。

1. 注释规范

在 Python 中，注释是代码的重要组成部分，它们不仅帮助解释代码的作用，还可以用来临时禁用某些代码行。良好的注释习惯能显著提高代码的可读性和可维护性。Python 中的代码注释主要有两种形式，即单行注释和多行注释。单行注释使用井号（#）开始，表示“#”之后的内容是注释信息，可以单独占据一行，也可以跟在代码行的末尾。多行注释使用三个单引号 ''' 或三个双引号 """ 来标记多行注释的开始和结束，这种注释可以跨越多行，通常用于提供更详细的说明或禁用多行代码。

例如：

```
>>>height = float(input("请输入您的身高（米）：  "))        #输入身高
>>>weight = float(input("请输入您的体重（千克）：  "))      #输入体重
>>>"""
>>>计算BMI指数
>>>计算公式为体重除以身高的平方
>>>"""
>>>bmi = weight/(height*height)
>>>print("您的BMI指数为:"+str(bmi))               #输出BMI指数
```

2. 缩进规范

在 Python 中，缩进不仅是代码格式的一部分，也是体现代码之间逻辑关系的一部分，用于区分代码块的层次结构。Python 使用缩进来组织代码，使得代码具有极高的可读性和简洁性。

在 Python 中，缩进通常使用空格而不是制表符（Tab）。官方推荐的 PEP8 指南中建议缩进使用空格，因为空格的数量可以更灵活地定义，而且在不同平台和编辑器之间显示更为一致。PEP8 指南指出，每个缩进级别应使用 4 个空格的宽度，因为使用 4 个空格的宽度足够宽，可以清楚地表示代码的结构，同时也不至于太宽，这是基于代码的可读性和一致性所作出的考虑。

例如，根据前文计算出的 BMI 指数判断体重是否合理，代码如下：

```
>>>'''
>>>根据BMI指数判断是否合理
>>>根据世界卫生组织(WHO)的标准，BMI的正常范围是18.5至24.9
>>>低于18.5表示体重过轻；24.9至29.9为超重；29.9及以上则属于肥胖
>>>'''
>>>if bmi<18.5:
>>>    print("您的BMI指数为:"+str(bmi))               #输出BMI指数
```

```
>>>     print("您的体重过轻，建议总体热量摄入")     #给出建议
>>>if bmi>=18.5 and bmi<24.9:
>>>     print("您的 BMI 指数为:"+str(bmi))
>>>     print("您为正常体重，建议保持饮食均衡")
>>>if bmi>=24.9 and bmi<29.9:
>>>     print("您的 BMI 指数为:"+str(bmi))
>>>     print("您为超重状态，建议减少高热量食物摄入")
>>>if bmi>=29.9:
>>>     print("您的 BMI 指数为:"+str(bmi))
>>>     print("您的体重属于肥胖状态，建议严格控制饮食")
```

3. 其他规范

（1）每行代码要避免过长，一般不应超过 79 个字符。如果过长，可以在行尾用反斜杠“\”来续行。

（2）注意适当地使用空格和空行以提升代码的清晰度和可读性。一般建议在操作符两侧、逗号两侧留出空格，在不同的代码块之间插入空行。

（3）导入模块时，应尽量避免同时导入多个模块，通常，一个 import 语句只导入一个模块。

课堂思政

遵守规则与规范：在编程语言中，有严格的语法规则和命名规范。这可以引导学生理解遵守社会规则和法律法规的重要性，培养其遵纪守法的意识。

条理清晰与逻辑思维：编程需要清晰的思路和条理，以及严密的逻辑思维。例如，当表达式中出现多个运算符时，需要考虑运算符的优先级别次序。这可以培养学生的逻辑思维能力，引导他们在生活和工作中也能做到条理清晰、有计划性。

坚持不懈与耐心细致：编程往往需要反复调试和修改代码，这要求学生具备坚持不懈的精神和耐心细致的态度。这种精神可以延伸到生活和工作中，使学生在面对困难和挑战时能够保持积极的心态和持久的努力。

团队协作与沟通能力：在编程项目中，团队协作是不可或缺的。通过小组讨论和团队合作，可以培养学生的团队协作精神和沟通能力。同时，也可以引导学生理解个人利益与国家、集体利益的关系，增强其家国情怀。

社会责任感与使命感：通过引导学生关注社会热点话题，并设计有益于社会的编程项目，可以培养学生的社会责任感和使命感。使他们意识到自己的技术可以为社会作出贡献，并激发其爱国主义情怀。

本章小结

在 Python 中，保留字与标识符是编程时必须区分清楚的两个概念。Python 中的保留字是指在语法结构中有特定意义的单词，标识符是指用于识别变量、函数、类等对象的名称。Python 的基本数据类型主要有数值类型（包括整型、浮点型、复数型和布尔型）和字符串类型。

Python 的常用组合数据类型主要有列表、元组、字典和集合。这些组合数据类型各有特点和优势，可以根据不同的编程需求选择合适的类型来使用。列表和元组属于序列类型，适合存储有序的数据集合；集合适合去重和集合运算；字典适合快速查找和存储键值对应的数据。

运算符是一种“功能”符号，用来进行相应的运算，Python 中的运算符主要有算术运算符、位运算符、逻辑运算符、关系（比较）运算符、赋值运算符等。

在 Python 程序设计过程中，通常会用到三种结构的程序流程来控制程序的走向，分别为顺序结构、分支结构和循环结构。顺序结构是按顺序组织程序；分支结构又称选择结构或条件结构，是根据条件执行不同的代码；循环结构又称重复结构，是根据某个条件表达式为真而多次执行同一段代码。

Python 代码编写规范相对简洁，代码的缩进体现代码之间的逻辑关系。代码的注释是程序中不可缺少的部分，可以使用单行注释和多行注释。

实战训练

项目 1：

某银行有多个理财产品，每个产品都有不同的投资期限、年化收益率和起投金额。如果投资者 A 希望在 1 年内投资 10 万元资金，那么投资哪款产品能获得最大收益？请编写一个 Python 程序，根据用户输入的投资金额和期望的投资期限，为该投资者计算并推荐适合的理财产品。理财产品信息见表 3.11。

表 3.11　理财产品信息表

产品编号	投资期限（天）	年化收益率	起购金额（万）
A	190	2.7%–3.5%	1
B	30	2.7%–3.5%	20
C	240	3.9%	10
D	180	2.7%–3.4%	10

项目 2：

A 同学找来了某公司 2024 年 6 月部分员工薪酬数据，见表 3.12。

表 3.12　员工薪酬数据表　　单位（元）

员工编码	部门	姓名	职位	基本工资	绩效工资	应发工资	代扣社会保险	代扣公积金	代扣个人所得税	代扣总额	实发金额
1001	企业管理部	佘峰	总经理	10000	6200	16200	1296	3600	420.4	5316.4	10833.6
1020	仓储部	王宝珠	仓管员	8000	2700	10700	856	1210	153.4	2219.4	8480.6
1027	生产部	喻明远	班组长	9000	2083.4	11083.4	990.4	1210	178.3	2378.7	8704.7

请运用 Python 方法完成以下任务：

1．计算总经理佘峰的应发工资和实发工资。

2．对王宝珠的实发工资进行抹零（只保留整数）处理。

3．计算喻明远的绩效工资。计算规则：绩效工资按每生产 3 件产品计 2.5 元。余下不足 3 件的，按每件 0.9 元计。本月喻明远一共生产轻巧型产品 2500 件。

项目 3：

A 公司是一家集设计、生产、销售为一体的大型办公家具企业。公司的客户遍布全国，2024 年

6 月，营销部想统计公司 6 月在不同区域的销售量数据。公司 6 月销售量统计表内容见 3.13。

表 3.13 公司 2024 年 6 月各地区销售量统计表

区域	省级行政区	市	销售量（千元）
华北	北京	北京	5943
华南	广东	韶关	1174
华中	湖北	武汉	4195
华南	广东	广州	7718
华中	湖北	武汉	4046
华北	山西	大同	2306
华北	山西	太原	4957
华东	上海	上海	6638
华南	广东	广州	5298
华北	北京	北京	1787
华东	江苏	南京	668
华南	福建	厦门	2608
华东	上海	上海	5934
华东	江苏	南京	4331
华北	河北	张家口	972
华南	福建	厦门	3764
华北	山西	太原	5481

请运用 Python 方法完成以下任务：

1. 根据“市”进行分组，对市级销售量进行整理，并输出市级销售量。
2. 根据“省级行政区”进行分组，对省级销售量求和，并输出省级销售量。
3. 根据“区域”进行分组，对区域的销售量求和，并输出区域销售量。

项目 4：

某厂下一年拟生产某种产品，需研究产品生产方案。根据市场状况预测，这种产品畅销、一般、滞销的概率分别是 30%，50% 和 20%。其他相关数据见表 3.14，请编写一个 Python 程序，为该厂计算并推荐适合的生产方案。

表 3.14 各状态下的损益值　　单位：（万元）

方案编号	畅销	一般	滞销
A	80	45	-20
B	35	30	20
C	50	25	0
D	65	40	10

项目 5：

财务部的高会计需要计算公司里每一位员工的个人所得税，这件事令她头痛，因为我国个人所得税计算比较复杂，稍不留意就可能出错。为了解决这个难题，高会计决定用 Python 设计个人所得税的计算程序。

经过思考，她决定按以下步骤实现自己的想法。

1. 了解个人所得税的计算规则。

应纳税额 = 应纳税所得额 × 适用税率 – 速算扣除数

应纳税所得额 = 综合所得收入额 – 60000 元 – 各项依法确定的扣除

个人综合所得适用税率见表 3.15。

表 3.15 个人所得税税率表（综合所得适用） 单位：（元）

全年应纳税所得额	适用税率	速算扣除数
0< 年应纳税所得额 <=36000	3%	0
36000< 年应纳税所得额 <=144000	10%	2520
144000< 年应纳税所得额 <=300000	20%	16920
300000< 年应纳税所得额 <=420000	25%	31920
420000< 年应纳税所得额 <=660000	30%	52920
660000< 年应纳税所得额 <=960000	35%	85920
960000< 年应纳税所得额	45%	181920

2. 借助流程图梳理程序思路。
3. 写出基本代码框架。
4. 调试代码。
5. 细化代码。
6. 调试代码。
7. 检验代码。

项目 6：

A 同学决定运用 Python，对旅行团游客信息进行整理分析，从中提取一些有用的信息。他找来了部分游客信息见表 3.16。

表 3.16 部分游客信息表

游客编号	姓名	职业	性别	身份证号	手机号	邮箱
1001	钱丹	医生	女	210110198105066606	13910898988	1250036@qq.com
1002	赵晓阳	教师	男	220123199209086607	17610898989	5002368@qq.com
1003	高敏	学生	女	320116200403056610	18010898998	565987@qq.com

请结合 Python 相关知识，完成以下几个具体任务目标：

1. 利用人机交互方式输入 " 钱丹 " 的姓名与身份证号。
2. 判断钱丹的身份证长度是否正确。
3. 从钱丹身份证号码中提取出生日期，计算出年龄，并打印出钱丹的年龄。
4. 从输入的赵晓阳邮箱中把 QQ 号码分离出来。
5. 统计高敏的手机号码中有几个 “8” 。
6. 请让用户输入一个人的姓名，如果此姓名在游客信息表中，就打印出 XX 是 XX 职业，游客编号是 XX，否则打印 XX 不是本次旅行团的游客。

项目 7：

编写一个Python程序，为某跨境电商贸易公司计算其出口的所有商品的总价和总税额。要求：

1．将输入的所有商品的品名、单价、数量、税率进行统一格式的输出；

2．提示并更正商品信息输入错误的，然后重新进行统一格式的输出；

3．确认所有商品信息无误后，计算该公司出口的总价和总税额，并进行输出，前面添加人民币符号（¥）；

4．统计并输出该公司出口的每种商品的总额及税额。

课后练习

1．编写一个程序，给本课程的学习效果打分，评分只能输入数字 1 至 5 中的整数，输出根据用户打分形成相应的星级（★），打几分就输出几个星（★）（提示：使用“*”可以重复字符串）。

2．编写一个程序，根据用户输入的购物数量和单价，计算出应付总额。

3．编写一个小工具，当用户输入上海 A 股股票代码为 600006 至 600012 的股票代码，就能输出对应的股票中文简称（提示：可以使用列表和索引）。

4．编写一个程序，根据用户输入的学号，输出该名学生所在的专业。其中学号为 9 位数，第 4 位和第 5 位代表学生所学专业。

5．编写程序，利用多分支结构实现将成绩从百分制变换到五级等级制（条件：成绩 >=90 为优；80<= 成绩 <90 为良；70<= 成绩 <80 为中；60<= 成绩 <70 为及格；成绩 <60 为不及格）。

6．编写程序，计算 0 至 1000 的所有偶数的和。

第4章　函数

教学目标与要求

使学生全面理解函数的定义、分类、功能及其在大数据应用中的基本作用；掌握常用函数的用法及函数参数的设置；理解变量作用域的概念，包括全局变量和局部变量的区别与联系；了解异常处理的基本概念、原理及其在数据处理中的重要性。

4.1　函数及函数参数

4.1.1　函数概述

1．函数的定义

函数是将一些语句集合在一起，能够多次执行的代码块。函数允许我们指明作为输入的实际参数，并能够计算出多个返回值。能够让程序通过传递参数或不传递参数，实现某些特定的功能。

2．函数的优点

（1）最大化代码重用：函数允许我们整合并通用化代码，方便多次使用，实现一处编写，多处运行。

（2）最小化代码冗余：使用函数可以减少代码冗余、降低代码维护成本。

（3）复杂过程的分解：如公司主营业务成本计算的工作，分解为多个子任务来完成，每个子任务对应数量不等的函数，独立地实现较小的任务要比一次完成整个任务要容易得多。

3．函数的分类

（1）内置函数。Python 语言内置了常用的函数，如 max()、min()，可以直接使用。

（2）标准库函数。安装 Python 的同时，也安装一些标准库函数，如 math、random 等。通过 import 语句导入标准库后，可以使用。

（3）第三方库函数。PyPI(Python Package Index) 是 Python 官方的第三方库的仓库，提供了许多功能丰富、强大的库。下载安装后，通过 import 语句导入第三方库，可以使用导入库中的函数。

（4）用户自定义函数。任何人都可以通过编写代码，定义自己的函数。

4.1.2　常用函数

编程语言的函数分为系统函数（系统提供的内置函数）和自定义函数两大类。自定义函数是用户针对特定问题编写的函数，它需要先定义才能调用；内置函数在安装 Python 后即可直接调用。大部分内置函数是在特定的模块下，需要用 import 命令导入模块后再调用。使用函数时，可在交互式命令行或程序中通过 help （函数名）查看函数的帮助信息。

1. 数学函数

数学函数一般需要导入数学模块语句： import math ，方可使用系统提供的数学操作。常用的数学函数如表 4.1 所示。

表 4.1　常用数学函数

函数	返回值（描述）
abs(x)	返回数字的绝对值，如 abs(-3) 返回 3
ceil(x)	返回数字的上入整数，如 math.ceil(2.1) 返回 3
exp(x)	返回 e 的 x 次幂 , 如 math.exp(1) 返回 2.718281828459045
fabs(x)	返回数字的绝对值，如 math.fabs(-3) 返回 3.0
floor(x)	返回数字的下舍整数，如 math.floor(3.7) 返回 3
log(x)	返回自然对数，如 math.log(math.e) 返回 1.0,math.log(100,10) 返回 2.0
log10(x)	返回以 10 为基数的 x 的对数，如 math.log10(1000) 返回 3.0
max(x1,x2…)	返回给定参数的最大值，参数可以为序列
min(x1,x2.)	返回给定参数的最小值，参数可以为序列
modf(x)	返回 x 的整数部分与小数部分，两部分的数值符号与 x 相同，整数部分以浮点型表示
pow(x,y)	返回 x**y 运算后的值
round(x [,n])	返回浮点数 x 的四舍五入值，如给出 n 值，则代表舍入到小数点后的位数
sqrt(x)	返回数字 x 的平方根

说明：abs() 是一个内置函数，而 fabs() 是在 math 模块中定义的。fabs() 函数只适用于 float 和 integer 类型，而 abs() 也适用于复数。

【例 4.1】　数学函数的使用。

```
import math
print(abs(-3))
print(math.fabs(-3))
print(type(abs(-3)))
print(type(math.fabs(-3)))
```

运行结果：

```
3
3.0
<class 'int'>
<class 'float'>
```

2. 常用随机函数

常用的随机函数如表 4.2 所示。

表 4.2 常用随机函数

函数	描述
random.random()	返回 0 与 1 之间的随机浮点数
random.uniform(a,b)	随机生成下一个随机浮点数，它在 [a,b] 范围内。 若 a<b, 则生成的随机浮点数 N 的取值范围为 [a,b]; 若 a>b, 则生成的随机浮点数 N 的取值范围为 [b,a]
random.randrange (start, stop ,step)	从指定范围内，按指定基数递增的集合中获取一个随机数，基数默认值为 1
random.randint()	随机生成指定范围的一个整数
random.sample(sequence,k)	从指定序列中随机获取指定长度的片段
random.shuffle(lst)	将序列的所有元素顺序打乱
random.choice(sequence)	从 sequence 中返回一个随机数 , 其中，sequence 参数可以是列表、元组或字符串

随机数可以用于数学、游戏、安全等领域中，还经常被嵌入到算法中。

【例 4.2】 随机函数的使用。

```
import random
print(random.random())
print(random.uniform(3,12))
print(random.randrange(20,100,3))     # 从 [20,23,……,98] 序列中取一个随机数
print(random.randint(1,10))
list1 = ['红灯','黄灯','绿灯']
print(random.choice(list1))
list2 = [111,335,790,6050,120,90,1,70,301,6]
random.shuffle(list2)
print(list2)
print(random.sample(list2,5))
random.choice("学习 python 随机函数")     # 选择字符串的一个字符
print(random.choice("学习 python 随机函数"))
random.choice(['学习','python', '随机','函数'])     # 选择列表中的一个字符串
print(random.choice(['学习','python', '随机','函数']))
```

运行结果：

```
0.05415331487016284
4.5094002253106025
83
1
黄灯
[1, 790, 6, 6050, 90, 301, 70, 120, 111, 335]
[120, 1, 70, 90, 6050]
o
函数
```

3. 三角函数

常用的三角函数如表 4.3 所示。

表 4.3　常用三角函数

函数	描述
acos(x)	返回 x 的反余弦弧度值
asin(x)	返回 x 的反正弦弧度值
atan(x)	返回 x 的反正切弧度值
atan2(y,x)	返回给定的 x 及 y 坐标值的反正切值
cos(x)	返回 x 的弧度的余弦值
hypot(x,y)	返回欧几里得范数 sqrt(x*x+ y*y)
sin(x)	返回的 x 弧度的正弦值
tan(x)	返回 x 弧度的正切值
degrees(x)	将弧度转换为角度，如 degrees(math.pi/2)，返回 90.0
radians(x)	将角度转换为弧度

4．字符串函数

（1）常规字符操作的使用。字符串操作，包括使用函数进行截取字符串、字符串大小写转换、去除空格、查找、替换、分割和连接、转义字符及格式化字符串等操作。

常规字符串操作函数如表 4.4 所示。

表 4.4　常规字符串操作函数表

函数	功能描述（若字符串赋给 str）
len()	统计字符串长度，若 str 是字符串，则 len(str)
str.swapcase()	将字符串 str 的大写转换为小写，小写转换为大写
str.capitalize()	将字符串首字母大写
str.upper()	将字符串字母全部变大写
str.strip()	去除字符串的前后空格
str.lstrip()	去除字符串的前空格
str.rstrip()	去除字符串的后空格
str.center()	将字符串以指定宽度居中，其余部分以特定字符填充
str.find()	找指定字符在字符串中的位置值，若找不到，则返回 -1
str.rfind()	返回搜索到的最右边子串的位置
str.rjust()	将字符串以指定宽度放在右侧，其余部分以特定字符填充
str.join(seq)	以 str 作为分隔符，将 seq 中所有元素合并为一个新的字符串
str.count()	返回字符串 str 中子串 sub 出现的次数
str.index()	从列表中找出某个值第一个匹配项的索引位置
str.rindex()	从字符串的右侧开始搜索，在给定的字符串中寻找子字符串是否存在。存在，返回子串的第一个索引位置，否则会直接抛出
str.startswith()	异常检测到字符串，返回 True，否则返回 False
str.split(seq,num)	将一个字符串分割成多个字符串数组，seq 为分隔符，num 为分割次数

说明：① str.find()、str.rfind()、str.rjust()、str.count()、str.index()、str.rindex() 的括号内可加入 (sub[, start[end]])，即 :sub 为子字符串，start、end 为起始和结束位置，默认索引从 0 开始计算，不包括 end 边界。若字符串变量为 str，则函数的使用描述为 :str.find(sub[, start[,end]])，start、end 为起始和结束的位置。如在 str 字符串中找到子串 sub，则输出找到的位置数，否则返回 -1。

【例 4.3】

```
print('abababxyzab'.find('ab'),'abababxyzab'.find('ab',2))
print('abababxyzab'.count('ab'),'abababxyzab'.count('ab',1))
print('abababxyzab'.count('ab',1,7),'abababxyzab'.count('ab',1,11))
print('abababxyzab'.rfind('ab'),'abababxyzab'.rfind('abc'))
print('abababxyzab'.rindex('ba'))
```

运行结果：

```
0 2
4 3
2 3
9 -1
3
```

②检测函数格式：str.startswith(str, beg=0,end=len(string))。其中，str 为被检测的字符串（可以使用元组，会逐一匹配），beg 为字符串起始位置（可选），end 为字符串检测的结束位置（可选）。如果存在参数 beg 和 end，则在指定范围内检查，否则在整个字符串中检查。

【例 4.4】

```
s = "hi python"
print(s.startswith('i'))
print(s.startswith('i',4))
print(s.startswith('hi'))
print(s.startswith('hi',2,5))
```

运行结果：

```
False
False
True
False
```

③ str.split(sep,num) 是用于将一个字符串分割成多个字符串数组的函数，其中 sep 为分割符，num 为分割次数。不写 sep 时，默认表示用空格，\n，\t 分隔字符串。有 sep 时，按 sep 的值分隔。当分隔符在字符串第一个或最后一个位置时，需要注意结果（当不写 sep 时，没有该影响）前后多了空字符。当分隔符连续出现多次时，分割符所在处用空格替代。

【例 4.5】

```
s1 = "xyz xyz\n \tabc xyyzx"
print(s1.split())
print(s1.split("y",1))
print(s1.split("x"))
print(s1.split("y"))
```

运行结果：

```
['xyz', 'xyz', 'abc', 'xyyzx']
['x', 'z xyz\n \tabc xyyzx']
[' ', 'yz ', 'yz\n \tabc ', 'yyz', ' ']
['x', 'z x', 'z\n \tabc x', ' ', 'zx']
```

【例 4.6】字符串操作函数的使用。

```
s1 = '      Python 字符串函数      '
s2 = s1.strip()
s3 = 'MachineLanguage'
s4 = '1234'
print(s1.center(28,'*'))
print(s2.center(28,'*'))
print(s1.rjust(28,'*'))
print(s2.rjust(28,'*'))
print(s3.capitalize())
print(s1.swapcase())
print(len(s1),len(s2))
print(s3.join(s4))
```

运行结果：

```
*      Python 字符串函数      **
********Python 字符串函数********
***      Python 字符串函数
****************Python 字符串函数
Machinelanguage
      pYTHON 字符串函数
25 12
1MachineLanguage2MachineLanguage3MachineLanguage4
```

（2）字符串判断操作。利用字符串函数还可进行多种判断，包括判断字符串是否为空、是否为数字和字母、是否为大、小写等。常用字符串判断函数如表 4.5 所示。

表 4.5　字符串判断函数

函数	描述（若字符串赋给 str）
str.isspace()	判断字符串 str 是否空白 (空格、换行符等)
str.isprintable()	判断字符串 str 是否可打印字符
str.isidentifier()	判断字符串 str 是否满足标识符规则
str.isdecimal()	判断字符串 str 是否十进制数字
str.isdigit()	判断字符串 str 是否数字
str.isalnum ()	判断字符串 str 是否数字或字母
str.isalpha()	判断字符串 str 是否字母
str.islower()	判断字符串 str 是否全是小写字母
str.isupper()	判断字符串 str 是否全是大写字母
str.istitle()	判断字符串 str 是否首字母是大写字母，后面是小写字母

5. 转换函数及应用

Python 的转换函数包括整数到 ASCII 码转换、进制转换和类型转换。

（1）ASCII 码及进制转换函数。ASCII 码转换、进制转换函数如表 4.6 所示。

表 4.6　ASCI 码转换、进制转换函数

函数名称	功能描述
chr(x)	将一个 ASCI 整数转换为一个字符
ord(x)	将一个字符转换为它的 ASCII 值
hex(x)	将一个整数转换为一个十六进制字符串
oct(x)	将一个整数转换为一个八进制字符串
bin(x)	将一个整数转换为一个二进制字符串
int(x)	将其他进制转换成十进制
bool(x)	0 返回 False，任何其他值都返回 Ture

（2）类型转换函数。常用的类型转换函数如表 4.7 所示。

表 4.7　类型转换函数

函数名称	功能描述
int(x[,base])	将 x 转换为一个整数
long(x[,base])	将 x 转换为一个长整数
float(x)	将 x 转换为一个浮点数
complex(real [,imag])	创建一个复数
str(x)	将对象 x 转换为字符串
repr(x)	将对象 x 转换为表达式字符串
eval(str)	计算在字符串中的有效 Python 表达式，并返回一个对象
tuple(s)	将序列 s 转换为一个元组
list(s)	将序列 s 转换为一个列表
set(s)	将序列 s 转换为可变集合
dict(d)	创建一个字典。d 必须是一个序列 (key,value) 元组
frozenset(s)	将序列 s 转换为不可变集合

4.1.3　函数的应用

1. 自定义一个函数

函数的组成部分可总结为以下几点，如图 4.1 所示。

（1）函数代码块以 def 关键字开头，后面接函数名称和英文括号及内部参数（自定义），以英文冒号结束第一行。

（2）传入的参数须放在 def 后的圆括号内，以英文逗号分隔，数量不限。

（3）函数的第二行，可以使用英文三引号给该函数做多行备注和说明。

（4）函数体的内容以 def 的缩进为标准，再缩进四个空格，行数不宜过多。

（5）return[表达式] 结束函数，选择性地返回零个，一个值或多个值给调用方。不带表达式的 return 相当于返回 None，函数执行结束。

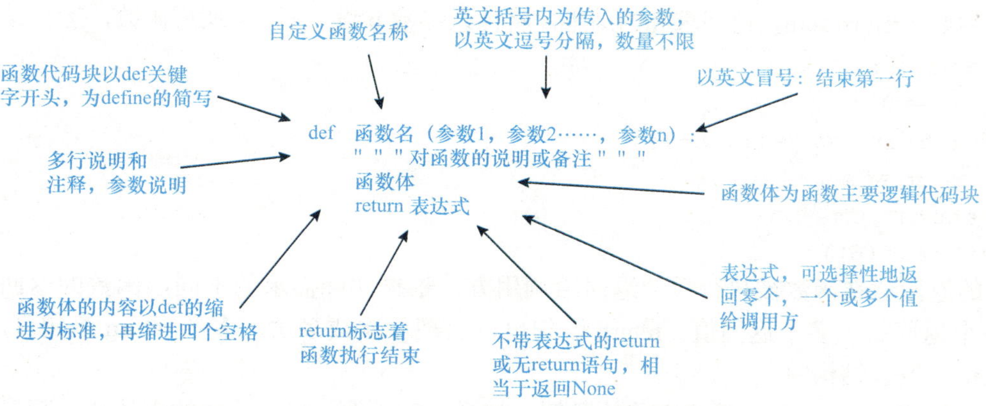

图 4.1　自定义函数的组成部分

【例 4.7】

好时光公司要计算月末库存存货成本。月末库存存货的数量为 1500，存货单位成本为 1.5 元。会计人员想通过函数实现传入任意的数量和单位成本，都能获得本月月末库存存货成本的计算结果，该如何做？

```
def end_month_cost(count,per_cost):
# 计算本月月末库存存货成本
# 本月月末库存存货成本 = 月末库存存货的数量 * 存货单位成本
    cost=count*per_cost
    return cost
```

函数体为具体计算过程，return 将最后的计算结果返回。根据实际需要，说明可以简写或省略。上述函数可简化为：

```
def end_month_cost(count,per_cost):
return count*per_cost
```

2. 函数的调用

如何调用已经定义好的 end_month_cost 函数？观察发现，函数体中没有任何的数值，需要计算的数据是通过参数传递给函数的。那么，在调用函数时，如何给函数传递参数？调用函数需要做两件事，第一，指定调用函数的名称；第二，为调用的函数传递参数。语法格式为：

```
函数名 ( 参数 1, 参数 2,……, 参数 n)
```

调用上例函数的可以写为：

```
def end_month_cost(count, per_cost):
    return count*per_cost
end_month_cost(1500,1.5)
```

可以直接打印调用函数的结果：

```
print(end_month_cost(1500,1.5))
```

3. 自定义函数案例

定义一个函数，实现连续自然数 1 到 n 累加求和。Python 如何实现？

```
def add(n):
    sum = 0
    for i in range(1, n+1):
        sum = sum+i
    return sum
```

上面定义函数功能是：计算连续自然数的和。函数名称是 add，传入一个参数 n。函数体是 2 到

4 行。最后执行 return sum，返回求和的结果。将传入参数 n 设为 6，并调用函数，运行结果为：

```
def add(n):
    sum = 0
    for i in range(1, n+1):
        sum = sum+i
    return sum
print (add(6))
```

函数的返回值在函数被执行后，返回给调用方。根据实际需求的不同，函数的返回值可以为 None，一个返回值，多个返回值。return 语句也可出现一次或多次，多条 return 语句可应用在 if-else，if-elif,if 嵌套结构中。

（1）返回值为 None(1)。延续之前的案例，如果我们不写 return 后面的表达式，程序运行的结果是什么？

【例 4.8】

```
def add(n):
    sum = 0
    for i in range(1, n+1):
        sum = sum+i
    return
```

结果：

```
None
```

（2）返回值为 None(2)。如果函数中不出现 return 语句，程序运行后的结果是什么？

【例 4.9】

```
def fun():
    print("无 return 语句")
print(fun())
```

结果：

```
无 return 语句
None
```

不写 return 语句，返回值也是 None。

（3）多个返回值。return 语句后，用英文逗号隔开多个返回值。函数有多个返回值时，以元组的形式返回。

【例 4.10】

```
def fun(x,y):
    return x+y,x-y
print(fun(9,3))
```

结果：

```
(12, 6)
```

4．多个返回值的接收

在调用有多个返回值的函数时，可以用一个或多个变量接收返回值。

应用之前的案例：

```
def fun(x, y):
    return x+y,x-y
a,b = fun(9,3)              # 多个参数接收
c = fun(20,10)              # 一个参数接收
```

```
print(a, b, type(a))
print(c, type(c))
```

结果：

```
12 6<class 'int'>
(30,10) <class 'tuple'>
```

（1）使用 a，b 两个变量接收函数的两个返回值，a 对应第一个返回值 x+y，b 对应第二个返回值 x–y。返回值和接收参数的类型一致，即 a 与 x+y，b 与 x–y 类型一致。

（2）使用一个变量 c 接收函数的两个返回值，多个返回值以元组的类型返回，赋值给 c。

注意：两种方法本质上没有区别，多个返回值会以元组形式返回。使用多个变量接收时，发生了这样的赋值：a，b =（9，3）

4.1.4　函数的参数

设置与传递参数是函数的重点，而 Python 的函数对参数的支持非常灵活。按使用的方式，可分为：默认参数、关键字参数（位置参数）、不定长参数等。

1．默认参数

郝美同学购买若干化妆品，想计算下一共缴纳多少消费税，税率目前为 30%，税率可能会更改，我们可将税率作为一个默认参数。写进函数的参数。

【例 4.11】

```
def cosmetics_consumption_tax(cost,rate = 0.3):
# 化妆品消费税 30%
    return cost*rate
```

如果调用函数时，没有传递 rate 参数，那么函数会按给定默认的值，进行计算。例如：

```
# 默认参数 化妆品消费税
def cosmetics_consumption_tax(cost, rate = 0.3):
    return cost *rate
print(cosmetics_consumption_tax(200))
```

结果：

```
60.0
```

默认参数制定时，需要注意两点：

（1）不可以将默认参数设置为可变类型。例如以下代码，仔细观察结果，与之前的默认参数进行比较，发现了什么问题？

```
def print_info(a, b = []):
    return a,b
result_a ,result_b = print_info(1)
print("第 1 次结果",result_a, result_b)
result_b.append('error')
print("修改后",result_a, result_b)
print("第 2 次结果",print_info(2))
print("第 3 次结果",print_info(3,[5]))
```

结果：

```
第 1 次结果 1[]
修改后 1['error']
第 2 次结果 (2, ['error'])
```

第 3 次结果 (3, [5])

第 1 次调用，是正常的。第 2 次调用前，修改了参数 b 的值，在第 2 次时未指定 b 参数的值，调用时 b 使用被修改的值。第 3 次调用，指定 b 参数，恢复正常。

结论：默认参数设置为可变类型（列表、字典、集合）时，要谨慎。可设置为不可变类型 None、True、False、数字、字符串、元组。

（2）如果不明确参数的内容，可对参数进行判断，再处理自定义函数设置。

【例 4.12】

```
def print_info(a,b = None):
    if not b:              #None 为假; not None 为真
        print('b 没有赋值 ')
    else:
        print(a, b)
    return
print_info(1)
print_info(1, 3)
```

结果：

```
b 没有赋值
1 3
```

自定义 a，b 两个参数，b 参数设置为 None。当不确定 b 参数的值时，我们可以先进行判断。在 if 判断语句中，None 为假，所以我们使用 not None，if 判断结果真。执行 if 下的条件语句。当 b 的值不为假，执行 else 下的条件语句。对参数内容的判断，不限于默认参数，可灵活运用。

2. 关键字参数

上面使用默认参数，调用时，传入参数的顺序，需要和定义时，保持一致。在调用函数时，使用关键字参数，可以跳出顺序一致的限制。

【例 4.13】

```
# 关键字参数 化妆品消费税
def cosmetics_consumption_tax(cost, rate):
    return cost*rate
print(cosmetics_consumption_tax(rate = 0.3,cost = 200))
```

结果为：

```
60.0
```

如果按顺序传递参数即位置参数，不按位置传递，可以按关键字传递参数，优势为：

（1）不必担心函数定义时，参数的位置和顺序，使用函数变得更加简单了。

（2）假设其他参数都有默认值，可以给我们想要的部分参数赋值，不在意已有默认值的参数。

3. 不定长参数 – 元组形式

传入参数个数不确定时，我们可以使用不定长参数。Python 提供了一种元组的方式来接收没有直接定义的参数。这种方式在定义函数参数时前面加 *。如果在函数调用时，没有指定参数，它是一个空元组。

【例 4.14】

```
def students_info(name, number, sex = '女', *hobby):
    print(f'昵称:{name}',end == ' ')
    print('ID:%s'%number, end = ' ')
```

```
    print('性别:{} '.format(sex),end = ' ')
    print('爱好:{}'.format(hobby))
students_info("风映月",32, '女' "钢琴","读书","绘画")
students_info(number = 55, name = "水木冰")
```

结果：

```
昵称：风映月 ID:32 性别：女 爱好：( '钢琴', '读书', '绘画')
昵称：水木冰 ID:55 性别 : 女 爱好：()
```

注意：

（1）调用时，参数按位置顺序，一一对应，多出的参数全部放入不定长参数的元组里。

（2）调用时，不定长参数未传值，其结果为空元组。

4. 不定长参数 - 字典形式

传入参数个数不确定时，我们可以使用不定长参数。Python 提供了一种字典的方式来接收没有直接定义的参数。这种方式在定义函数参数时前面加 **。如果在函数调用时，没有指定参数，它是一个空字典。

【例 4.15】

```
#**hobby 可变长参数，返回为字典，不传递参数，返回空字典
def students_info(name, number, sex = '女', **hobby):
    print(f'昵称:{name}',end = ' ')
    print('ID:%s'%number, end = ' ')
    print('性别:{} '.format(sex),end = ' ')
    print(f'爱好: {hobby}')
students_info("水木冰",55)
students_info("水木冰",55,hobby = ("绘画","吉他"))
students_info("水木冰",55,"男",hobby1 = "足球",hobby2 = "篮球")
```

结果：

```
昵称：水木冰 ID:55 性别：女  爱好：{}
昵称：水木冰 ID:55 性别：女  爱好：{'hobby': ('绘画', '吉他')}
昵称：水木冰 ID:55 性别：男  爱好：{'hobby1': '足球', 'hobby2': '篮球'}
```

注意：调用时，使用字典形式的不定长参数传递参数时，需要使用关键字方式传递参数。不定长参数将它们转为字典。

5. 匿名函数

Python 中可以定义匿名函数，使用 lambda 创建。基本语法：

lambda argl,arg2,…argn:expression

【例 4.16】

定义两个参数，cost 和 rate，包含参数的表达式为 cost*rate，参数和参数的表达式用英文冒号分隔。

```
tax = lambda cost,rate:cost*rate
print(tax(200, 0.3))
```

结果为：

```
60.0
```

由 lambda 表达式所返回的函数对象与 def 创建并赋值后的函数对象工作起来是一样的，但是 lambda 有一些不同之处：

（1）lambda 是一个表达式，而不是语句。

（2）lambda 的主体是一个单独的表达式，而不是一个代码块。

4.1.5 函数的递归调用

在一个函数体内调用它自身，被称为函数递归。函数递归包含了一种隐式的循环，它会重复执行某段代码，但这种重复执行无须循环控制。函数内部可以调用其他函数，当然在函数内部也可以调用自己。调用函数自身要设置正确的返回条件，其特点如下。

（1）函数内部的代码是相同的，只是针对参数不同，处理的结果不同。

（2）当参数满足某一个条件时，函数不再执行，通常被称为递归的出口，否则会出现死循环。

对于递归的过程，当一个函数不断地调用它自身时，必须在某个时刻函数的返回值是确定的，即不再调用它自身；否则，这种递归就变成了无穷递归，类似于死循环。

一般递归函数定义规则是：

```
def sum_number(num):
    print(num)
    # 递归的出口，当参数满足某个条件时，不再执行函数
    if num == 1:
        return
    # 自己调用自己
    sum_number(num-1)
```

【例 4.17】编程实现：递归求 S=1+2+3+…+n。

```
def sum_n(num):
    if num == 1:              # 设置 1 为出口
            return 1
    temp = sum_n(num-1)       # 假设 sum_n 能够正确地处理 1,2,…,num-1
    return num + temp         # 两个数字的相加
num = eval(input(" 输入 1 个数  n = ?"))
result = sum_n(num)
print("1+2+3+…+n = ",result)
```

运行结果：

```
输入 1 个数  n = ?5
1+2+3+…+n =  15
```

4.2 变量作用域

4.2.1 命名空间和作用域

命名空间是变量名称的集合。定义在函数内部的变量拥有一个局部作用域，定义在函数外部的变量拥有全局作用域。命名空间是一个包含了变量名称（键）和它们各自相应的对象（值）的字典。Python 命名空间在变量赋值时就已经生成。程序在解析某个变量名称对应的值时，首先从其所在函数的局部命名空间进行查找，若没找到，再查找全局命名空间；若还是没找到，就到内置命名空间进行查找。即：对于一个变量是通过命名空间来查找使用的。同一个命名空间内变量名称和字典的键一样是独立的，不同命名空间内变量名称可重复使用。

变量定义的位置不同，它可以被访问的范围也不同。变量可以被访问的范围称为变量的作用域。可分为全局变量、局部变量。一个 Python 表达式可以访问局部命名空间和全局命名空间里的变量。如果一个局部变量和一个全局变量重名，则局部变量起作用，且会覆盖全局变量。

4.2.2　全局变量

全局变量指在函数、类之外定义的变量。它的作用域为其所在模块。

【例 4.18】

郝学同学定义一个函数计算居民企业的企业所得税，将税率定义为全局变量。

```
rate = 0.25
def resident_enterprise_tax(income):
   return income *rate
print(resident_enterprise_tax(300000))
```

结果为：

```
75000.0
```

注：居民企业的企业所得税为 25%

4.2.3　局部变量

局部变量指在函数（函数的参数）、类内定义的变量。它的作用域为函数体内，或类以内。

【例 4.19】

郝学同学定义一个函数，计算居民企业的企业所得税，将税率定义为局部变量。

```
rate = 0.3
def resident_enterprise_tax (income):
   rate = 0.25
   print('局部变量 rate',rate)
   return income *rate
print('全局变量 rate',rate)
print(resident_enterprise_tax (300000))
```

结果为：

```
全局变量 rate 0.3
局部变量 rate 0.25
75000.0
```

注：居民企业的企业所得税为 25%

4.2.4　全局变量声明

如果要在函数体内，对全局变量进行修改，可以使用 global 语句，声明变量为全局变量。

【例 4.20】

```
def resident_enterprise_tax (income):
    global rate
    print('全局变量 rate 修改前 rate',rate)
    rate = 0.25
    print('全局变量 rate 修改后 rate',rate)
    return income *rate
```

```
print(resident_enterprise_tax (300000))
print('全局变量rate',rate)
结果为:
全局变量rate修改前0.3
全局变量rate修改后0.25
75000.0
全局变量rate 0.25
```

在函数内部使用global语句将rate声明为全局变量，实现在函数内部修改全局变量。一般避免频繁使用，它会导致程序可读性变差。

4.3 异常处理

4.3.1 异常概述

1. 异常的描述

（1）什么是异常？

异常即一个事件，该事件会在程序执行过程中发生，影响了程序的正常执行。一般情况下，在Python无法正常处理程序时就会发生一个异常。异常是Python对象，表示一个错误。当Python脚本发生异常时我们需要捕获处理它，否则程序会终止执行。

在Python中，将异常作为对象可随时对其进行操作，所有异常类都是从Exception继承的，且在Exceptions模块中定义。

（2）为什么要主动捕获异常？在什么地方捕获异常？

程序在运行过程中，如果放任错误或异常不管，可能会引起程序崩溃、退出、卡死等问题。如果主动捕获这些可能出现的异常，就有机会在发生错误时，主动对程序做出必要的调整，使程序在可控范围内执行。

就像我们在骑摩托车之前要佩戴头盔一样，这是事先做好的必要的防护措施。同理，在代码中为了防止程序异常，一定要在编写代码时就考虑到哪些地方可能会出现异常，并在对应的代码块前后加入异常处理逻辑。做到异常可控，有路可退。程序并不是一蹴而就，经常会遇到各种各样的错误，不断改写，优化程序逻辑，所以并不是所有的错误都要异常捕获，某些问题我们或许换种方法就能完全正确理顺，存在不可控因素的地方，我们要谨慎捕获异常。

不同的程序出现不同的错误或者异常，它们的表现形式可能不同。比如电脑出现蓝屏，电脑中毒无法正常启动，游戏卡顿等。这些是我们看得见的异常。程序中也可能出现一些我们看不到的异常，这些看不到的异常，很可能在程序中用PlanB解决了，我们并没有感知到。不论异常或错误是什么样的,在编写程序的时候，需要尽可能考虑周全，让程序变得聪明起来，能够处理和应对各种各样的问题。

2. 常用异常

Python中出现错误或者异常，程序停止运行，Python的解释器会告知我们出错的问题是什么，帮助我们快速找到异常点，快速修复程序。这里总结一下常见Python标准异常。常用异常如表4.8所示。

表 4.8　常用异常

异常名称	功能描述
IOError	输入 / 输出操作失败
OSError	操作系统错误
WindowsError	系统调用失败
ImportError	导入模块 / 对象失败
LookupError	无效数据查询的基类
indexError	序列中没有此索引（index）
KeyError	映射中没有这个键
MemoryError	内存溢出错误（对于 Python 解释器不是致命的）
NameError	未声明 / 初始化对象（有属性）
UnboundLocalError	访问未初始化的本地变量
ReferenceError	弱引用（Weak reference）试图访问已经垃圾回收了的对象
RuntimeError	一般的运行时错误
NotImplementedError	尚未实现的方法
BaseException	所有异常的基类
SystemExit	解释器请求退出
Keyboardinterrupt	用户中断执行（通常是输入 Ctrl C）
Exception	常规错误的基类
StopIteration	迭代器没有更多的值
GeneratorExit	生成器（generator）发生异常来通知退出
StandardError	所有的内建标准异常的基类
ArithmeticError	所有数值计算错误的基类
FloatingPointError	浮点计算错误
OverflowError	数值运算超出最大限制
ZeroDivisionError	除（或取模）零（所有数据类型）
AssertionError	断言语句失败
AttributeError	对象没有这个属性
EOFError	没有内建输入，到达 EOF 标记
EnvironmentError	操作系统错误的基类
SyntaxError	Python 语法错误
IndentationError	缩进错误
TabError	Tab 和空格混用
SystemError	一般的解释器系统错误
TypeError	对类型无效的操作
ValueError	传入无效的参数
UnicodeError	Unicode 相关的错误

续表

异常名称	功能描述
UnicodeDecodeError	Unicode 解码时的错误
UnicodeEncodeError	Unicode 编码时的错误
UnicodeTranslateError	Unicode 转换时的错误
Warning	警告的基类
DeprecationWarning	关于被弃用的特征的警告
FutureWarning	关于构造将来语义会有改变的警告
OverflowWarning	旧的关于自动提升为长整型（long）的警告
PendingDeprecationWarning	关于特性将会被废弃的警告
RuntimeWarning	可疑的运行时行为（runtime behavior）的警告
SyntaxWarning	可疑的语法的警告
UserWarning	用户代码生成的警告

4.3.2 异常的捕获及处理

python 提供了三个非常重要的功能来捕获 python 程序在运行中出现的异常和错误。可以使用它们来调试 python 程序。一个是 try...except...，一个是 raise，另一个是断言 assert。下面我们来学习，异常处理 try...except... 语句的功能。

捕获异常可以使用 try/except 语句，try 语句可检测一块程序的错误，except 语句捕获异常信息并处理。我们看一段伪代码，了解它是如何执行的。

```
try:
<代码块>      #运行尝试捕获异常的代码
except<名字>:
<代码块>      #如果在try捕获了异常，执行该部分的代码
```

执行一个 try 语句时，python 解析器会在当前程序流的上下文中作标记，当出现异常后，程序流能够根据上下文的标记回到标记位，从而避免终止程序。

（1）如果 try 语句执行时发生异常，程序流跳回标记位，并向下匹配执行第一个与该异常匹配的 except 语句，异常处理完后，程序流就通过整个 try 语句（除非在处理异常时又引发新的异常）。

（2）如果没有找到与异常匹配的 except 语句（也可以不指定异常类型或指定同样异常类型 exception，来捕获所有异常），异常被递交到上层的 try（若有 try 嵌套时），甚至会逐层向上提交异常给程序（逐层上升直到能找到匹配的 except 语句。实在没有找到时，将结束程序，并打印缺省的错误信息）。

（3）如果在 try 语句执行时没有发生异常，python 将控制流通过整个 try 语句。

【例 4.21】

```
try:
    result = "a">1
except Exception as e:
    print("出错了",e) 结果:
出错了 '>' not supported between instances of 'str' and 'int'
```

例子中，程序 try 语句下代码块出现了异常，执行 except 下的代码块，这里没有指定捕获异常的类型，而是将不确定的错误类型用 Exception 接收，并用 e 来替代 Exception 所捕获的异常（可以

捕获多种异常），之后正常输出 print() 语句，从而捕获到了我们想要的异常。

如果我们想按错误或异常的类型，来捕捉异常，我们可以这样做：

```
try:
    num = 0
    result = 9/num
    print(result)
except ZeroDivisionError:
    print("除以 0 错误") 结果：
除以 0 错误
```

确定异常的类型可以这样做，如果不确定，可以使用之前通用的方式。如果确定的异常类型没有捕获，程序会异常退出，并没有起到捕获异常的作用。

try...except... 捕获异常的结构还有几种。

（1）try...except...else...

如果在 try 子句执行时没有发生异常，python 将执行 else 语句后的语句（可选），然后控制流通过整个 try 语句。

【例 4.22】

```
try:
    openFile = open('notExistsFile.txt')
    fileContent = openFile.readlines()
except IOError:
    print('File not Exists')          # 执行
except:
    print('process exception')        # 不执行
else:
    print(' Reading the file')       # 不执行结果：
File not Exists
```

【例 4.23】

```
try:
    1 = 1
except:
    print('process exception')
else:
    print ('success' ) 结果：
success
```

（2）try...finally...

无论 try 语句块中是否触发异常，都会执行 finally 子句中的语句块，因此一般用于关闭文件或关闭因系统错误而无法正常释放的资源。比如文件关闭，释放锁，把数据库连接返还给连接池等。

【例 4.24】

```
try:
    print(1< 2)
finally:
    print( 'finally') 结果：
True
finally
```

（3）try...except...finally...

try...except...finally... 中 finally 的意义在于，在 try 代码块中执行了 return 语句，但是仍然会继续执行在 finally 中的代码块，所以一般用作处理资源的释放。

【例 4.25】

```
try:
    openFile = open('notExistsFile.txt')
    fileContent = openFile.readlines()
except IOError:
    print('File not Exists')
except:
    print('process exception')
finally:
    print('finally')
```

结果：

```
File not Exists
finally
```

课堂思政

1．探析 Python 函数功能，强化团队合作意识与效率意识

在 Python 编程课程中，函数功能的学习不仅仅是为了让学生掌握一种编程技巧，更重要的是通过这一过程培养学生的团队合作意识和效率意识。函数是程序中的基本组成单元，它可以将复杂的问题分解为若干个简单的子问题，每个子问题由一个函数来实现。这样的设计思想要求学生具备团队合作的能力，因为在实际开发中，一个大型的程序往往是由多个团队成员共同完成的。学生需要学会如何与团队成员有效地沟通，明确各自的职责和任务，以确保项目的顺利进行。同时，函数的学习也强调效率意识。在编程中，函数的调用和执行都需要消耗计算资源。因此，学生需要学会如何优化函数的设计和实现，以减少不必要的资源消耗，提高程序的运行效率。这种效率意识不仅体现在编程中，也对学生未来的学习和工作具有重要的指导意义。

2．理解 Python 变量作用域，强化全局思维与规则意识

在 Python 编程中，变量作用域是一个重要的概念。它决定了变量在程序中的可见性和生命周期。通过理解变量作用域，学生可以培养全局思维观念，从更高的角度审视问题。全局变量和局部变量在程序中的作用和影响是不同的，学生需要学会如何在不同的作用域中合理地使用变量，以确保程序的正确性和稳定性。同时，变量作用域的学习也强化了学生的规则意识。在编程中，每个变量都有其作用域的限制，这是一种规则。学生需要遵守这些规则，否则可能会导致程序出现错误或异常。这种遵守规则的意识对学生未来的学习和工作同样具有重要的意义，它让学生明白在任何领域中都需要遵守一定的规则和制度。

3．学习 Python 异常处理，强化应变与创新意识

异常处理是Python编程中不可或缺的一部分。在程序运行过程中，可能会出现各种异常情况，如数据错误、文件读取失败等。学生需要学会如何预测和应对这些异常情况，以确保程序的可维护性。在学习异常处理的过程中，学生可以培养应变意识。当程序出现异常情况时，学生需要迅速反应并找到解决问题的方法。这种应变能力对学生未来的学习和工作同样具有重要的意义，它让学生在面对各种挑战时能够保持冷静和自信。同时，异常处理也鼓励学生发挥创新精神。在解决异常问题的过程中，学生需要灵活运用所学知识，尝试不同的解决方案。这种创新精神有助于学生在未来

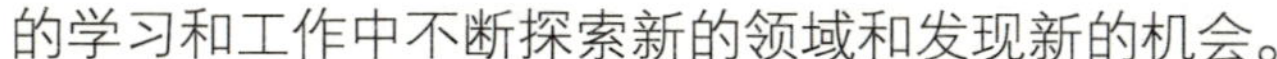

的学习和工作中不断探索新的领域和发现新的机会。

本章小结

本章系统介绍了函数基础与应用。首先，本章概述了函数的概念与特性，阐述了常用函数的功能及其在实际问题中的应用。接着，详细讲解了函数参数的定义与分类，以及如何通过参数调整函数行为，实现更灵活的数据处理。此外，还深入探讨了函数的递归调用，通过实例展示了递归在解决复杂问题时的强大能力。在变量作用域部分，本章着重讲解了命名空间、全局变量与局部变量的概念与区别，以及如何在不同作用域中合理使用变量。特别强调了全局变量声明的注意事项，以避免潜在的程序错误。最后，本章介绍了异常处理的概念，详细讲解了异常的捕获与处理方法，帮助学生在编写大数据处理程序时能够有效应对各种异常情况，确保程序的稳定运行。

实战训练

项目 1：自定义函数

项目 2：函数间的调用

项目 3：异常的捕获

课后练习

1. 在程序中加入函数的好处是什么？
2. 在函数内部可以通过什么关键字来定义全局变量？
3. 当调用函数时，若局部变量与全局变量重名，在函数内哪个变量起作用？
4. 如何进行异常的捕获及处理?
5. 编写求圆的面积函数，输入半径值调用函数，输出结果。
6. 编写摄氏温度转华氏温度函数，输入摄氏温度，输出结果。

第 5 章　模块

教学目标与要求

熟悉模块的创建与导入，包括理解模块的创建和命名空间，掌握模块的导入方法与路径，理解包含义，提高代码复用性和可维护性。

5.1　模块和命名空间

5.1.1　模块

1．模块的概念

在 Python 编程环境中，模块扮演着至关重要的角色，它们被定义为包含 Python 定义和语句的单独文件。这些模块不仅允许开发者定义函数和类，还能定义和存储变量。此外，模块内同样可以容纳可直接执行的代码段。一个模块实质上就是一个具有特定文件后缀名（.py）的 Python 文件，例如，常见的模块文件包括 math.py、os.py 等，它们各自包含了特定的功能定义和代码实现。

2．模块的创建

在 Python 中，模块的创建过程相当直观和便捷。用户只需新建一个以 .py 为扩展名的文件，即可将其视为一个模块。在这个文件中，开发者能够自由地定义函数、类和变量，这些定义在模块被其他程序或模块通过 import 语句引入时，将变得可用。以 my_module.py 为例，这个文件可以包含一系列函数、类和变量的定义，这些定义在后续的代码中被引用和调用，从而实现模块间的功能共享和复用。

```
# my_module.py
def hello():
print("Hello from my_module!")
```

5.1.2　命名空间

1．命名空间的概念

在 Python 编程中，命名空间本质上是一个从标识符（名字）到对象的映射机制，这种映射定

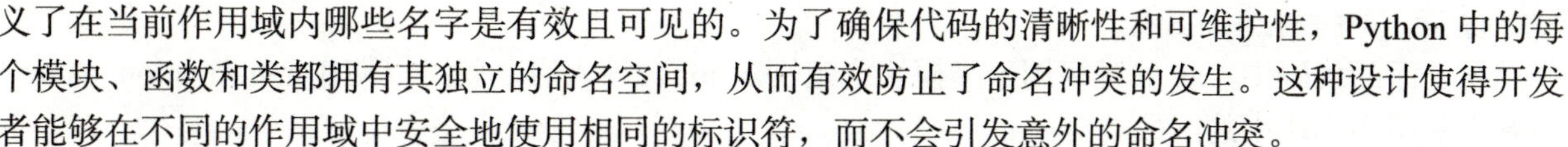

义了在当前作用域内哪些名字是有效且可见的。为了确保代码的清晰性和可维护性，Python 中的每个模块、函数和类都拥有其独立的命名空间，从而有效防止了命名冲突的发生。这种设计使得开发者能够在不同的作用域中安全地使用相同的标识符，而不会引发意外的命名冲突。

2．局部命名空间与全局命名空间

在 Python 函数内，变量访问受到严格的作用域规则管理。具体来说，函数不仅能访问定义在其局部作用域（局部命名空间）内的局部变量，还具备访问全局作用域（全局命名空间）中定义的全局变量的能力。在函数执行过程中，若需要引用某个变量，Python 解释器会首先尝试在函数的局部命名空间中查找该变量。如果局部变量中不存在该变量，Python 会继续在全局命名空间中搜索。这种从内到外、层层递进的搜索机制确保了变量访问的准确性和逻辑清晰性，有效避免了命名冲突和引用错误。

3．内置命名空间

Python 不仅拥有局部命名空间和全局命名空间，还包含了一个内置命名空间，该命名空间内置了如 len、print 等函数以及异常处理机制。在函数内部引用变量时，Python 会首先搜索局部命名空间，若未找到，则会继续搜索全局命名空间，最后转向内置命名空间进行查找。这种层次化的命名空间搜索机制确保了变量引用的准确性和高效性，同时允许开发者充分利用 Python 的内置功能。

5.2　模块的导入方法与路径

通过使用模块，可以将相关的函数、类和变量封装在一起，以便在其他程序中引用和使用。模块的导入方法和路径具体如下。

5.2.1　模块的导入方法

1．整个模块的导入方法

Python 可以直接导入整个模块，并使用点（.）操作符来访问模块中的函数、类和变量。

整个模块的导入语法如下：

```
import module_name
module_name.function_name()
```

在上面的代码中，import 关键字用于导入模块，module_name 是要导入的模块名。导入后，就可以使用 module_name.function_name() 的形式来调用模块中的函数。

2．模块中特定项的导入方法

除了导入整个模块外，Python 还可以导入模块中的特定函数、类或变量。

特定项导入的语法如下：

```
from module_name import function_name, class_name, variable_name
```

在上面的代码中，from module_name import 用于从指定模块中导入特定的函数、类或变量。导入后，就可以直接调用这些函数、类或变量，而无须使用模块名作为前缀。

3．导入模块并为其指定别名

当模块名较长或与程序中其他变量名冲突时，可以为模块指定一个别名，以便更方便地使用它。

导入模块并为其指定别名的语法如下：

```
import module_name as mn
```

```
mn.function_name()
```

在上面的代码中，as 关键字用于为模块指定别名 mn。导入后，就可以使用 mn.function_name() 的形式来调用模块中的函数。

4. 模块中所有项的导入

尽管 Python 支持一次性导入模块中的所有项，但出于命名冲突风险以及维护代码清晰性的考量，并不推荐这种全面导入的方式，而是明确导入所需的函数、类或变量。

若特定场景下确实需要将整个模块的内容导入，可遵循以下语法结构来实现：

```
from module_name import *
```

5.2.2 模块的搜索路径

当 Python 尝试导入一个模块时，它会按照特定的搜索路径开展定位，了解模块的搜索路径有助于更好地组织和管理代码，确保正确导入和使用模块。搜索路径通常有以下几种。

首先是当前目录，即 Python 会在运行脚本所在的目录中尝试定位所需模块。其次，Python 会参考 PYTHONPATH 环境变量所定义的目录列表，这些目录通常包含了用户自行添加的模块和第三方库，使得用户可以方便地自定义 Python 的模块搜索路径。再次，Python 会检查其安装目录下的标准库目录，这些目录包含了 Python 自带的各种标准模块，是 Python 编程语言功能的基础。最后，对于通过包管理器（如 pip）安装的第三方库，Python 会在其指定的安装目录下搜索这些库，以满足用户在开发过程中对各种库和框架的需求。

Python 的标准库中包含了一系列内置模块，这些模块无须额外安装，即可为 Python 编程提供丰富的基础功能和工具，极大地简化了编程任务。这些模块覆盖了广泛的领域，如文件操作、系统交互、网络通信、字符串管理、数学计算等，使得 Python 成为一款功能全面且强大的编程语言。在众多的标准模块中，math 模块用于数学计算，random 模块用于生成随机数，time 和 datetime 模块用于处理时间相关的操作，calendar 模块用于处理日历相关的任务，而 zipfile 模块则用于文件的压缩与解压缩。这些常用模块为 Python 的开发者提供了极大的便利。

5.3 包的创建与使用

在 Python 编程实践中，随着代码库规模的扩大和功能的日益丰富，代码的组织与管理变得愈发关键。Python 的包（package）机制为解决这一问题提供了支持。包允许开发者将相关联的模块和子包进行逻辑分组，构建一个层次清晰的结构，从而显著提升了代码的可读性、可维护性和复用性。下述内容旨在深入解析 Python 包的概念、创建策略以及使用技巧，有利于更有效地掌握和运用这一重要工具。

5.3.1 包的概念

包就是一个包含多个模块和子包的文件夹。为了让 Python 解释器将某个文件夹识别为包，该文件夹内必须包含一个特定的标识文件 __init__.py。尽管这个文件可能为空，但其存在性是对 Python 解释器的重要提示，即该文件夹被定义为一个包。这种机制极大地促进了代码的组织性和可维护性。

包具备独立的命名空间，这使得开发者能够在包级别定义变量、函数和类，从而实现了代码元素的封装和隔离。此外，包还能够包含子包，形成了一种嵌套式的层次架构。这种层次架构不仅提高了代码的组织性和可读性，同时也增强了代码的可维护性和可扩展性。通过合理地利用包和子包可以构建出结构清晰、易于理解的代码库。

5.3.2 创建包

可按照以下步骤创建一个 Python 包。

步骤一：创建一个新文件夹，用于存放包。

步骤二：在文件夹中创建一个名为 __init__.py 的空文件，用以标识该文件夹为一个包。

步骤三：在文件夹中添加所需的模块文件（.py 文件），模块中可以包含函数、类和变量等。

步骤四：如果需要，可以在文件夹中创建子文件夹，并在子文件夹中创建 __init__.py 文件，形成子包。

5.3.3 使用包

在 Python 编程中，当需要利用包内的模块或子包时，需要遵循特定的导入方式。以下是几种常见且有效的导入方法。

1. 导入整个包

```
import package_name
```

使用 import 常规导入，导入名为 package_name 的包，导入后，即可使用 package_name.module_name 的形式来访问包中的模块。

2. 从包中导入特定模块

```
from package_name import module_name
```

这将从 package_name 包中导入名为 module_name 的模块。导入后，可以直接使用模块中的函数、类等，无须加上包名作为前缀。

3. 从包中导入多个模块

```
from package_name import module1, module2
```

这将从 package_name 包中导入 module1 和 module2 两个模块。

4. 从包中导入模块中的特定项

```
from package_name.module_name import function_name, class_name
```

这将从 package_name 包中的 module_name 模块导入特定的函数和类。

5.3.4 包的搜索路径

Python 解释器在导入包时，会按照特定的搜索路径来查找包。这些搜索路径通常包括当前执行脚本所在的目录、PYTHONPATH 环境变量中指定的目录以及 Python 安装目录下的标准库和第三方库目录。了解这些搜索路径有助于更好地组织和管理包，确保它们能够被正确导入和使用。

5.3.5 包的安装方式

1. 使用 pip 安装

pip 是 Python 的包管理工具，利用 pip 工具能够从 Python Package Index (PyPI) 安装和管理额外的库。大多数 Python 包都可以通过 pip 进行安装。

使用 pip 安装 Python 包的步骤如下。

步骤一：检查 Python 和 pip 是否已安装。

在命令行中输入 python——version。如果已安装 Python，则会显示 Python 的版本号。对于 pip，Windows 系统默认已安装 pip（在 Python 2.7.9+ 或 Python 3.4+ 版本以上）。在其他操作系统中可以通过输入 pip——version 来检查 pip 是否已安装。如果未安装，则需要先安装 pip。在 Python 3.x 的环境中，可以通过运行 python get-pip.py 来安装 pip。

步骤二：查找需要安装的包。

通过 Python 的官方包索引 PyPI（https://pypi.org/）查找需要的包。同时也可以通过社区、搜索引擎等途径来查找。

步骤三：使用 pip 安装 Python 包。

如果想安装名为 numpy 的包，只需输入 pip install numpy。在安装过程中，命令行会显示安装进度和相关提示信息。在安装完成后，会显示成功的提示信息。

步骤四：验证安装。

安装完成后，可尝试在 Python 脚本或交互式解释器中导入该包来验证其是否已成功安装。例如，对于 numpy 包，可以输入 import numpy，如果没有出现错误提示，包已成功安装。

步骤五：升级 Python 包。

如果需要升级已安装的 Python 包，可以使用 pip install——upgrade 命令进行升级。

步骤六：列出已安装的 Python 包。

可使用 pip list 命令查看当前 Python 环境中已经安装了哪些包。

需注意的是，安装 Python 包时可能需要管理员权限，因此需要使用 sudo（在 Linux 或 Mac 上）或在 Windows 上以管理员身份运行命令提示符。同时，需确保 pip 是最新版本，以便能够安装最新的包和依赖。

2．从源代码安装

有些 Python 包可能以源代码的形式提供。这种情况下，需要下载源代码包（通常是一个 .tar.gz 或 .zip 文件），然后解压它，并进入解压后的目录。在命令行中，即可以使用以下命令进行安装：

```
python setup.py install
```

3．从安装包安装

有些包可能以特定的安装包格式提供，如 .whl 文件（Windows 上的 wheel 格式）。对于这种格式，可以使用 pip 进行安装：

```
pip install package_name.whl
```

4．使用 conda 安装

如果使用的是 Anaconda 或 Miniconda，那么可以使用 conda 命令来安装包。conda 是一个开源的包、环境管理系统，可以用于在同一个机器上安装不同版本的软件包及其依赖，并能够在不同的环境之间轻松切换。

使用 conda 安装包的命令如下：

```
conda install package_name
```

注意，安装 Python 包时需要管理员权限（在 Linux 或 Mac 上需要使用 sudo，或在 Windows 上以管理员身份运行命令提示符）。此外，确保 pip 或 conda 是最新版本，以便能够安装最新的包和依赖。

课堂思政

1．通过学习 Python 包与模块管理功能，强化学生的管理意识和创新意识。在使用第三方模块时，需要遵守开源社区的规则和道德，尊重他人的劳动成果。

2．通过学习和运用 Python 内置模块编程，增强探索精神和创新意识。在编写自定义模块时，

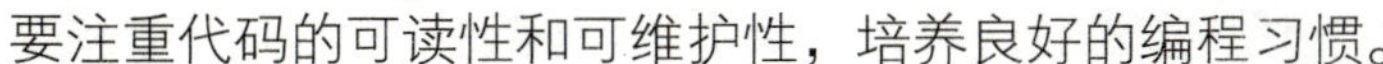

要注重代码的可读性和可维护性，培养良好的编程习惯。

本章小结

模块是一个包含 Python 定义和语句的文件，文件名就是模块名加上 .py 后缀。模块可以定义函数、类和变量，也可以包含可执行的代码。

在 Python 中，可以使用 import 语句来导入一个模块。模块一旦被导入，就可以使用模块中定义的函数、类和变量。导入模块时，可以使用整个模块名来访问模块中的成员，也可以使用 from ... import ... 语句来导入模块中的特定成员。自定义模块允许根据自己的需求编写代码，并将其组织成独立的文件。在 Python 中，每个模块都有自己的作用域和命名空间，这意味着在一个模块中定义的变量和函数不会影响到其他模块。

当模块数量非常多时，为了避免命名冲突和提高代码的组织性，Python 提供了包的概念。包是一个包含多个模块的目录，目录名就是包名。包内还可以再分包，从而形成一个分层的模块结构。使用包时，需要使用点号来访问包中的模块和成员。

实战训练

项目 1：编写一个模块，实现随机返回一本书籍信息。

1．任务描述

自定义模块的编写，并在其他文件中调用该模块的方法。

2．操作步骤

编写一个模块，实现随机返回一本书籍信息。

提示：编写一个 lucky.py 模块，并在另一个 run.py 文件中调用 lucky.py 模块中的 books 函数。参考代码中，两个文件 lucky.py 和 run.py 需要在同一个文件夹下。

拓展学习

Python 作为一个广受欢迎的开源项目，得到了大量活跃贡献者和用户支持，积极促进了 Python 在开源许可协议下的广泛应用。Python 的模块库体系异常丰富，涵盖了编程领域的方方面面，开发者可以方便地通过访问 Python 的官方文档网站（https://docs.python.org/zh-cn/3/），探索并学习各种模块的使用方法。

课后练习

运用 Python 内置模块编程。

第 6 章　面向对象程序设计

教学目标与要求

理解面向对象程序设计思想。掌握定义类和创建对象的方法，self 参数、构造方法和析构方法的使用方法。理解类变量和实例变量、类方法和静态方法的区别。掌握面对对象的三大特征（封装、继承和多态）及相关知识的使用方法。能熟练运用面向对象方法解决实际问题。

6.1　面向对象概述

前面介绍了编写函数，通过传递参数来解决问题。如果遇到非常复杂的问题，用结构化程序设计方法设计出函数众多的代码，对于阅读代码、修改参数、问题的定位与解决是非常不方便的。因此，面向对象的程序设计方法应运而生。面向对象程序设计方法是尽可能模拟人类的思维方式，把客观世界中的实体抽象为问题域中的对象，将数据、属性、方法组成一个整体来看待，使得软件的开发方法与过程尽可能接近人类认识世界解决现实问题的方法和过程。

6.1.1　面向对象的概念

面向对象程序设计（object oriented programming, OOP）是将所有预处理的问题抽象为对象，并将相应的属性和行为封装起来，以提高软件的通用性、灵活性和扩展性。

现实世界中，对象就是客观存在的某一种事物，如一个人、一辆自行车等。面向对象的编程世界里，对象具有属性和行为两个特征，每个对象都有各自的属性和行为。而类就是对这些具有共同特征的对象的概括、归纳和抽象表达。例如，将人抽象为“人”类，它具有名字、性别等属性，有行走、吃饭等行为，那么具体的名字为“小明”“小红”的个体就是“人”类的对象，具体关系如图 6.1 所示。

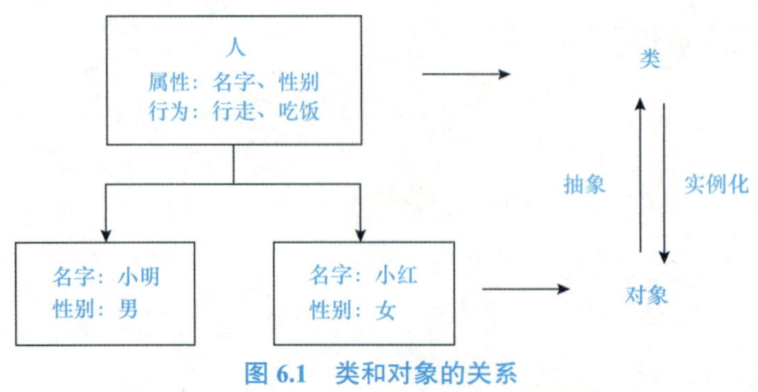

图 6.1　类和对象的关系

类与对象的关系就如房屋设计图与按设计图建造完成的房屋实体之间的关系。房屋设计图就好比类，房屋实体就好比对象，类定义了房屋的结构（属性），门窗的使用方法（方法），类的实例化结果就是对象，是通过类定义的数据结构的实际展现。每个对象都有一个类型，类是创建对象实例的模板，是对对象的抽象和概括。

面向对象程序设计思想是把事物的属性和行为包含在类中。其中，事物的属性作为类变量，事物的行为作为类的方法，而对象则是类的一个实例。因此，想要创建对象，需要先定义类。

6.1.2　面向对象特征

面向对象程序设计具有三大基本特征：封装性、继承性和多态性。

1. 封装性

将抽象得到的数据和行为（或方法）相结合，形成一个有机的整体（类），目的是增强安全性和简化编程。使用者不必了解具体的实现细节，而是通过外部接口、特定访问权限来使用类的成员。

2. 继承性

通过类定义的数据结构实例。即一个派生类（derived class）继承基类（base class）的属性和方法。继承也允许把一个派生类的对象作为基类对象对待（多重继承）。继承允许我们定义继承另一个类的所有属性和方法的类。父类是被继承的类，也称基类。子类就是继承后的新类，也称派生类。

3. 多态性

多态是指对不同类型的变量进行相同的操作，会因对象（或类）类型的不同而表现出不同的行为。

多态的特点：只关心对象的实例方法是否同名，不关心对象所属的类型。对象所属的类之间，继承关系可有可无。多态的好处可以增加代码的外部调用灵活度，让代码更加通用，兼容性比较强。多态是调用方法的技巧，不会影响到类的内部设计。

6.2　类的定义与使用

6.2.1　如何定义类

在 Python 中用 class 关键词定义类，其语法格式如下。

class 类名:

类体

说明：

（1）类名的首字母一般用大写，应遵循 Python 命名规范，类名后必须紧跟冒号。

（2）类体相对于 class 关键字保持一定的空格缩进。类体定义类的内部实现，主要由成员变量、成员方法等定义语句组成。

【例 6.1】　定义一个房屋类，它具有一些属性，门的颜色、面积、户型。有两个方法，可以用钥匙把门打开，可以旋转把手推开窗。

```
# 定义一个类
class BaseHouse:
# 类属性
door = "原木色"
area = 130
```

```
Type = "三室一厅"
# 类方法  self 表示自己定义的实例
def opendoor(self):
    print("门可以用钥匙打开")
def openwindow(self):
print("旋转把手，用力推开")
```

说明：在上述代码中，使用class定义了一个名为BaseHouse的类，类中有door等变量和opendoor()等方法。从代码中可以看出，方法的定义格式和函数是一样的，注意区别在于，方法必须显式地声明一个self参数，且须位于参数列表的开头，关于self的含义后面会详细介绍。

从上述案例中我们可以看出，类将属性和方法封装在一起，封装是有目的、有计划地封装，把设计图纸中需要的属性和方法（函数）（图6-2），封装在一起，让一张设计图变得符合需求，一个类变得方便调用。

图 6.2　类中的属性和方法示意图

6.2.2　创建类的实例

对象是类的实例，class语句本身并不创建该类的任何实例。类定义以后，可以创建类的实例，即该类的对象。Python中创建对象的语法格式如下。

对象名 = 类名 ()

创建对象后，可以使用它来访问类中的变量和方法，其语法格式如下。

对象名 . 变量名

对象名 . 方法名 ([参数])

【例 6.2】　创建对象，调用类属性和类方法。

```
# 定义一个类
class Company:
    Type = "教育培训"
    establish_date = "2011-04-30"
    def register (self):
       print("××公司")
 #创建类的实例
company = Company ()
company. register ()     #调用类方法
print(company.Type)    #调用类属性
print(company. establish_date)
```

运行结果如下：

```
××公司
教育培训
2011-04-30
```

6.2.3　self 参数

在Python中，一个类可以生成无数个对象，当一个对象的方法被调用时，对象会将自身的应用作为第一个参数（方法的self参数），传递给该方法。这样，Python就知道需要操作哪个对象的方法了。

带self参数的方法也称实例方法，实例方法是绑定在类的实例上的方法，只能通过实例对象调用，在实例方法内可以通过self参数直接访问调用该方法的实例本身。

创建实例方法的语法格式如下。

def 方法名 (self, 参数列表):

方法体

说明：

（1）self 为必要参数，表示类的实例。

（2）参数列表用于指定除 self 以外的参数，若有多个则用逗号隔开。

（3）方法体为实现具体功能的程序块。

实例方法创建完成后，可以通过类的实例名称和点（.）操作符访问。语法格式如下。

对象名 . 方法名（参数列表）

【例 6.3】　self 参数的使用。

```
# 定义一个类
class People:
    def named(self, name):
        self. name = name
    def speak(self):
        print(" 我的名字是 {}".format(self. name))
# 创建对象
xiaoming = People ()
xiaoming.named(" 小明 ")
xiaohong = People ()
xiaohong.named(" 小红 ")
xiaoming.speak()
xiaohong.speak()
```

运行结果：

```
我的名字是小明
我的名字是小红
```

6.2.4　构造方法和析构方法

1. 构造方法

定义类结构时，通常会创建一个特殊的 __int__() 方法。该方法是 Python 中类的构造方法，一般为数据成员设置初始值或进行其他必要的初始化工作，创建对象时会自动被调用和执行。如果定义类时没有设计构造方法， Python 将提供一个默认的构造方法进行必要的初始化工作。

【例 6.4】　定义一个包含 __init__() 方法的 People 类，并创建一个该类的对象。

```
class People:                                       # 定义一个 People 类
   # 构造方法，定义变量并赋初值
 def __init__(self):
        self.name = " 小明 "
        self.sports = " 篮球 "
    def play(self):                                  # 定义方法
        print("{} 喜欢玩的运动是 {}".format(self.name,self.sports))
xiaoming = People ()                                 # 创建对象
xiaoming.play()                                     # 调用 play() 方法
```

运行结果：

```
小明喜欢玩的运动是篮球
```

说明：在该程序中使用 __init__() 方法给 People 类添加了 name 和 sports 属性并赋初值，在 play() 方法中访问了 name 和 sports 的值。

在本例中，无论创建多少个 People 类的对象，name 和 sports 变量的初始值都为 " 小明 " 和 " 篮球 "。如果想要为不同对象初始化不同的值，可使用有参构造方法，即在构造方法中设置形参。创建对象时，为不同对象传入不同的实参，并将每个对象的变量初始化为实参的值。

【例 6.5】 有参构造方法示例。

```
class People:
    def __init__(self,name,sports):
        self.name = name
        self.sports = sports
    def play(self):
        print("{} 喜欢玩的运动是 {}".format(self.name,self.sports))
xiaoming = People (" 小明 ", " 篮球 ")
xiaoming.play()
xiaohong = People (" 小红 ", " 乒乓球 ")
xiaohong.play()
```

运行结果：

```
小明喜欢玩的运动是篮球
小红喜欢玩的运动是乒乓球
```

说明：在构造方法中，设置了两个形参 name 和 sports，创建对象时，可为不同的对象传入不同的实参。

2. 析构方法

Python 中类的析构方法 __del__()，其作用是释放对象占用的资源，在 Python 删除对象和收回对象空间时被自动调用和执行。如果用户没有定义类的析构方法，Python 将提供一个默认的析构方法进行必要的清理工作。

【例 6.6】 为【例 6.4】的 People 类增加一个 __del__() 析构方法，创建一个该类的对象，然后删除该对象。

```
class People:
    def __init__(self):
        self.name = " 小明 "
        self.sports = " 篮球 "
    def play(self):
        print("{} 喜欢玩的运动是 {}".format(self.name,self.sports))
    def __del__(self):
        print("People 不存在了 ")
xiaoming = People ()
xiaoming.play()
del xiaoming
```

运行结果：

```
小明喜欢玩的运动是篮球
People 不存在了
```

6.2.5 类变量和实例变量

Python 中类的成员变量分为两种：类变量和实例变量。

1. 类变量

当一个类定义后，就产生一个同名的类对象。类变量即类对象的变量，是指在类的方法之外定义的变量。类变量属于类，被类的所有实例共享，且所有实例访问的类变量都是同一个。在类内部或类外部都可以用“类名 . 变量名”访问，在主程序中（类外部），类变量也可以通过对象名访问。

2. 实例变量

实例变量一般是指在构造方法 __init__() 中定义的变量，只作用于当前实例。在 Python 中，实例变量要以 self 作为前缀定义，self 代表要创建的实例（对象）自身，以 self 定义的变量都是实例变量。实例变量属于实例（对象），在主程序中（或类的外部）只能通过对象名访问。

【例 6.7】定义一个含有类变量和实例变量的类。

```
class  Company():
    type = "教育培训"
    def __init__(self,name,esdate):
        self.name = name
        self.esdate = esdate
company1 = Company("杭州达摩院","2017-11-01")
company2 = Company("北京达摩院","2017-11-20")
print(company1.type, company1.name, company1.esdate)
print(company2.type, company2.name, company2.esdate)
```

运行结果：

```
教育培训 杭州达摩院 2017-11-01
教育培训 北京达摩院 2017-11-20
```

说明：Company 中定义的 type 是类变量，因此被类的所有实例共享。构造方法中定义的 name 和 esdate 都是实例变量，只能通过对象名访问，通过 company1= Company("杭州达摩院","2017-11-01")，实例化一个对象 company1，需要传递对应的实例属性，self 对应的是实例化对象自身，"杭州达摩院"对应 name, "2017-11-01"对应 esdate。可以实例化多个对象，不同的对象可以传递不同的实例化属性，不同对象的属性，相互独立，互不影响。

那么在类之外，如何定义实例变量？

在类的外部定义实例化对象的属性，首先需要有实例化对象，即该对象已经被实例化，之后可以直接通过：

实例化对象是：新属性=新属性内容

来实现在类的外部定义或修改对象的属性。

【例 6.8】　在类的外部定义实例变量。

```
class  Company():
    type = "教育培训"
    def  __init__(self,name,esdate):
        self.name = name
        self.esdate=esdate
company1= Company("杭州达摩院","2017-11-01")
company1.city  =  "杭州"
print(company1.type, company1.name, company1.city)
```

运行结果：

```
教育培训 杭州达摩院 杭州
```

如果类中有相同名称的类变量和实例变量，通过对象名访问变量时获取的是实例变量的值，通过类名访问变量时获取的是类变量的值。

【例 6.9】 类中有相同名称的类变量和实例变量示例。

```
class  Company():
    type = "教育培训"
    def __init__(self,name,type):
        self.name = name
        self.type = type
company1 = Company("杭州达摩院","英语培训")
print(Company.type, company1.name, company1.type)
```

运行结果:

```
教育培训 杭州达摩院 英语培训
```

说明：从程序运行结果看，类变量和实例变量的名称相同，都为 type，通过类名 Company 访问 type 时获取的是类变量的值“教育培训”，而通过对象名 company1 访问 type 时获取的是实例变量的值“英语培训”。

6.2.6 类方法和静态方法

1. 类方法

类方法就是类对象所拥有的方法，通过类名和实例对象都可以调用的方法，在定义时需要使用 @classmethod 来修饰方法。类方法必须以 cls 作为第一个参数（同 self 一样只是一个习惯），cls 表示类本身，通过它来传递类的属性和方法。类方法不能使用实例属性，只能使用类属性。它主要使用在和类进行交互，但不能和其实例进行交互的函数方法上。

【例 6.10】 类方法示例。

```
class Company:
        name = "新道科技"
        @classmethod
        def callname (cls):
           print("公司名称是: " + cls.name)
Company.callname()
company1 = Company()
company1.callname()
```

运行结果:

```
公司名称是: 新道科技
公司名称是: 新道科技
```

说明：上述代码中定义了一个 Company 类，在其中添加了类变量 name，然后在类方法 callname() 中传递类的属性。从运行结果可以看出，用类名调用类方法和用对象名调用类方法的效果是一样的。

当然类方法也是可以传递参数的，这一点和普通函数相同。

例如:

```
class Company:
        name = "新道科技"
        @classmethod
        def callname (cls,addr):
           print("公司名称是: " + cls.name)
            print("公司总部在: " + addr)
Company.callname("北京")
```

运行结果：

公司名称是：新道科技

公司总部在：北京

说明：在该代码中，增加了一个 addr 参数，将参数传递给类方法。在类方法定义的时候，在括号中定义我们需要传入的参数。类方法中使用参数时，可以直接使用传入的参数，不用加 cls。最终在类外，调用类方法的时候，需要传递之前设置的参数。

2. 静态方法

要在类中定义静态方法，需在类成员方法前加上“@staticmethod”标记符，以表示下面的方法是静态方法。使用静态方法的好处是，不需要实例化对象即可调用该方法。静态方法可以不带任何参数，和一般的普通方法类似，但是方法内不能使用任何实例变量。静态方法没有 self 参数，所以它无法访问类的实例变量；静态方法也没有 cls 参数，所以它也无法直接访问类变量。静态方法既可以通过对象名调用，也可以通过类名调用。Python 中的静态方法常用于工具函数的封装。

【例 6.11】 静态方法示例。

```
# 定义类
class Test:
# 静态方法，使用 @staticmethod 进行修饰
    @staticmethod
    def s_print( ):
        print("--- 静态方法 ---")
t = Test ()                                        # 创建对象
Test. s_print ()                                   # 通过类名调用
t. s_print ()                                      # 通过对象名调用
```

运行结果：

```
--- 静态方法 ---
--- 静态方法 ---
```

类的对象可以访问实例方法、类方法、静态方法，使用类可以访问类方法和静态方法。一般情况下，如果要修改实例变量的值，直接用实例方法；如果要修改类变量的值，直接使用类方法；如果是辅助功能，如打印菜单，则可以考虑使用静态方法。

6.3　类的封装、继承和多态

封装机制保证了类内部数据结构的完整性，使得用户无法看到类中的数据结构，避免了外部对内部数据的影响，提高了程序的可维护性。

继承是一种层次模型，对象的新类可从现有类派生，这个过程称为类继承。新类继承原类的属性。新类被称为原类的派生类（子类），原类被称为基类（父类），它是允许类重用的一种方法。

多态允许不同类的对象响应相同的消息。多态使得程序更具灵活性、抽象性，它较好地解决了应用程序中函数、变量的同名问题。

6.3.1　封装

封装是面向对象编程的核心思想，它将对象的属性和行为封装起来（其载体是类），隐藏其实现细节，用户只需通过接口来操作对象，避免用户对类中属性或方法的不合理操作，且对类进行封

装，还可以提高代码的重复性。

比如，计算三角形的面积，对外界来说不需要知道中间的计算过程，只需要把这些对外界无关紧要的内容封装在一起，然后输入名字、三条边长度，即可得到面积。

【例 6.12】 计算三角形面积。

```
import math
class triangle:
    def  __init__(self,name,a,b,c):
        self.name=name
        self.__a = a                    #a,b,c 为三角形边长
        self.__b = b
        self.__c = c
    @property
    def area (self):                    # 对外提供的接口，封装了内部实现
        s = (self.__a+ self.__b+ self.__c)/2
        return math.sqrt(s*(s-self.__a)* (s*(s-self.__b)* (s*(s-self.__c))
S1= triangle("三角形",3,4,5)            # 加入三角形三条边
print(S1.name,S1.area)                  # 通过接口使用 area，得到三角形面积
```

运行结果：

```
三角形 6.0
```

说明：在 Python 中，私有化变量或方法时只需在名字前加上两个下划线“__”即可。代码中 @property 是 Python 的一种装饰器，是用来修饰方法。使用 @property 装饰器来创建只读属性，@property 装饰器会将方法转换为相同名称的只读属性，与所定义的属性配合使用，这样可以防止属性被修改。

6.3.2 继承

面向对象编程的思想，重要的一点是，代码可以复用。继承就体现了代码复用的概念。在某个类中已经实现的功能，想在另一个类中实现，我们就可以选择继承这一方法来快速实现，类中属性和方法得以复用，提高开发效率。

在程序设计中实现继承，表示这个类拥有它继承的类的所有非私有变量和方法。继承关系中，被继承的类称为父类或基类，继承父类的类称为子类或派生类。子类可以继承父类的属性和方法，还可以增加自己的属性和方法。

类的继承的语法格式如下。

class 子类名 (父类名):

类体

说明：

（1）在类定义中，可以在类名后的小括号内指定要继承的父类。

（2）如果有多个父类，父类名之间用逗号隔开。如果不指定，将使用所有的 Python 对象的根类 object。

【例 6.13】 继承示例。

```
# 定义 Fish 类
class Fish():
    def __init__(self, name):
        self.name = name
    def skill(self):
```

```
        print(self.name + "会吐泡泡")
# 继承 Fish 基类
class Goldfish(Fish):
    def __init__(self, name, color):
        Fish.__init__(self, name)
        self.color = color
    def skill_2(self):
        print(self.color+"的"+self.name+ "会杂技")
g = Goldfish("小金","白色")
print(g.name, g.color)
g.skill()
g.skill_2()
```

运行结果：

```
小金 白色
小金会吐泡泡
白色的小金会杂技
```

说明：Fish 作为 Goldfish 的基类，Goldfish 继承了 Fish 基类的非私有属性和方法。Fish.__init__(self, name)，是继承 Fish 的实例属性，继承后，不用再逐一赋值。Goldfish 中并没有提及 Fish 类的实例方法 skill，但我们可以看到，通过实例化 Goldfish，可以直接使用 skill 方法。Goldfish 类继承了 Fish 类的 skill 方法。

如果父类方法的功能不能满足子类的需求或子类具有特有功能时，可以在子类中重写父类中的方法，即子类中的方法会覆盖父类中同名的方法，以实现不同于父类的功能。

【例 6.14】 重写父类的方法示例。

```
class Fish():
    def __init__(self, name):
        self.name = name
    def skill(self):
        print(self.name + "会吐泡泡")
class Goldfish(Fish):
    def __init__(self, name, color):
        Fish.__init__(self, name)
        self.color = color
    def skill(self):
        print(self.color+"的"+self.name+ "会杂技")
g = Goldfish("小金","白色")
print(g.name, g.color)
g.skill()
```

运行结果：

```
小金 白色
白色的小金会杂技
```

说明：在 Goldfish 子类中，重新定义了 skill 方法，对子类 skill 方法的调用，不再调用继承自父类的 skill 方法，而是调用在子类中修改后的内容，从而实现了子类对父类方法的重写。

6.3.3　多态

多态，即具备多种形态、多种功能。同一操作作用于不同的对象，产生不同的效果，就可以理解为多态。

在 Python 中，多态是不同的子类对象调用相同的父类方法，产生不同的执行结果。多态体现在继承和重写父类方法的基础上。具体来说，每个子类中的函数名相同，函数原型都是相同的，继承自父类，但子类的同名函数，可以拥有不同的形态。多态性可以这样描述：向不同的对象发送同一条消息，不同的对象在接收时会产生不同的行为（方法）。也就是说，每个对象可以用自己的方式去响应同一消息（调用函数）。

【例 6.15】多态示例。

```
class Company():
    def employee_count(self):
      print("公司目前有××位员工")
class CompanyA(Company):
    def employee_count(self):
      print("A公司目前有500位员工")
class CompanyB(Company):
    def employee_count(self):
      print("B公司目前有300位员工")
class CompanyC(Company):
    def employee_count(self):
      print("C公司目前有200位员工")
companya = CompanyA()
companyb=CompanyB()
companyc = CompanyC()
companya.employee_count()
companyb.employee_count()
companyc.employee_count()
```

运行结果：

```
A公司目前有500位员工
B公司目前有300位员工
C公司目前有200位员工
```

说明：本例中，三个子类 CompanyA，CompanyB，CompanyC，均继承自 Company 基类，都拥有 employee_count() 方法，子类对父类的方法进行了重写。子类均调用 employee_count() 方法，但是输出的结果却不同，从而实现了多态。

在上述例子中，我们还可以定义一个专门执行 employee_count() 方法的函数，实现简化调用。例如：

```
class Company():
    def employee_count(self):
      print("公司目前有××位员工")
class CompanyA(Company):
    def employee_count(self):
      print("A公司目前有500位员工")
class CompanyB(Company):
    def employee_count(self):
      print("B公司目前有300位员工")
class CompanyC(Company):
    def employee_count(self):
```

```
        print("C公司目前有200位员工")
# 函数调用类中的employee_count()方法
def func(obj):
    obj.employee_count()
companya = CompanyA()
companyb = CompanyB()
companyc = CompanyC()
func(companya)
func(companyb)
func(companyc)
```

运行结果：

```
A公司目前有500位员工
B公司目前有300位员工
C公司目前有200位员工
```

说明：我们定义了很多功能性的类和函数，最终我们需要一个调用的接口，这个接口可以是一个类、一个函数，实现一连串逻辑功能。比如这里的 func() 函数，这是设计模式中工厂模式的思想。

课堂思政

1．通过 Python 类与对象的学习，培养学生遵守程序规则意识及创新意识。

2．通过 Python 类属性与类方法的学习，培养学生对事物属性与方法的分类管理意识，强化学生遵守程序规则意识及创新意识。

3．通过 Python 类的继承关系的学习，增强学生的文化传承意识、遵守程序规则意识及创新意识。

本章小结

面向对象程序设计思想是把事物的属性和行为包含在类中。其中，事物的属性作为类的变量，事物的行为作为类的方法，而对象则是类的一个实例。因此，想要创建对象，需要定义类。Python 中使用 class 关键词声明类；类名必须是合法标识符，类名的首字母一般为大写；类名后必须紧跟冒号；类体相对于 class 关键字必须保持一定的空格缩进。带 self 参数的方法称为实例方法，在类的实例方法中访问实例变量，需以 self 为前缀，但在外部通过对象名调用实例方法时不需要传递该参数。构造方法的固定名称为 __init__()，当创建类的对象时，系统会自动调用构造方法，实现对象的初始化操作。类变量属于类，可以通过类名或对象名访问；而实例变量属于实例（对象），在主程序中（或类的外部）只能通过对象名访问。面向对象程序设计具有封装、继承和多态三大特征。通过类的对象名可以访问实例方法、类方法和静态方法，通过类名可以访问类方法和静态方法。

实战训练

项目 1：员工信息管理

项目 2：职工薪酬计算

项目 3：理财收益计算
项目 4：应收款信息管理
项目 5：项目工作量计算

课后练习

一、选择题

1．关于面向过程和面向对象，下列说法错误的是（　　）。

A．面向过程和面向对象都是解决问题的一种思路
B．面向过程是基于面向对象的
C．面向过程强调的是解决问题的步骤
D．面向对象强调的是解决问题的对象

2．关于类和对象的关系，下面描述正确的是（　　）。

A．类是面向对象的核心
B．类是现实中真实存在的个体
C．对象描述的是现实中真实存在的个体，它是类的实例
D．对象是根据类创建的，并且一个类只能对应一个对象

3．构造方法是类的一个特殊方法，其名称为（　　）。

A．与类同名　　B．__init__　　C．init　　D．__del__

4．构造方法的作用是（　　）。

A．一般成员方法　　B．类的初始化
C．对象的初始化　　D．对象的建立

5．下列选项中，符合类的命名规范的是（　　）。

A．HolidayResort　　B．Holidayresort
C．holidayResort　　D．holidayresort

6．下面说法正确的是（　　）。

A．方法和函数的格式是完全一样的
B．创建类的对象时，系统会自动调用构造函数进行初始化
C．创建完对象后，其属性的初始值是固定的，外界无法进行修改
D．在主程序中（或类的外部），实例变量可以通过类名访问

7．Python 中定义私有属性的方法是（　　）。

A．使用 __X 定义属性名　　B．使用 __X__ 定义属性名
C．使用 private 关键词　　D．使用 public 关键词

8．下面选项中，用于标识静态方法的是（　　）。

A．@classmethod　　B．@staticmethod
C．@stablemethon　　D．@privatemethod

9．下面方法中，不能使用类名访问的是（　　）。

A．静态方法　　B．类方法　　C．实例方法　　D．以上 3 项都是

10．下面表示 C 类继承 A 类和 B 类的语句中，正确的是（　　）。

A．class C A,B:　　B．class C(A,B)
C．class C(A,B):　　D．class C A and B

二、填空题

1．面向对象需要把问题划分为多个独立的 ________，然后调用其方法解决问题。

2．在 Python 中，可以用 ________ 关键词来声明一个类。

3．类的实例方法中必须有一个 ________ 参数，位于参数列表的开头。

4．Python 提供了名称为 ________ 的构造方法，实现让类的对象完成初始化。

5．在主程序中（或类的外部），实例变量属于实例（对象），只能通过 ________ 访问；而类变量属于类，可以通过 ________ 或 ________ 访问。

6．在继承关系中，已有的、设计好的类称为 ________，新设计的类称为 ________。

7．父类的 ________ 属性和方法是不能被子类继承的，更不能被子类访问。

8．如果需要在子类中调用父类的方法，可以使用内置函数 ________ 或通过 ________ 的方式来实现。

9．类方法是类所用的方法，需要用修饰器 ________ 来标识。

10．子类按照自己的方式实现方法，需要 ________ 从父类继承的方法。

三、简答题

1．面向对象程序设计的特点是什么。

2．什么是类？说明类和对象的关系。

3．类变量和实例变量有什么特点？如何引用？

4．Python 中 self 代表什么？ __init__() 的作用是什么？

5．什么是多态？举一个生活中的例子进行说明。

四、编程题

1．创建一个 Person 类，通过 Person 类，创建教师、学生、管理者对象，并分别添加上一个姓名属性值。

2．定义一个形状 Shape 类，包含计算面积的方法。以它为父类派生出圆、长方形等子类。分别创建子类的实例，并对类的功能进行测试。

第 7 章　大数据可视化分析

教学目标与要求

通过本章的学习，使学生了解大数据可视化的基本内涵、要求和类型；了解常用的大数据可视化工具；熟悉 Matplotlib 和 Pyecharts 常用绘图函数，能够绘制常用图形。

7.1　数据可视化基础

7.1.1　什么是大数据可视化

大数据可视化是关于大数据视觉表现的技术。它以数据采集、数据分析、数据挖掘为基础，将各种不可见的数据转换为可见的图形符号，为大数据分析提供了一种直观的分析与展示手段，帮助用户认知数据，进而发现这些数据中蕴含的规律，获取知识。

大数据可视化以计算机图形学和图像处理技术为基础，将数据转换为图形或图像形式显示，并进行交互处理。它涉及计算机视觉、图像处理、计算机辅助设计、计算机图形学等多个领域，是一种研究数据表示、数据综合处理、决策分析等问题的综合技术。

7.1.2　大数据可视化的要求

大数据可视化的要求有以下几点。

（1）实用。大数据可视化首先要满足使用者的需求，使可视化的数据为使用者提供其所需要的信息和知识。例如，将交通流量信息可视化，绘制交通状态图，交通管理部门可以实时地了解当前各区域、各道路，以及其他交通设施的通行状态，必要时采取措施进行管控。

（2）完整。要求可视化的数据包含使用者所需要的所有信息，比如业务背景、数据值、数据来源、数据用户、业务意义等。

（3）真实。要求可视化的结果要真实展现大数据集中所包含的信息。如果可视化的结果是能让人信服的、精确的，那么它的准确度就达标，否则该数据的可视化工作就不会令人信服。

（4）艺术。数据的可视化呈现要符合审美规律。美观的数据图可引起使用者的研究兴趣，激发研究灵感，提供良好的阅读体验。

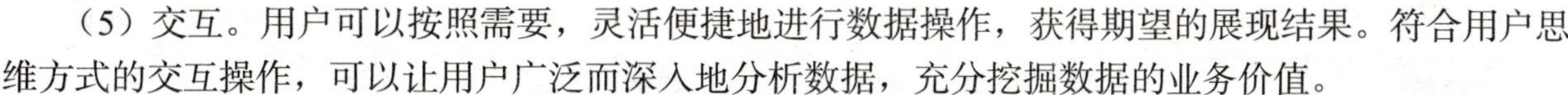

（5）交互。用户可以按照需要，灵活便捷地进行数据操作，获得期望的展现结果。符合用户思维方式的交互操作，可以让用户广泛而深入地分析数据，充分挖掘数据的业务价值。

7.1.3　大数据可视化的主要类型

数据可视化分为三种类型，即科学可视化、信息可视化和可视化分析。

（1）科学可视化。科学可视化（Scientific Visualization）应用领域主要是自然科学，如物理、化学、气象气候、航空航天、医学、生物学等各个学科。这些学科需要对数据和模型进行解释、操作与处理，旨在寻找其中的模式、特点、关系及异常情况。

（2）信息可视化。信息可视化（Information Visualization）是对抽象数据进行交互式的可视化表示，以增强人类感知的研究。抽象数据包括数值和非数值数据，如文本和声音。柱状图、趋势图、流程图、UML 图等都是信息可视化的常用图形，它们将“抽象”的概念转化成为可视的信息。

（3）可视化分析。可视分析学是一门以可视交互为基础，综合运用图形学、数据挖掘和人机交互等多个学科领域的知识，并以人机协同完成可视化任务为主要目的的一种分析推理性学科。主要涉及的学科领域包括科学 / 信息可视化、数据挖掘、统计分析、分析推理、人机交互、数据管理等。

7.2　使用 Matplotlib 绘制常见图表

7.2.1　Matplotlib 简介

Matplotlib 是一个 Python 2D 绘图库，可用于 Python 脚本，Python 和 IPythonopen in new window Shell，Jupyteropen in new window 笔记本，Web 应用程序服务器和四个图形用户界面工具包。Matplotlib 经常用于绘制线图、直方图、条形图、饼图等。

7.2.2　直方图绘制

1. 直方图

直方图 (Histogram)，又称质量分布图，它用一系列高度不等的纵向条纹或线段表示数据分布的情况。直方图中，一般用横轴表示数据类型，纵轴表示数据分布情况。

2. Matplotlib 绘制直方图函数及其参数

使用 Matplotlib 绘制直方图，主要使用 hist( ) 函数，使用格式及参数如下：

```
Matplotlib.pyplot.hist (x, bins, range, density, weights , cumulative, bottom,  histtype, align, orientation, rwidth, log, color, label, stacked, normed)
```

hist( ) 函数的主要参数如表 7.1 所示。

表 7.1　hist( ) 函数参数说明表

参数	意义
X	指定要绘制直方图的数据
Bins	指定直方图条形的个数
Range	指定直方图数据的上下界，默认包含绘图数据的最大值和最小值
Density	若为 True，则返回元组的第一个元素将是归一化的计数，以形成概率密度

续表

参数	意义
Weights	该参数可以为每一个数据点设置权重
Cumulative	是否需要计算累计频数或频率
Bottom	可以为直方图的每个条形添加基准线，默认为 0
Histtype	指定直方图的类型，默认为 bar，还有 barstacked、step 等
Align	设置条形边界值的对齐方式，默认为 mid，还有 left 和 right
Orientation	设置直方图的摆放方向，默认为垂直方向
Rwidth	设置直方图条形宽度的百分比
Log	是否需要对绘图数据进行对数变换
Color	设置直方图的填充色
Label	设置直方图的标签，可以通过 legend 展示其图例
Stacked	当有多个数据时，是否需要将直方图呈堆叠摆放，默认为水平摆放
Normed	已经弃用，改用 density 参数

3．示例：绘制某数字序列的出现频率直方图

（1）任务。绘制数字序列（1，4，3，2，5，4，5，6，9，3，5，5，3，0，1，2，8，7，6，6，4，7，7，8）中各数字的出现频率直方图。

（2）程序代码。

```
import matplotlib.pyplot as plt
plt.rcParams["font.family"] = ["Microsoft JhengHei"]
x = [1,4,3,2,5,4,5,6,9,3,5,5,3,0,1,2,8,7,6,6,4,7,7,8]
plt.hist(x)
plt.title('直方图')
plt.xlabel('值')
plt.ylabel('频率')
plt.show( )
```

（3）结果。程序代码执行结果如图 7.1 所示。

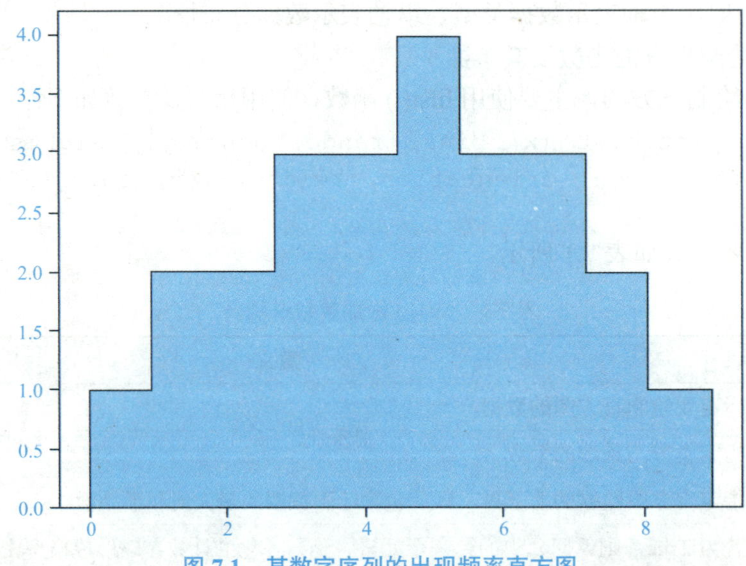

图 7.1　某数字序列的出现频率直方图

7.2.3　折线图绘制

1. 折线图

折线图（line chart）是一种利用线段的升降起伏表示变量变动的图形，主要用于显示时间数列的数据，以反映事物发展变化的规律和趋势。

2. Matplotlib 绘制折线图函数及其参数

使用 Matplotlib 绘制折线图，主要使用 plot( ) 函数，使用格式及参数如下：

```
plot ( x , y, fmt, data)
```

plot ( ) 函数的主要参数如表 7.2 所示。

表 7.2　plot ( ) 函数参数说明表

参数	意义
x,y	设置数据点的水平和垂直坐标
Fmt	用一个字符串来定义图的基本属性，如颜色、点型、线型
Data	带有标签的绘图数据

3. 示例：绘制某产品价格变化折线图

（1）任务。绘制某产品 2020 年到 2024 年的价格变化折线图，其各年价格分别为 498.58 元、492.40 元、491.53 元、445.60 元和 449.92 元。

（2）程序代码。

```
import matplotlib.pyplot as plt
year = ['2020', '2021', '2022', '2023', '2024']
price = [498.58, 492.40, 491.53, 445.60, 449.92]
plt.plot(year, price)
plt.show( )
```

（3）结果。程序代码执行结果如图 7.2 所示。

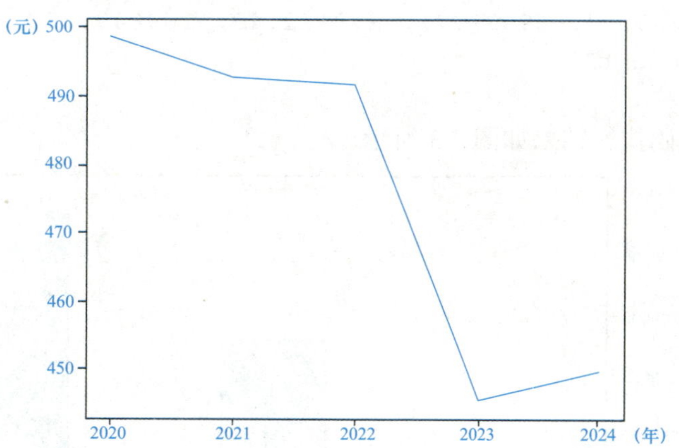

图 7.2　某产品 2020 年到 2024 年的价格变化折线图

7.2.4　条形图绘制

1. 条形图

条形图是用宽度相等的条形的高度或长短来表示数据多少的图形。条形图可以横置或纵置，纵置时也称为柱形图。

2. Matplotlib 绘制条形图函数及其参数

使用 Matplotlib 绘制条形图，主要使用 bar( ) 函数，使用格式及参数如下：

```
bar (x, height, width, bottom, align, color, edgecolor, linewidth, tick_
label, data, log, orientation)
```

bar( ) 函数的主要参数如表 7.3 所示。

表 7.3　bar( ) 函数参数说明表

参数	意义
X	设置横坐标
Height.	条形的高度
Width	直方图宽度，默认为 0.8
Bottom	条形的起始位置
Align	条形的中心位置
Color	条形的颜色
Edgecolor	边框的颜色
Linewidth	边框的宽度
Tick_label	下标的标签
Log	Y 轴使用科学记数法表示
Orientation	是竖直条还是水平条

3. 示例：绘制某产品销售额变化条形图

（1）任务。绘制某产品 2020 年到 2024 年的销售额变化条形图，其各年销售额分别为 176235.94 元、69931.71 元、279122.49 元、 169649.85 元和 396852.13 元。

（2）程序代码。

```
import matplotlib.pyplot as plt
year = ['2020', '2021', '2022', '2023', '2024']
countA = [176235.94, 69931.71, 279122.49, 169649.85, 396852.13]
plt.bar(year, countA)
plt.show( )
```

（3）结果。程序代码执行结果如图 7.3 所示。

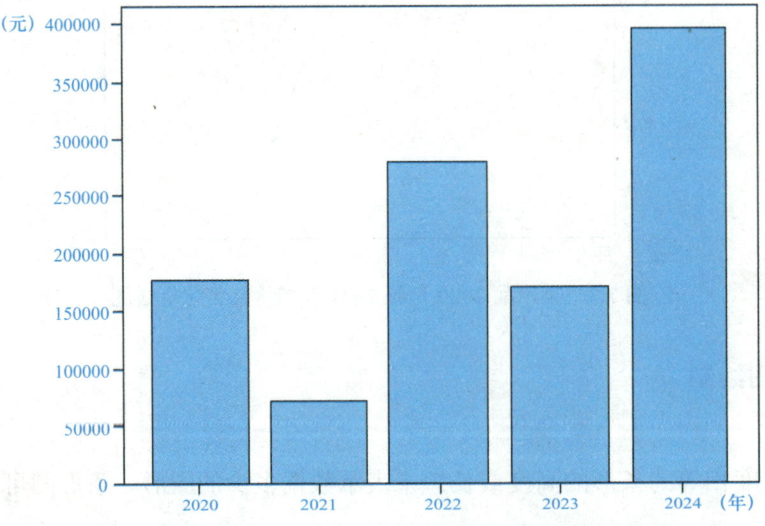

图 7.3　某产品 2020 年到 2024 年的销售额变化条形图

7.2.5　饼图绘制

1．饼图

饼图，也称饼状图，是一种圆形统计图，用于展示不同分类在总体中的占比情况。

2．Matplotlib 绘制饼图函数及其参数

使用 Matplotlib 绘制饼图，主要使用 pie( ) 函数，使用格式及参数如下：

```
pie (x, explode, labels, colors, autopct, pctdistance, shadow, labeldistance, startangle, radius, counterclock, wedgeprops, textprops, center, frame, rotatelabels)
```

pie ( ) 函数的主要参数如表 7.4 所示。

表 7.4　pie ( ) 函数参数说明表

参数	意义
X	每一块的比例，若 sum(x)>1，则会进行归一化处理
Explode	每一块离开中心的距离
Labels	每一块饼图外侧显示的说明文字
Colors	调色盘
Autopct	控制饼图内的百分比设置
Pctdistance	类似于 labeldistance，指定 autopct 的位置刻度，默认值为 0.6
Shadow	在饼图下面画一个阴影。默认为 False，即不画阴影
Labeldistance	Label 标记的绘制位置，相对于半径的比例，默认值为 1.1，若小于 1，则绘制在饼图内侧
Startangle	起始绘制角度，默认图是从 x 轴正方向逆时针画起，若设定等于 90，则从 y 轴正方向画起
Radius	控制饼图半径，默认值为 1
Counterclock	指定指针方向，可选，默认为 True，即逆时针
Wedgeprops	字典类型，可选，默认值为 None。参数字典传递给 wedge 对象用来画饼图
Textprops	设置标签和比例文字的格式，字典类型，可选，默认值为 None
Center	浮点类型的列表，可选，默认值为 (0，0)，即图标中心位置
Frame	布尔类型，可选，默认为 False。如果是 True，那么绘制带有表的轴框架
Rotatelabels	布尔类型，可选，默认为 False。如果为 True，那么旋转每个 label 到指定的角度

3．示例：绘制某产品各年销售额占比饼图

（1）任务。绘制某产品 2015 年到 2019 年，每年销售额占期间销售总额比例的饼图，相关数据保存在文件“数据可视化库 /1Matplotlib 库 / 产品销售收入表 .csv”中。

（2）程序代码。

```
import pandas as pd
import matplotlib.pyplot as plt
import matplotlib as mpl
mpl.rcParams['font.sans-serif'] = 'SimHei'
df = pd.read_csv('数据可视化库/1Matplotlib库/产品销售收入表.csv')
year = df[df['产品'] = = '产品A']['日期']
```

```
rateA = df[df['产品'] == '产品A']['金额占比']
fig1, ax1 = plt.subplots()
ax1.pie(rateA, labels = year, autopct = '%1.2f%%', shadow = True, startangle = 90)
ax1.axis('equal')
plt.title('15-19年销售金额占比饼状图')
plt.show( )
```

（3）结果。程序代码执行结果如图 7.4 所示。

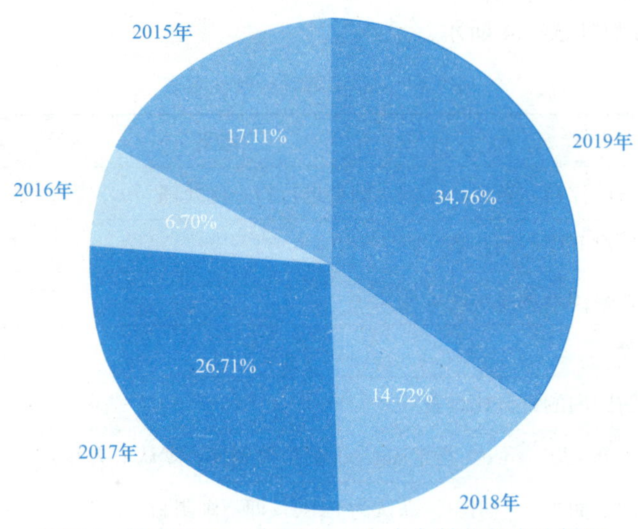

图 7.4　某产品 2015 年到 2019 年各年销售额占比饼图

7.3　使用 Pyecharts 绘制常见图表

7.3.1　Pyecharts 简介

Pyecharts 是百度开发的数据可视化工具库，它交互性好，图表精巧，获得了业界的广泛认可。Pyecharts 可以实现多种图表类型，具有很强的交互功能，支持各种视觉效果、可视化组件、插件、事件等操作，适合 web 应用开发和数据可视化展示。它提供了用户友好、易于使用的 Python API，允许开发人员使用 Python 和 JS 编程方式进行交互式的数据可视化展示。Pyecharts 通过创建交互式的 HTML 图表，实现动态绘图。

7.3.2　散点图绘制

1．散点图

散点图是数据点在直角坐标系中的分布图，常用于表示因变量随自变量变化的大致趋势，据此可以选择合适的函数对数据点进行拟合。

2．Pyecharts 绘制散点图

使用 Pyecharts 绘制散点图，主要使用 scatter，其主要参数如表 7.5 所示。

表 7.5　scatter 参数说明表

参数	意义
Series_name	系列名称，用于 tooltip 的显示，legend 的图例筛选
y_axis	系列数据
is_selected.	是否选中图例
xaxis_index	使用的 x 轴的 index，在单个图表实例中存在多个 x 轴的时候有用
yaxis_index	使用的 y 轴的 index，在单个图表实例中存在多个 y 轴的时候有用
color	label 颜色
symbol	标记的图形。ECharts 提供的标记类型包括，circle、rect、roundRect、triangle、diaramond、pin、arrow、none，可以通过 image：//url 设置为图片，其中 url 为图片的链接，dataURI
symbol size	标记的大小，可以设置成诸如 10 这样单一的数字，也可以用数组分开表示宽和高，例如 [20，10] 表示标记宽为 20，高为 10
label_opts	标签配置项
markpoint_opts	标记点配置项
markline_opts	标记线配置项
tooltip_opts	提示框组件配置项
itemstyle_opts	图元样式配置项

3．示例：绘制某产品年销售额的散点图

（1）任务。绘制某产品 2019 年到 2024 年，各年销售额的散点图，其间各年销售额分别为 74.63951、83.20359、 91.92811、 98.65152、101.35670、 114.36697 万元。

（2）程序代码。

```
from pyecharts import options as opts
from pyecharts.charts import Scatter
x_data = ['2019','2020', '2021', '2022', '2023', '2024']
y_data = [74.63951, 83.20359, 91.92811, 98.65152, 101.35670, 114.36697]
c = (
    Scatter()
        .add_xaxis(x_data)
        .add_yaxis(' 中国 ', y_data)
        .set_global_opts(
        title_opts = opts.TitleOpts(title = " 产品销售额年度统计 "),
        visualmap_opts = opts.VisualMapOpts(
            type_ = "color",
            max_ = 120,
            min_ = 70,
            dimension = 1
        )
    ))
```

```
c.render("数据可视化库/2Pyecharts库/02_scatter_visualmap_color.html")
```

（3）结果。程序代码执行结果保存在“数据可视化库/2Pyecharts库/02_scatter_visualmap_color.html”中，可以使用浏览器查看，如图7.5所示。

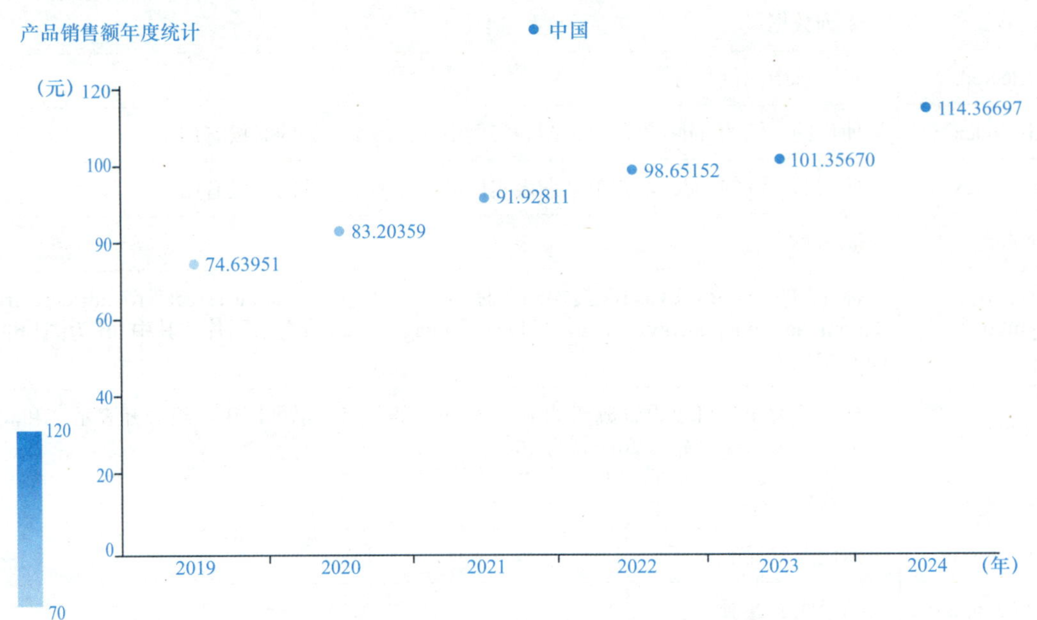

图7.5　某产品2019年到2024年各年销售额散点图

7.3.3　雷达图绘制

1．雷达图

雷达图也称网络图、蜘蛛图、星图、蜘蛛网图，是一种用从同一点开始的轴表示三个或更多个定量变量的二维图表，常用于表现多变量数据。

2．Pyecharts绘制雷达图

使用Pyecharts绘制雷达图，主要使用Radar，其主要参数如表7.6所示，数据项属性如表7.7所示，指示器属性如表7.8所示。

表7.6　Radar参数配置表

参数	意义
schema	雷达指示器配置项列表
shape	雷达图绘制类型，可选“polygon”和“circle”
textstyle_opts	文字样式配置项
splitline_opt	分隔线配置项
splitarea_opt	分隔区域配置项
axisline_opt	坐标轴轴线配置项

表 7.7　Radar 数据项参数表

参数	意义
series_name	系列名称，用于 tooltip 的显示，legend 的图例筛选
data	系列数据项
is_selected	是否选中图例
symbol	ECharts 提供的标记类型包括，“circle”、“rect”、“roundRect”、“triangle”、“diaramond”、“pin”、“arrow”、“none”，可以通过 "image: //url" 设置为图片，其中 url 为图片的链接，dataURI
color	系列 label 颜色
label_opts	标签配置项
linestyle_opts	线样式配置项
areastyle_opts	区域填充样式配置项
tooltip_opt	提示框组件配置项

表 7.8　Radar 指示器参数表

参数	意义
name	指示器名称
min_	指示器的最小值，可选，默认为 0
max_	指示器的最大值，可选，建议设置
color	标签特定的颜色

3. 示例：绘制某企业预算分配与实际开销雷达图

（1）任务。某企业将其经费预算分别分配给了销售、管理、信息技术、客服、研发和市场等部门，其预算分别为 4300 元、10000 元、28000 元、35000 元、 50000 元和 19000 元，实际开销分别为 5000 元、14000 元、28000 元、 31000 元、 42000 元和 21000 元。绘制预算分配与实际开销雷达图，以分析预算及其执行情况。

（2）程序代码。

```
from pyecharts import options as opts
from pyecharts.charts import Radar
v1 = [[4300, 10000, 28000, 35000, 50000, 19000]]
v2 = [[5000, 14000, 28000, 31000, 42000, 21000]]
c = (
    Radar()
        .add_schema(schema=[opts.RadarIndicatorItem(name = "销售", max_ =
6500),
                            opts.RadarIndicatorItem(name = "管理", max_ =
16000),
                          opts.RadarIndicatorItem(name = "信息技术", max_ =
30000),
                            opts.RadarIndicatorItem(name = "客服", max_ =
38000),
                            opts.RadarIndicatorItem(name = "研发", max_ =
```

```
52000),
                                opts.RadarIndicatorItem(name = "市场", max_ =
25000)])
            .add("预算分配", v1, color = '#f9a1bc')
            .add("实际开销", v2, color = '#590d82')
            .set_series_opts(label_opts = opts.LabelOpts(is_show = False))
            .set_global_opts(title_opts = opts.TitleOpts(title = "预算与开销"))
            .render("数据可视化库/2Pyecharts库/07_radar.html")
    )
```

（3）结果。程序代码执行结果保存在“数据可视化库/2Pyecharts库/07_radar.html”中，可以使用浏览器查看，如图7.6所示。

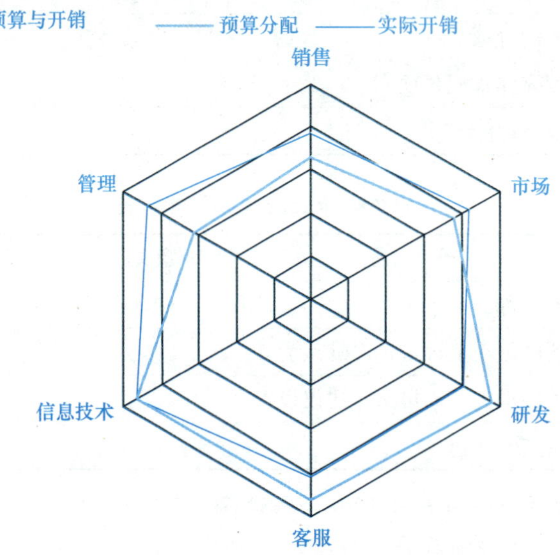

图 7.6　某企业预算分配与实际开销雷达图

7.3.4　词云绘制

1．词云

词云是由词汇组成的类似云的彩色图形，用以对文本中出现频率较高的“关键词”的视觉上的突出，使用户可以快速领悟文本主旨。

2．Pyecharts 绘制词云

使用 Pyecharts 绘制词云，主要使用 WordCloud，其主要参数如表7.9所示。

表 7.9　WordCloud 参数配置表

参数	意义
series_name	系列名称，用于 tooltip 的显示，legend 的图例筛选
data_pair	系列数据项，[(word1，count1)，(word2，count2)]，其中 word1 是指关键词 1，count1 是关键词 1 的数量，word2 是指关键词 2，count2 是关键词 2 的数量
word_gap	单词间隔
word_size_ range	单词字体大小范围
rotate_step	旋转单词角度
tip_opts	提示框组件配置项

3. 示例：绘制某组文本中高频词的词云

（1）任务。某组文本中出现的高频词为生活资源、供热管理、供气质量等，其出现频率分别为 999 次、888 次、777 次等。试绘制它们所对应的词云。

（2）程序代码。

```
import pyecharts.options as opts
from pyecharts.charts import WordCloud
data = [
        ("生活资源", "999"), ("供热管理", "888"), ("供气质量", "777"), ("生活用水管理", "688"),
        ("一次供水问题", "588"), ("交通运输", "516"), ("城市交通", "515"), ("环境保护", "483"),
        ("房地产管理", "462"), ("城乡建设", "449"), ("社会保障与福利", "429"), ("社会保障", "407"),
        ("文体与教育管理", "406"), ("公共安全", "406"), ("公交运输管理", "386"), ("出租车运营管理", "385"),
        ("供热管理", "375"), ("市容环卫", "355"), ("自然资源管理", "355"), ("粉尘污染", "335"),
        ("噪声污染", "324"), ("土地资源管理", "304"), ("物业服务与管理", "304"), ("医疗卫生", "284"),
        ("粉煤灰污染", "284"), ("占道", "284"), ("供热发展", "254"), ("农村土地规划管理", "254"),
        ("供热单位影响", "253"), ("城市供电", "223"), ("房屋质量与安全", "223"), ("大气污染", "223"),
        ("房屋安全", "223"), ("文化活动", "223"), ("拆迁管理", "223"), ("公共设施", "223"), ("供气质量", "223"),
        ("供电管理", "223"), ("燃气管理", "152"), ("教育管理", "152"), ("医疗纠纷", "152"), ("执法监督", "152"),
        ("设备安全", "152"), ("政务建设", "152"), ("县区、开发区", "152"), ("宏观经济", "152"),
        ("教育管理", "112"), ("社会保障", "112"), ("生活用水管理", "112"), ("物业服务与管理", "112"),
        ("分类列表", "112"), ("农业生产", "112"), ("二次供水问题", "112"), ("城市公共设施", "92"),
        ("拆迁政策咨询", "92"), ("物业服务", "92"), ("物业管理", "92"), ("社会保障保险管理", "92"),
        ("低保管理", "92"), ("生活噪声", "253"),
]
c = (
    WordCloud()
        .add(series_name = "热点分析", data_pair = data, word_size_range = [6, 66])
        .set_global_opts(
            title_opts = opts.TitleOpts(
                title = "热点分析",
                title_textstyle_opts = opts.TextStyleOpts(font_size = 23)),
            tooltip_opts = opts.TooltipOpts(is_show = True),
        )
```

```
    .render("数据可视化库/2Pyecharts库/09_basic_wordcloud.html")
)
```

（3）结果。执行结果保存在“数据可视化库/2Pyecharts库/09_basic_wordcloud.html”中，可以使用浏览器查看，如图 7.7 所示。

图 7.7　某组文本高频词词云

7.4　其他常用大数据可视化工具

7.4.1　Pandas

Pandas 是一个开源的第三方 Python 库，它在 Numpy 和 Matplotlib 的基础上开发，享有数据分析“三剑客之一”的盛名（Numpy、Matplotlib、Pandas）。2008 年 4 月，AQR Capital Management 开发了 Pandas，2009 年底实现开源，目前，由专注于 Python 数据包开发的 PyData 开发团队继续开发和维护，属于 PyData 项目的一部分。Pandas 最初主要用于金融数据分析，现在它的应用领域涵盖了农业、工业、交通等许多行业。Pandas 绘图示例如图 7.8 所示。

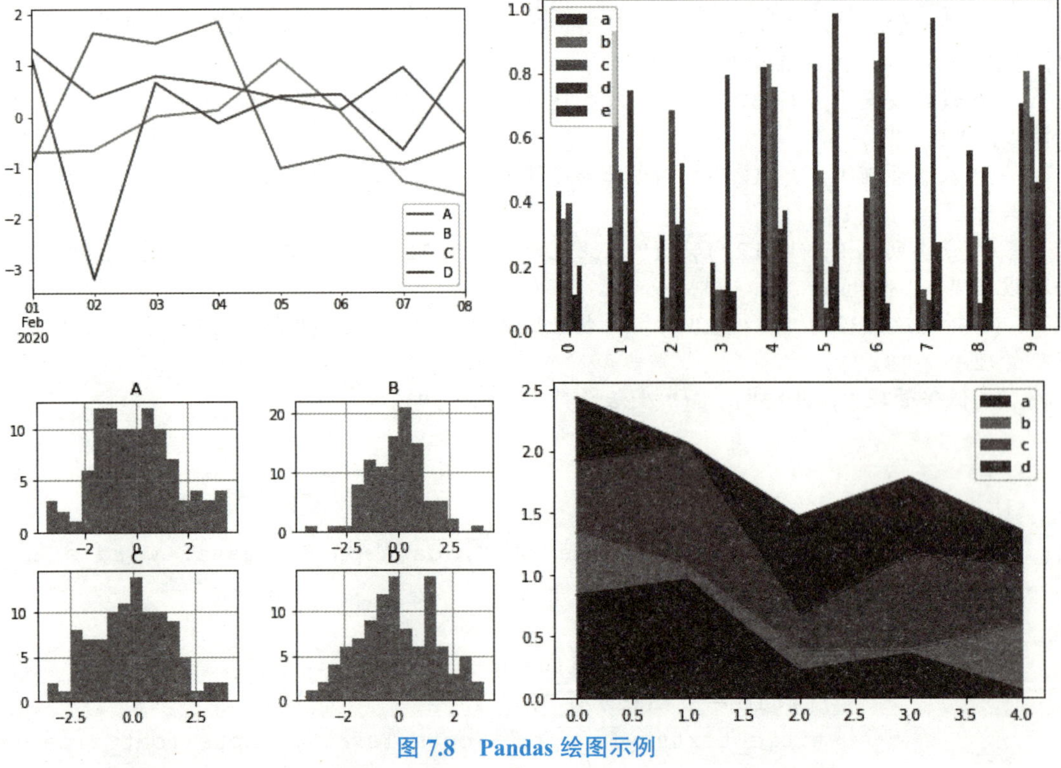

图 7.8　Pandas 绘图示例

图片来源：https://c.biancheng.net/pandas/plot.html。

7.4.2　Seaborn

Seaborn 是一个用于在 Python 中制作统计图形的库。它建立在 Matplotlib 之上，并与 Pandas 数据结构紧密集成。

Seaborn 能对包含整个数据集的数据帧和数组进行操作，并在内部执行必要的语义映射和统计聚合以生成信息丰富的图形。它面向数据集的声明式 API 可以让用户专注于图形的业务价值，而不是如何绘制本身。Seaborn 绘图示例如图 7.9 所示。

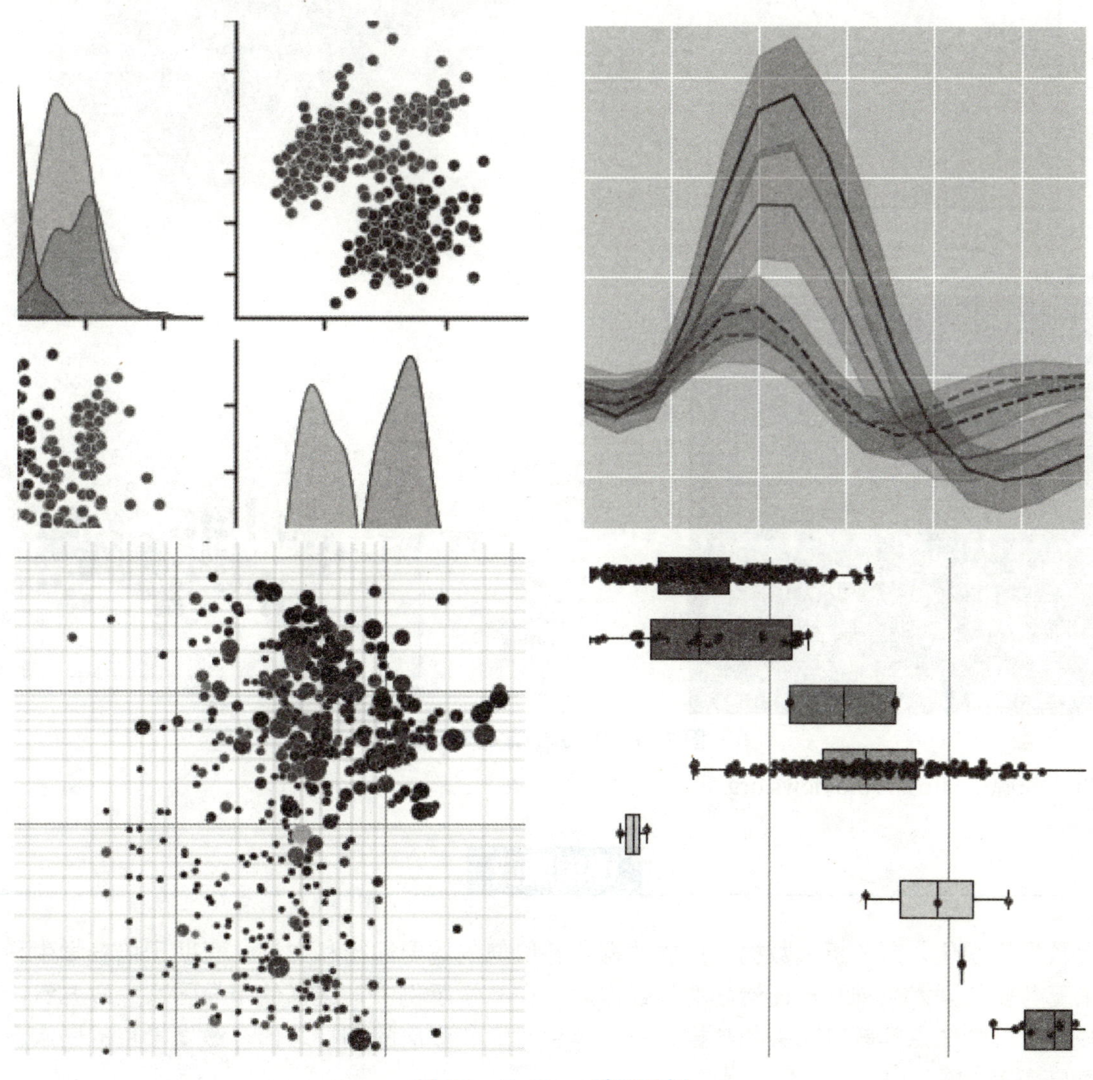

图 7.9　Seaborn 绘图示例

图片来源：https://seaborn.pydata.org。

7.4.3　Holoviews

Holoviews 是一个用于在 Python 中制作统计图形的库。作为一个开源的可视化库，其目的是使数据分析结果完美地可视化，其默认的绘图主题和配色以及较少的绘图代码量，可以使用户专注于数据分析本身。它还拥有 Matplotlib、Seaborn 等库所不具备的交互效果。Holoviews 绘图示例如图 7.10 所示。

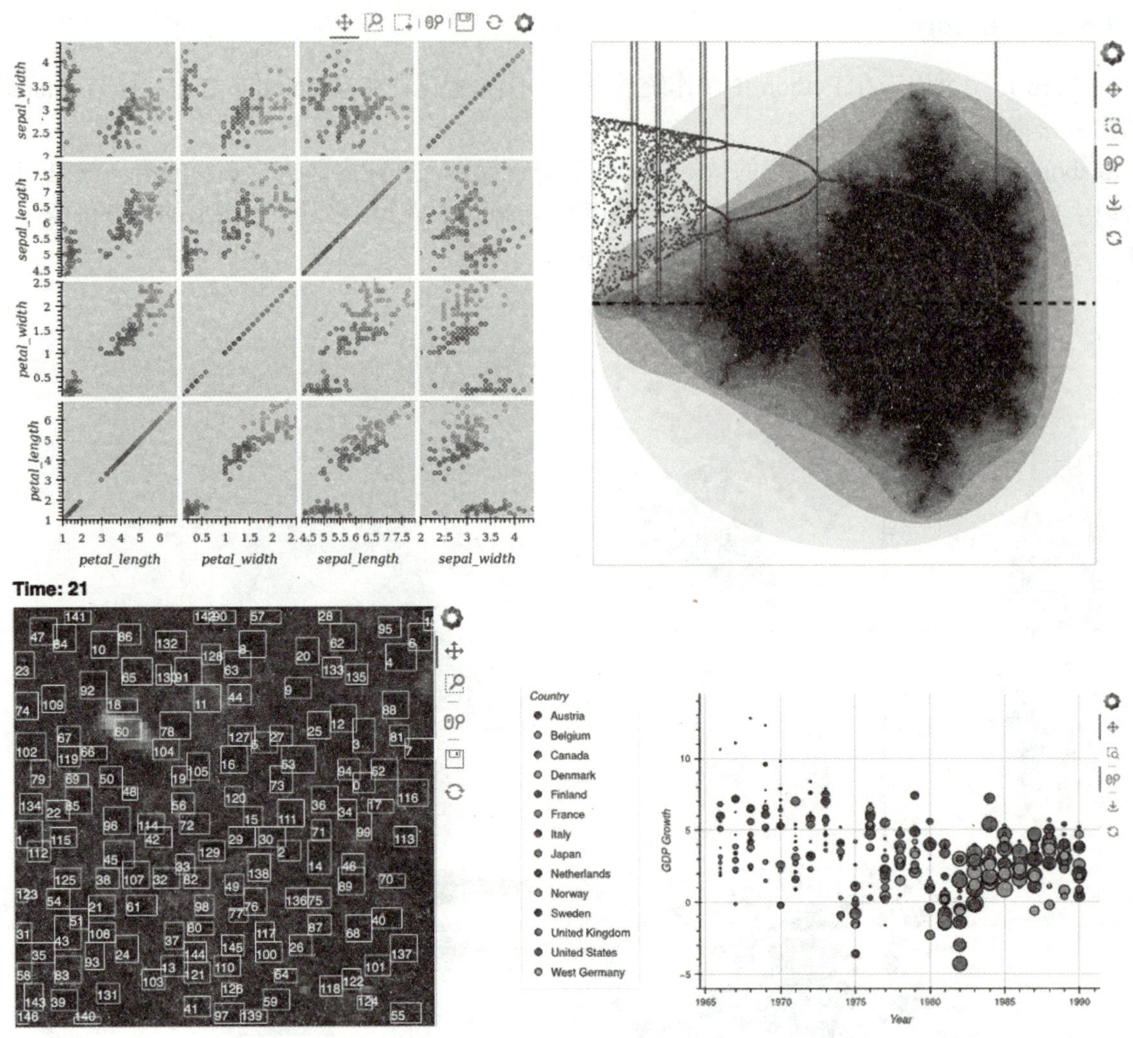

图 7.10 Holoviews 绘图示例

图片来源：https://holoviews.org/。

课堂思政

大数据可视化，是分析大数据、挖掘数据业务价值的重要途径和方法，有助于培养学生科学严谨、求真务实的学术精神和严谨治学的实践作风。在教学示例中，选择使用与国家大政方针、社会发展成就、社会热点问题等相关的数据，激发学生对党和政府的拥护之情，激发学生的民族自尊心和国家自豪感。

本章小结

可视化使枯燥、抽象的数据以直观简洁、生动形象的方式得以呈现，有助于使用者探索数据中所蕴含的信息和知识，实现数据的业务价值。本章介绍了大数据可视化基本内涵、要求和主要类型，使学生对大数据可视化这一研究领域有初步的认识；介绍了应用 Matplotlib 和 Pyecharts 绘制常见图形的方法，使学生初步具备数据可视化呈现的技能；介绍了 Pandas、Seaborn 等大数据可视化库，供学生在深入学习时参考。

实战训练

项目 1，Pandas 库，常用操作
项目 2：Pandas 库，Pandas 数据计算
项目 3：Matplotlib 库，折线图绘制
项目 4：Matplotlib 库，柱形图绘制
项目 5：Matplotlib 库，饼状图绘制
项目 6：Pyecharts 库，散点图绘制
项目 7：Pyecharts 库，散点图绘制
项目 8：Pyecharts 库，雷达图绘制

课后练习

1．Matplotlib 绘制直方图、折线图、条形图、饼图的函数分别是什么？其参数意义分别是什么？

2．Pyecharts 绘制散点图、雷达图、词云的函数分别是什么？其参数意义分别是什么？

第 8 章　大数据爬虫

教学目标与要求

了解网页基础知识和网络爬虫的原理。熟练掌握获取网页源代码和数据解析与提取的实践技能。理解和掌握常见的爬虫框架的使用方法。

8.1　基础知识

8.1.1　网页基础知识

网络爬虫是一种按照一定规则（网络爬虫的算法），自动浏览和抓取网络上信息的程序或者脚本。因此，网络爬虫的第一步是了解网页的基础知识，如万维网（Web）、网址（URL）、网络协议（如 HTTP、HTTPS 等）、网页数据的显示标准 HTML 等。

1．万维网（Web）

互联网（internet）是所有能彼此通信的设备组成的网络的统称。也就是说，任何两台及以上数量的能互相通信的机器，不论其用何种技术使彼此通信，都可以叫互联网。其中，成千上万设备使用 TCP/IP 协议组成可以彼此通信的互联网，称为因特网（Internet）。也可以说，传输控制协议（Transmission Control Protocol，简称 TCP 协议，它保证数据传输的可靠性）与网际协议（Internet Protocol，简称 IP 协议，它负责网络层的路由选择和数据包的传输）共同构建了 Internet 上通信的基本协议，因此 Internet 又被称作 TCP/IP 网络。当然，使用 TCP/IP 协议的网络既有广域网，也有局域网。而且 TCP/IP 协议由很多协议组成，不同类型的协议又被放在不同的层，其中，位于应用层的协议就有很多，如 FTP、SMTP、HTTP 等。凡是应用层使用 HTTP 协议的因特网都叫万维网。由此可见，互联网、因特网和万维网之间的关系为：万维网属于因特网，因特网属于互联网。

万维网（World Wide Web，简称“Web”、“WWW”或“W3”）是一个由许多互相链接的超文本（HT）组成的、用户可以通过互联网访问的系统。万维网是目前全球最大的连接文件网络文库。在这个系统中，每个有用的事物，称为一样“资源”，由一个“统一资源标识符”（URL）标识；这些资源通过超文本传输协议（HTTP）传送给用户。

2．统一资源定位符（URL）

统一资源定位符（Uniform Resource Locator，简称 URL），是互联网上标准资源的地址。互联网上的每个文件都有一个唯一的 URL。URL 提供了一种访问定位因特网上任意资源的手段，虽然这些资源可以通过不同的方法（例如 HTTP、HTTPS、FTP）来访问，但其 URL 都基本上由 8 个部分构成，即 <scheme>://<user>:<password>@<host>:<port>/<path>;<params>?<query>#<fragment>（见表 8.1），例如 https://www.baidu.com:8080/goods/index.html?username=dgh&passwd=123#j2se。又可以根据这几个构成部分的作用将其划分为协议（表明浏览器访问它的方法）和目标资源地址（表明文件的位置）两个组成部分。

表 8.1　URL 基本构成简介表

序号	构成部分	描述
1	scheme	获取资源使用的协议，例如 http、https、ftp 等，没有默认值
2	user：password	用户名与密码，这是一个特殊的存在，一般访问 ftp 时会用到，它表明的是访问资源的用户名与密码。这个也可以不写，但不写的话可能会让你输入用户名和密码
3	host	主机，访问那台主机，有时候可以是 IP，有时候是主机名，例如 www.seentao.com
4	port	端口，访问主机时的端口。如果 http 访问的服务器使用了协议的默认端口 80，可以省略，这时 URL 地址里无端口
5	path	通过 host:port 我们能找到主机，但是主机上文件很多，通过 path 则可以定位具体文件。例如 www.baidu.com:8080/goods/index.html 中，path 是 /goods/index.html，表示我们访问 /goods/index.html 这个文件
6	params	这个很少见，主要作用是向服务器提供额外的参数，用来表示本次请求的一些特性。例如 ftp 传输模式有两种，二进制和文本，你不希望使用文本形式传输二进制图片，这样图片下载下来后可能没法看。为了向应用程序提供更丰富的信息，URL 中有个专门的部分来表示这种参数。例如 ftp://file.baidu.com/pub/guid.pdf;type=d 中的 type=d 就是 params
7	query	通过 get 方式请求的参数，例如 www.baidu.com/index.html?username=dgh&passwd=123 中 ? 后的部分
8	fragment	当 html 页面比较长时，我们通常会将其分为好几段，#1 就可以快速定位到某一段。例如 www.baidu.com/index.html#1

（1）协议。协议（或称模式，scheme）的作用是告诉网页浏览器如何处理将要打开的文件，其包括 HTTP（超文本传输协议）、HTTPS（用安全套接字层传送的超文本传输协议）、FTP（文件传输协议）、SMTP（简单邮件传输协议）、MAILTO（电子邮件协议）、LDAP（轻量目录访问协议）、FILE（本地文件传输协议）、NEWS（网络新闻组协议）、GOPHER（网际 GOPHER 协议）和 TELNET（远程终端协议）等类型。其中最常用的协议是超文本传输协议（Hyper Text Transfer Protocol，HTTP），该协议是一种用于分布式、协作式和超媒体信息系统的应用层协议。HTTP 目前广泛使用的是 HTTP 1.1 版本。

（2）目标资源地址。URL 会用“://”将协议与目标资源地址分开。目标资源地址由前后两个部分构成。前面部分为存放资源的主机地址，也叫服务器地址或 IP 地址，有时后面还会跟一个冒号和一个端口号，也可以包含接触服务器必需的用户名称和密码。后面部分会通过“/”接上到达这个文件的路径和文件本身的名称。到达这个文件的路径指的是所要访问的资源在服务器下的相对路径，它是服务器上的一个目录或者文件地址，表明了目标资源最终所处位置，一般不同等级结构的路径之间用斜线（/）分隔。之后还可以接问号（？）及传递的参数（query），该参数是客户端对服务器上的数据库进行动态询问时所需要的，参数的形式通常为“参数名 = 参数值”（见图 8.1）。

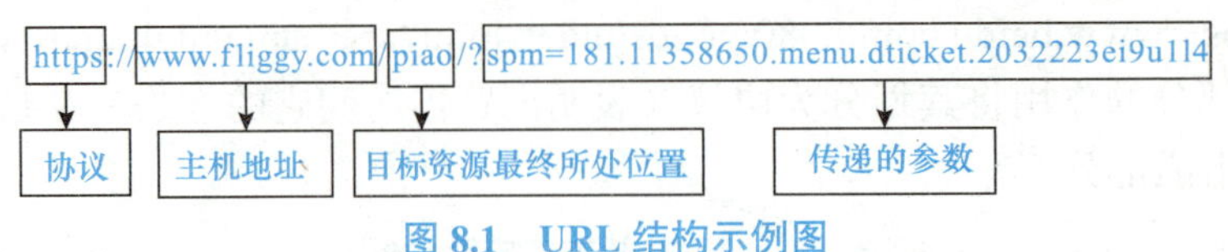

图 8.1　URL 结构示例图

有时候，URL 以斜杠“/”结尾，而没有给出文件名。这种情况表明的是：这个文件就是 index.html 或 default.html，即 URL 引用路径中最后一个目录下默认打开的页面（通常对应于主页）。

3. 超文本传输协议（HTTP）

网络爬虫的对象是网页，网络爬虫要解决的是如何从网络中获取用户想要的大量的资源，因此需要了解平时用户是怎么上网和获取资料的，那就是通过 HTTP 请求。

（1）HTTP 和 HTTPS 的概念。超文本传输协议（Hyper Text Transfer Protocol，简称 HTTP）是由万维网协会 (World Wide Web Consortium) 和 Internet 工作小组 IETF (Internet Engineering Task Force) 共同合作制定的规范。HTTP 不仅可以使浏览器更加高效，使网络传输减少以保证计算机正确、快速地传输超文本文档，还可以确定传输文档中的哪一部分，以及哪部分内容首先显示（如文本先于图形）等。因此，该协议从 1990 年开始在万维网（web）上广泛应用，是现今在万维网上应用最多的协议。HTTP 目前广泛使用的是 HTTP 1.1 版本。HTTP 协议是用于从 web 服务器传输超文本数据到本地浏览器的传送协议。当用户上网浏览网页的时候，浏览器和 web 服务器之间就会通过 HTTP 在 Internet 上进行数据的发送和接收。因此，HTTP 是一个基于请求 / 响应（Request/Response）模式的、无状态的协议。

HTTPS 的全称是 Hyper Text Transfer Protocol over Secure Socket Layer，即以安全为目标的 HTTP 通道，简单讲就是 HTTP 的安全版。HTTPS 是在 HTTP 下加入 SSL 层，其安全基础就是 SSL。因此通过它传输的内容都是经过 SSL 加密的。HTTPS 的主要作用包括两方面：一方面是建立一个信息安全通道来保证数据传输的安全；另一方面是确认网站的真实性。凡是使用了 HTTPS 的网站，都可以通过点击浏览器地址栏的锁头标志 () 来查看网站认证之后的真实信息，也可以通过 CA 机构颁发的安全签章来查询。

值得注意的是，某些网站虽然使用了 HTTPS 协议，但还是会被浏览器提示不安全，这并不是用户的证书无效，主要原因是在使用 HTTPS 协议后，站点内还有部分资源使用了 HTTP 协议，被浏览器检测到后就会提示不安全。

（2）HTTP 工作原理。HTTP 协议采用请求 / 响应模型（见图 8.2），该图中客户端即代表用户自己的 PC 或手机浏览器，服务器即要访问的网站所在的服务器。客户端向服务器发送一个请求报文，请求报文包含请求方法（如 GET、POST）、URL、协议版本（如 HTTP 1.1）、请求头部（如 Client-IP、From）和请求数据。服务器以一个状态行作为响应，响应的内容包括协议的版本、成功或者错误代码、服务器信息、响应头部和响应数据（见图 8.3）。

图 8.2　HTTP 基本原理

（3）HTTP 请求 / 响应的步骤。典型的 HTTP 请求 / 响应模式有五个步骤（见图 8.4）。

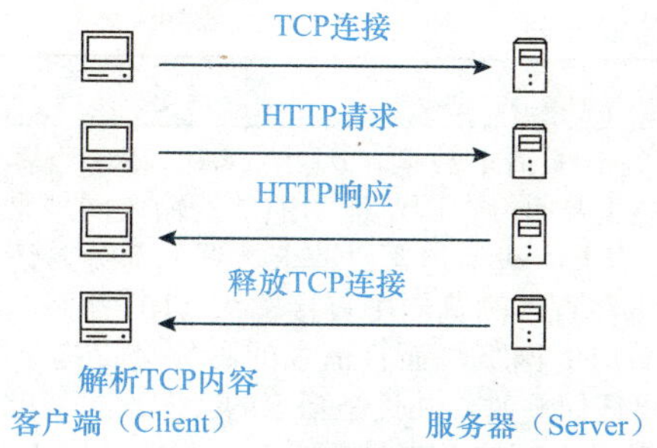

TCP连接

HTTP请求

HTTP响应

释放TCP连接

解析TCP内容

客户端（Client）　服务器（Server）

图 8.3　HTTP 请求 / 响应模式步骤图

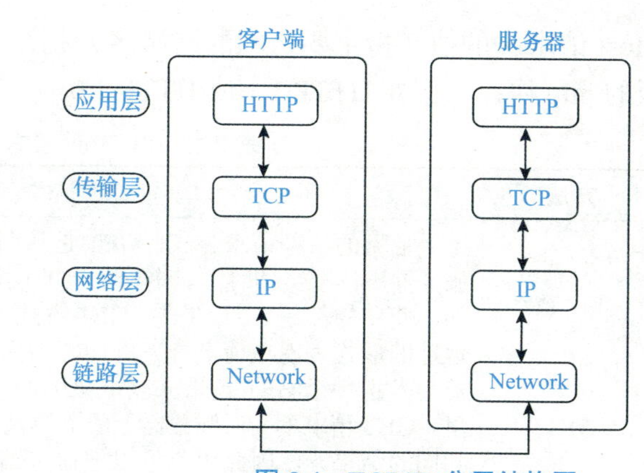

图 8.4　TCP/IP 分层结构图

第一步，客户端连接到 Web 服务器。

第二步，发送 HTTP 请求。见图 8.5 和图 8.6。

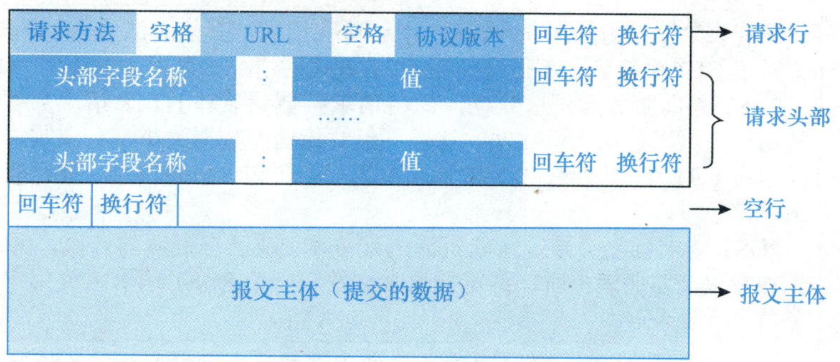

图 8.5　请求报文组成图

```
POST /action.php HTTP/1.1
Host: www.qsyc.org
Content-Length: 32
Pragma: no-cache
Cache-Control: no-cache
Origin: http://www.qsyc.org
Upgrade-Insecure-Requests: 1
Content-Type: application/x-www-form-urlencoded
User-Agent: Mozilla/5.0 (Macintosh; Intel Mac OS X 10_13_6) AppleWebKit/537.36 (KHTML, like Gecko) Chrome/80.0
Accept: text/html,application/xhtml+xml,application/xml;q=0.9,image/webp,image/apng,*/*;q=0.8,application/signed-
Referer: http://www.qsyc.org/input.html
Accept-Encoding: gzip, deflate
Accept-Language: zh-CN,zh;q=0.9,en;q=0.8
Cookie: Hm_lvt_bc4f1d3c00dd360a9539e3fb3fd65648=1584287433;
Connection: keep-alive

name=Mike&age=22&country=America
```

图 8.6　一个 http1.1 请求报文示例图

①请求行：表明了想对目标资源进行何种操作。请求行由请求方法、URL 和 HTTP 协议版本等 3 个字段组成，字段间用空格分隔，请求行最后以一个回车符 "\r" 和一个换行符 "\n" 结尾。常见的请求行格式如下：

请求方法名 + 空格 +URL+ 空格 +HTTP 协议版本 + 回车换行（\r\n）

例如：GET /index. html HTTP/1.1/r/n

HTTP 协议提供了多种请求方法，每种请求方法都有不同的作用，能以不同方式操作指定的资源。其中 GET 和 POST 是最常见的 HTTP 请求方式。此外，还包括 HEAD、PUT、DELETE、CONNECT、OPTIONS、TRACE 等方式（见表 8.2）；URL 字段表明了目标资源的位置，它只包含一个完整 URL 中的文件路径和查询字符串这两部分，比如 "/index. html"，而不包含协议、主机名和端口号。如果同一服务器上部署了多个网站，为了准确判断出请求的是哪个资源，需要将 URL

字段和 Host 请求头的值（指定要访问的网站名）相结合使用；协议版本字段表明了该请求报文属于哪一版的 http 协议，例如 HTTP/1.1 或 HTTP/1.0。

表 8.2　HTTP 请求方法简介表

序号	方法	描述
1	GET	最常见的一种请求方式。GET 是从服务器上请求数据，因此效率更高。当客户端要从服务器中读取文档时，点击网页上的链接或者通过在浏览器的地址栏输入网址来浏览网页的，使用的都是 GET 方式；GET 方式的请求一般不包含“请求数据”部分，请求数据以地址的形式表现在请求行。例如，当用户在百度浏览器中直接输入 URL 并回车时，浏览器会发送一个 GET 请求来获取该 URL 对应的网页，而且请求的参数会直接包含到 URL 里。GET 请求不会对服务器上的资源做出任何更改，并且是幂等的（多次重复的请求会有相同的结果），因此用户可以把请求结果以链接的形式分享给他人。地址中“?”之后的部分就是通过 GET 发送的请求数据，用户可以在地址栏中清楚地看到，各个数据之间用“&”符号隔开，因此，这种方式不适合传送私密数据。另外，由于不同的浏览器对地址的字符限制也有所不同，一般最多只能识别 1024 个字符，所以大量数据的传送是不适合使用 GET 方式的
2	POST	只有表单设置为 method="post" 才是 post 请求，其他的都是 get 请求。 对于 GET 中提到的不适合使用 GET 方式的情况，可以考虑使用 POST 方式。 POST 是向服务器发送数据，即将请求参数封装在 HTTP 请求数据中，以名称 / 值的形式出现，可以传输大量数据，这样不仅对传送的数据大小没有限制，而且请求数据也不会显示在 URL 中，因此，POST 请求适用于上传包含敏感信息（如密码）的内容和上传较大的文件。 POST 请求可能会导致新的资源的建立和 / 或已有资源的修改，并且不一定是幂等的。例如在提交注册表单时，浏览器通常会发送一个 POST 请求，将用户提供的信息发送到服务器进行处理
3	HEAD	类似于 GET 请求，但 HEAD 请求的服务器只返回响应头，不返回请求的资源主体，不会发送响应内容。因此，HEAD 请求通常用于获取资源的元信息，如资源的大小、类型等，而不能获取资源的实际内容
4	PUT	用于请求向服务器上传资源，且通常用于更新已存在的资源或创建新的资源。PUT 请求是幂等的
5	DELETE	用于请求服务器删除指定的资源。DELETE 请求是幂等的
6	CONNECT	用于请求建立到服务器上指定端口的隧道，通常用于代理服务器
7	OPTIONS	用于请求服务器返回支持的 HTTP 方法和其他选项。例如，客户端可以发送 OPTIONS 请求来确定服务器支持哪些 CORS（跨域资源共享）策略
8	TRACE	用于请求回显服务器收到的请求，主要用于测试或诊断
9	PATCH	用于请求在请求 - 响应链上的每个节点获取传输路径。TRACE 请求通常用于调试和测试，以查看请求在经过各种代理服务器和中间件时如何被修改
10	MOVE	用于请求服务器将指定的页面移至另一个网络地址
11	COPY	用于请求服务器将指定的页面拷贝至另一个网络地址
12	LINK	用于请求服务器建立链接关系
13	UNLINK	用于请求断开链接关系
14	WRAPPED	用于请求允许客户端发送经过封装的请求
15	LOCK	用于请求允许用户锁定资源，比如可以在编辑某个资源时将其锁定，以防别人同时对其进行编辑
16	MKCOL	用于请求允许用户创建资源
17	Extension-mothod	用于请求在不改动协议的前提下，可增加另外的方法

②请求头部：由关键字 / 值对组成，每行一对，都以一个回车符 "\r" 和换行符 "\n" 结尾，关键字和值之间用英文冒号 “:” 分隔。该部分向 Web 服务器表明了客户端和该请求的一些附加信息，例如 Host（主机名）、User-Agent（客户端标识）、Accept（可接受的内容类型）等（见表 8.3）。在所有的请求头中，只有 Host 是必需的，其他请求头都是可选的。

表 8.3　部分请求头信息简介表

序号	请求头	描述
1	Host	给出接收请求的服务器的主机名和端口号
2	Client-IP	提供运行客户端的机器的 IP 地址
3	From	提供客户端用户的 E-mail 地址
4	Referer	提供来源网页的 URL 地址。如果是直接访问，则不会有这个头。常用于防盗链
5	UA-Color	提供与客户端显示器的显示颜色有关的信息
6	UA-CPU	给出客户端 CPU 的类型或制造商
7	UA-OS	给出运行在客户端机器上的操作系统名称及版本
8	User-Agent	将发起请求的应用程序（客户端浏览器和操作系统）名称告知服务器
9	Accept	告诉服务器能够发送哪些媒体类型
10	Accept-Charset	告诉服务器能够发送哪些字符集
11	Accept-Encoding	告诉服务器能够发送哪些编码方式
12	Accept-Language	告诉服务器能够发送哪些语言
13	Cache-Control	告诉服务器本次请求和响应链的缓存机制
14	TE	告诉服务器可以使用哪些扩展传输编码
15	Expect	允许客户端列出某请求所要求的服务器行为
16	Range	如果服务器支持范围请求，就请求资源的指定范围
17	Cookie	客户端用它向服务器传送数据。是与会话有关的技术
18	Cookie2	用来说明请求端支持的 cookie 版本
19	connection	用来告诉服务器是否可以维持固定的 HTTP 连接
20	Content-Type	用来告诉服务器 request 的数据（报文主体）的类型
21	Content-Length	用来告诉服务器 request 的数据（报文主体）的大小，以字节为单位

③空行：在请求头部后面有一个空行，空行里只包含一个回车符 "\r" 和一个换行符 "\n"，不包含其他任何内容，连空格也不能包含。这个空行用于标识请求头的结束，它是必须要有的，即便使用 GET 这样不包含报文主体的请求方法时也要有这个空行。

④报文主体：就是要提交给服务器的数据，因此又称为请求数据。例如当用户使用 POST 方法提交表单时，表单中的内容就包含在报文主体中。有时请求报文中是没有报文主体的，例如使用 GET 方法向服务器传递参数时，参数就只能包含在 URL 的查询字符串（query string）中，而不用单独列出报文主体。与请求数据相关的最常使用的请求头是 Content-Type（数据类型）和 Content-Length（数据长度）。

第三步，服务器接受请求并返回 HTTP 响应。在这一步中，Web 服务器解析请求，定位请求资源，再将资源副本写到 TCP，由客户端读取。一个 HTTP 响应报文由状态行（< status-line >）、响应头部（< headers >）、空行（< blank line >）和响应数据（[< response-body >]）等四部分组成（见图 8.7 和图 8.8）。其中前三个部分是必需的，只有报文主体是可选的。

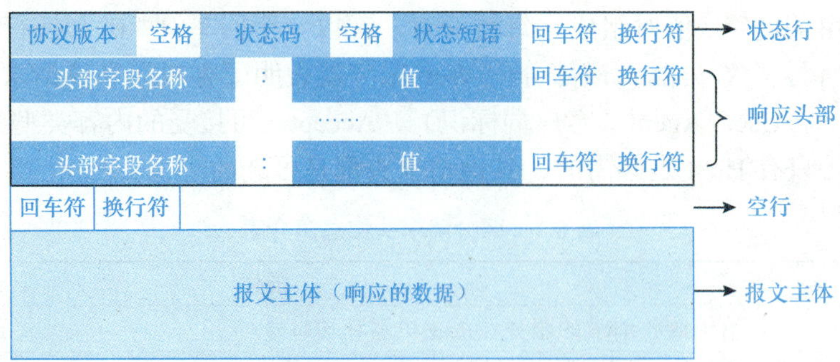

图 8.7　响应报文组成图

```
HTTP/1.1 200 OK
Date: Wed, 01 Apr 2020 14:51:53 GMT
Server: Apache/2.4.33 (Unix) PHP/7.1.23
X-Powered-By: PHP/7.1.23
Content-Length: 224
Keep-Alive: timeout=5, max=100
Content-Type: text/html; charset=UTF-8
Proxy-Connection: keep-alive

<!DOCTYPE html>
<html>
<head>
  <meta charset="utf-8">
  <title>用户信息处理页面</title>
</head>
<body>
  <p>Hello Mike.</p>
  <p>You are 22 years old.</p>
  <p>And you are from America.</p>
</body>
</html>
```

图 8.8　一个 http1.1 响应报文示例图

①状态行：通过提供一个状态码来说明所请求的资源情况。状态行包括 HTTP 协议版本、状态码以及状态描述等 3 个字段，字段间用空格分隔，请求行最后以一个回车符 "\r" 和一个换行符 "\n" 结尾。常见的状态行格式如下：

HTTP 协议版本 + 空格 + 状态码 + 空格 + 状态描述 + 回车换行（\r\n） Status-Code Reason-Phrase CRLF

例如：

```
HTTP/1.1 200 OK /r/n
```

其中，服务器发回的响应状态代码（Status-Code）由三位数字组成，第一个数字定义了响应的类别，有五种可能取值（1-5），表明请求是否被理解或被满足，这样，用户就可以根据状态码的值来确定下一步的工作（见表 8.4）；状态描述（Reason-Phrase）是关于前面状态代码的简短文本描述。

表 8.4　HTTP 状态码简介表

类型	描述	常见状态码及含义	状态描述	处理方式
1××	信息性状态码，表示服务器收到请求，需要请求者继续执行操作	100：继续	Continue	客户端应当继续发送请求的剩余部分，或者如果请求已经完成，忽略这个响应
		101：切换协议	Switching Protocols	只有在切换新的协议更有好处的时候才应该采取类似措施
2××	成功状态码，表示请求已被成功地接收并处理	200：请求成功	OK	获得响应的内容，进行处理

续表

类型	描述	常见状态码及含义	状态描述	处理方式
		201：已创建	Created	继续处理
		202：已接受	Accepted	阻塞等待
		203：非授权信息	Non-Authoritative Information	获得响应的内容，进行处理
		204：无内容	No Content	丢弃
		205：重置内容	Reset Content	重置文档视图，可通过此返回码清除浏览器的表单域
		206：部分内容	Partial Content	获得响应的内容，根据需要进行处理
3××	重定向状态码，表示需要进行附加操作才能完成请求	300：多种选择	Multiple Choices	可返回一个资源特征与地址的列表用于用户终端（例如：浏览器）选择
		301：永久性重定向	Moved Permanently	重定向到分配的 URL
		302：临时移动	Found	资源只是临时被移动，客户端应继续使用原有 URI
		303：查看其他地址	See Other	使用 GET 和 POST 请求查看
		304：未修改	Not Modified	客户端通常会缓存访问过的资源，通过提供一个头信息指出客户端希望只返回在指定日期之后修改的资源
4××	客户端错误状态码，表示请求有语法错误或请求无法实现	400：错误请求	Bad Request	请检查请求语法或者参数是否正确
		401：未授权	Unauthorized	请使用账号登录后访问或丢弃
		403：禁止访问	Forbidden	请检查是否配置 referer 黑白名单、IP 黑白名单、鉴权等访问控制功能；或者丢弃
		404：未找到	Not Found	请检查源站是否正常或者源站信息、回源 HOST 配置是否配置正确；请检查源站资源是否不存在该资源；或者丢弃
		405：不被允许	Method Not Allowed	请在控制台 - 高级配置 -HTTP header 配置中，设置 Access-Control-Allow-Methods，添加业务所需的请求方法
		406：无法完成请求	Not Acceptable	请检查源站响应 header 头中 Accept 的值是否正确，是否不在客户端接受的范围内
		407：需要代理身份验证	Proxy Authentication Required	请检查业务是否设置特殊的鉴权

续表

类型	描述	常见状态码及含义	状态描述	处理方式
		408：超时	Request Time-out	请检查客户端发送请求逻辑
		409：冲突	Conflict	冲突通常发生于对 PUT 请求的处理中，请检查上传的文件
		416：请求的范围无效	Requested range not satisfiable	请检查客户端的 range 请求范围是否超出资源大小
5××	服务器错误状态码，表示服务器在处理请求的过程中发生了错误	500：内部服务器错误	internal Server Error	一般来说，这个问题都会在源代码出现错误时出现，请检查源站是否正常
		501：服务器无法识别	Not Implemented	请检查客户端的请求方法是否正确
		502：错误网关	Bad Gateway	请检查业务源站是否正常
		503：请求未完成	Service Unavailable	请检查业务源站是否正常；或者一段时间后可能会恢复正常
		504：网关超时	Gateway Time-out	请检查业务源站是否正常、是否超负载

②响应头部：表明了一些附加的信息。它包含关于响应的元信息，例如 Server（服务器类型）、Content-Type（响应内容的类型）、Content-Length（响应内容的长度）等（见表 8.5）。值得注意的是：某些头部字段既可以用于请求报文又可以用于响应报文，而有些则只能用于请求报文或者只能用于响应报文。

表 8.5　部分响应头信息简介表

序号	响应头	描述
1	Location	指定响应的路径，需要与状态码 302 配合使用，完成跳转
2	Allow	对一个资源所允许的请求方法
3	Cache-Control	告知客户端是否可以缓存该资源，缓存的时间单位为秒
4	Content-Encoding	说明响应的数据是如何压缩的
5	Content-Length	响应数据的长度，以字节为单位
6	Content-Location	响应的数据的类型
7	Content-Disposition	文件下载的时候使用。通过浏览器以下载方式解析正文
8	Last-Modifed	请求资源最后被修改的时间
9	Location	将请求重定向的地址
10	Server web	服务器的软件信息
11	Set-Cookie	在客户端设置数据，以便服务器对客户端进行标识和写入 cookie。是与会话有关的技术

续表

序号	响应头	描述
12	Refresh	定时刷新
13	Age	（从最初创建开始）响应持续时间
14	Public	服务器为其资源支持的请求方法列表
15	Retry-After	如果资源不可用的话，在此日期或时间重试
16	Server	服务器应用程序软件的名称和版本
17	Title	对 HTML 文档来说，就是 HTML 文档的源端给出的标题
18	Warning	比原因短语更详细一些的警告报文
19	Accept-Ranges	对此资源来说，服务器可接受的范围类型
20	Vary	服务器会根据这些首部的内容挑选出最适合的资源版本发送给客户端
21	Proxy-Authenticate	来自代理的对客户端的质询列表
22	Set-Cookie2	与 Set-Cookie 类似
23	WWW-Authenticate	来自服务器的对客户端的质询列表

③空行：在响应头部后面有一个空行，表示头部的结束。该空行是必不可少的，即便后面没有报文主体也要有这个空行。

④报文主体：就是服务端返回的数据，因此又称为响应数据。它的类型由响应头部“Content-Type”说明。有些响应报文主体包含了实际的响应内容，例如 HTML 网页、图片、JSON 数据等；但也有某些响应报文是没有报文主体（响应数据）的，例如状态码为 304（Not Modified）的响应报文或者某些请求错误时的响应报文。

第四步，释放 TCP 连接。若 connection 模式为 close，则服务器主动关闭 TCP 连接，客户端被动关闭连接，释放 TCP 连接；若 connection 模式为 keep-alive，则该连接会保持一段时间，在该时间内可以继续接收请求。

第五步，客户端浏览器解析 HTML 内容。客户端浏览器首先解析状态行，查看表明请求是否成功的状态代码。如果请求是成功的，客户端浏览器就会继续解析每一个响应头部，即读取响应数据 HTML，根据 HTML 的语法对其进行格式化，并在浏览器窗口中显示出来。

总之，当用户在浏览器地址栏键入 URL，按下回车之后就会经历以上 5 个步骤和图 8.9 所示的具体过程。

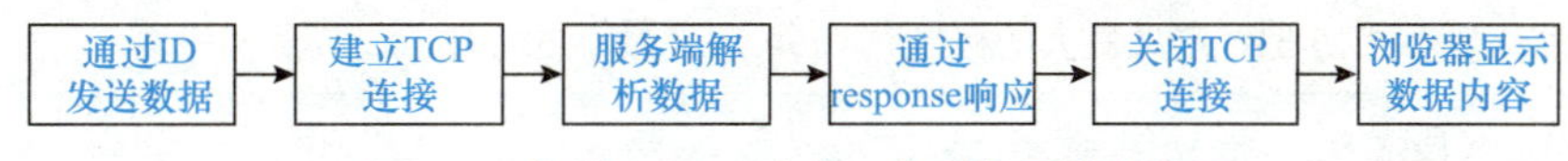

图 8.9　典型 HTTP 请求 / 响应的具体过程图

4. 超文本标记语言（HTML）

要了解 HTTP 请求 / 响应模式步骤中的第五步——客户端浏览器是如何解析 HTML 内容的，就需要继续了解有关超文本标记语言（HTML）的知识。

（1）概念。HTML 超文本标记语言（Hyper Text Markup Language，HTML）是一种规范、一种标准，它指引着编制者使用统一的标记符号来标记要显示的网页中的各个部分（网页元素）。网页文件本身是一种文本文件，编制者可以通过在文本文件中添加 HTML 标签，来告诉浏览器如何显示文件的内容（如文字如何处理、图片如何显示、画面如何安排等）。浏览器会按顺序阅读网页文件，根据 HTML 标签解析和显示其标记的内容，即使碰到书写出错的标记也不会指出其错误，还会不停止地继续解析和显示，编制者只能通过显示结果来分析出错原因和出错部位。而且不同的浏览器对同一 HTML 标签可能会有不完全相同的解析，从而可能显示出不同的内容和排版。

（2）HTML 标签。HTML 不是一种编程语言，而是一种标记语言。这种标记语言是一套标记标签（markup tag），称 HTML 标签（HTML tag）或 HTML 标记标签。HTML 使用这些标签来描述网页中的图片、文本、音乐、视频、超链接等内容。因此，在网络爬虫的开发过程中，了解 HTML 标签以及标签的属性项是非常必要的。

HTML 标签在使用时有一些约定或默认的要求。

（1）HTML 标签是由尖括号包围的关键词，如 <html>。HTML 标签有很多，其中最常见的标签可以见表 8.6。

（2）HTML 标签分为闭合标签和空标签。大多数标记符是闭合标签，必须成对使用，例如 <html> 和 </html>，标签对中的第一个标签是开始标签（或开放标签），第二个标签是结束标签（或闭合标签）；空标签是没有内容的标签，在开始标签中自动闭合，例如需要换行时输入的
。

（3）HTML 标签不会出现在页面中，只有标签中的内容才会显示在页面上，例如“<h1> 关键词 </h1>”，在网页中就只会出现“关键词”三个字的大标题。

（4）许多标记元素具有属性说明，这时就可用参数或属性项对元素作进一步的限定，而且当有多个属性项说明时排列次序不限，其中用空格分隔即可。HTML 标签的常见属性项可以见表 8.7。

（5）标记符号，包括尖括号、标记元素、属性项等必须使用半角的西文字符，而不能使用全角字符。

表 8.6　HTML 中最常见标签简介表

标签名	描述
<html>	定义 HTML 文档
<head>	定义文档的头部，它是所有头部元素的容器
<meta>	是 head 部的一个辅助性标签，提供关于 HTML 文档的元数据。空标签
<title>	定义文档的标题
<header>	定义文档的页眉（介绍信息），（计算机打印时自动加在各页顶端的）标头
<body>	可见的页面内容
<style>	文档的样式信息
<div>	把文档分割为独立的、不同的部分
<h1>~ <h6>	定义标题，<h1> 定义最大的标题，<h6> 定义最小的标题
<p>	定义段落
<a>	定义超链接，用于从一个页面链接到另一个页面
 	插入一个简单的换行符。该标签是一个没有关闭标签的空标签
<hr>	插入一根水平线，用于分割内容
<input>	用于收集用户信息。根据不同的 type 属性值，输入字段拥有很多种形式。输入字段可以是文本字段、复选框、掩码后的文本控件、单选按钮、按钮等

续表

标签名	描述
<button>	定义一个按钮
<img>	向网页中嵌入一幅图像
<b>	规定粗体文本
<strong>	规定粗体字（强调）
<i>	规定斜体字
< sub>	规定下标
< sup>	规定上标
<center>	规定居中文本
<table>	定义表格
<td>	定义表格中的标准单元格
<ul>	规定无序列表
<ol>	规定有序列表
<li>	规定列表项目

表 8.7　HTML 标签的常见属性项简介表

属性项	描述
href	指定链接的地址
class	规定元素的类名
id	规定元素的唯一 id
src	引用该图像文件的绝对路径或相对路径（URL）
type	链接到文件类型
alt	规定图像的替代文本
target	页面打开方式
action	规定当提交表单时向何处发送表单数据
border	规定边框权重

（6）整体结构。HTML 的结构包括头部（Head）和主体（Body），其中头部提供关于网页的信息，包含所有用户不可见的代码，如标签；“主体”部分提供网页的具体内容，如段落、图像和按钮等，包含页面的所有可见部分。

一个网页对应于一个 HTML 文件，HTML 文件以 .htm 或 .html 为扩展名。编制者可以使用任何能够生成 TXT 类型源文件的文本编辑来产生 HTML 文件。标准的 HTML 文件都具有一个基本的整体结构，包括 HTML 文件的开头与结尾标志和 HTML 的头部（Head）与主体（Body）两大部分，还有标记符（<html> 和 </html>）、头部标记符（<head> 和 </head>）、正文标记符（<body> 和 </

body>）三个双标记符用于页面整体结构的确认（见图 8.10）。

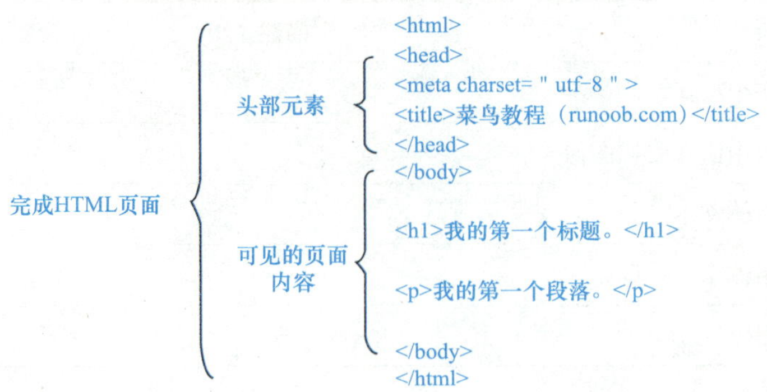

图 8.10　HTML 文件整体结构图

（7）HTML 源码的查看。Web 网页是 HTML 格式的文件。在浏览器中查看一个 Web 网页整体结构（也称 HTML 源码、静态网页源码）的方式有两种。

第一种方式是直接在网页中单击右键查看 HTML 源码，之后会重新打开一个页面标签来显示这些源码。这种方式不会将标签进行一一匹配和归纳，查看过程比较烦琐。此外，使用这种方式查看到的是原始的 HTML 源码，而不是经过浏览器渲染后的 HTML 源码，在一些通过动态方式加载数据的网页中，会出现在页面中可以看到数据，但是在 HTML 源码中找不到这些数据的现象。

第二种方式是通过开发者工具（在某一浏览器中按 [F12] 键出现的界面）中的“elements”项来查看，该项中所显示的 HTML 源码经过了浏览器渲染。利用这种方式用户可以正常地看到通过动态方式加载的数据。这种方式将标签进行了结构化，让标签更加清晰，并且如果通过鼠标单击源码会在浏览器网页上选中对应的内容，从而可以快速地定位 HTML 源码对应的网页内容。

8.1.2 网络爬虫原理

1．网络爬虫概述

网络爬虫（Web crawler）又被称为网页蜘蛛、网络蜘蛛、网络蚂蚁、网络机器人、网页追逐者等。网络爬虫的起源与搜索引擎密切相关。

网络爬虫是通过网页中的链接 URL 来寻找网页的。

进行网络爬虫时，首先需要精心挑选一部分种子 URL 放入待抓取的 URL 队列中。其中待抓取 URL 队列中的 URL 应该按照什么顺序排列是一个很重要的问题，因为这关系到先抓取哪个页面，后抓取哪个页面，进而影响网络爬虫的工作效率和爬取结果。而决定 URL 队列中 URL 排列顺序的抓取策略，就叫算法。

目前常用的算法有深度优先算法、宽度优先算法、反向链接数算法、Partial Page Rank 算法、OPIC 算法、大站优先算法等，其中前两种是最基础的遍历算法，后四种是通过对网页内容进行分析来决定链接优先级的算法。

网络爬虫的出现，可以在一定程度上代替手工访问网页，所以，原先用户需要人工去访问互联网信息的操作，现在都可以用爬虫自动化实现，这样可以更高效率地利用好互联网中的有效信息。

对于很多搜索引擎优化（Search Engine Optimization，SEO）从业者来说，网络爬虫技术可以帮助其更深层次地理解搜索引擎爬虫的工作原理，做到知己知彼，更好地进行搜索引擎优化。对于搜索引擎的使用者来说，利用网络爬虫技术优化后的搜索引擎，可以使信息搜索的效率更高。

用户可以利用网络爬虫自动地采集互联网中的信息，采集回来后进行相应的存储或处理，在需要检索某些信息的时候，只需在采集回来的信息中进行检索，即实现私人的搜索引擎。私人的搜索引擎虽然可能在性能或者算法上比不上主流的搜索引擎，但是个性化的程度会非常高，并且也有利于用户更深层次地理解搜索引擎内部的工作原理（见图 8.11）。

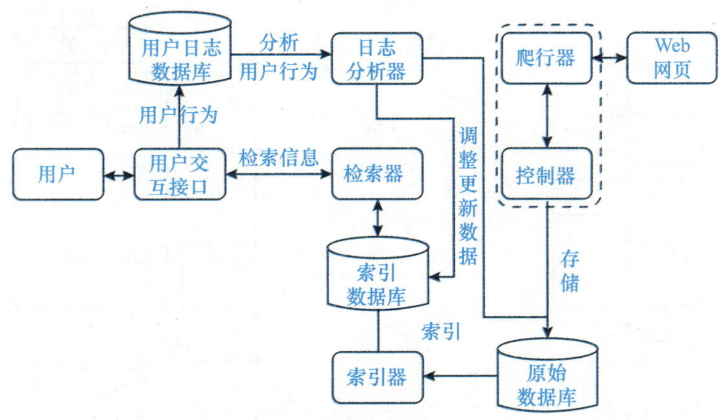

图 8.11 搜索引擎的核心工作流程图

用户可以手动在互联网中寻找数据源，但是效率会很低。有了网络爬虫技术后，用户就可以根据自己的目的，自动地从互联网中获取相关的有用的数据内容，并将这些数据内容爬取回来，作为自己的数据源，并进行更深层次的数据分析，获得更多有价值的信息。例如，爬取某个网站的用户活跃度、发言数、热门文章等信息进行分析；自动爬取图片，集中浏览；自动爬取一些金融信息，进行投资分析；自动爬取多站新闻，集中阅读；自动过滤网页广告，方便对信息的阅读与使用；自动地从互联网中爬取目标用户的联系方式等数据，开展针对性营销等（见图 8.12）。

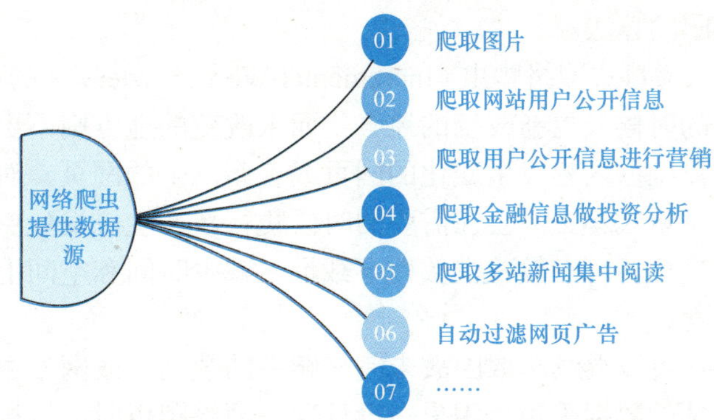

图 8.12 网络爬虫提供的数据源

2. 网络爬虫类型

网络爬虫按照实现的技术和结构可以分为通用网络爬虫、聚焦网络爬虫、增量式网络爬虫、深层网络爬虫等类型。但是在实际的网络爬虫中，用户采用的通常是这几类爬虫的组合体。

（1）通用网络爬虫。通用网络爬虫（General Purpose Web Crawler）又叫作全网爬虫，它爬取的目标资源在全互联网中，其具体工作流程见图 8.13。通用网络爬虫所爬取的目标数据是巨大的，并且爬行的范围非常大，因此，这类爬虫必须具有非常高的爬取性能。通用网络爬虫主要应用于大型搜索引擎中，有非常高的应用价值。通用网络爬虫主要由初始 URL 集合、URL 队列、页面爬行模块、页面分析模块、页面数据库、链接过滤模块等构成。通用网络爬虫主要采取深度优先算法和宽度优先算法这两种最基础的遍历算法。

（2）聚焦网络爬虫。聚焦网络爬虫（Focused Crawler）也叫主题网络爬虫，它是按照预先定义好的主题有选择地进行网页爬取的一种网络爬虫，其具体工作流程见图 8.14。聚焦网络爬虫不像通用网络爬虫一样将目标资源定位在全互联网中，而是将爬取的目标网页定位在与主题相关的网页中，这样就可以大大节省爬虫爬取时所需的带宽资源和服务器资源。

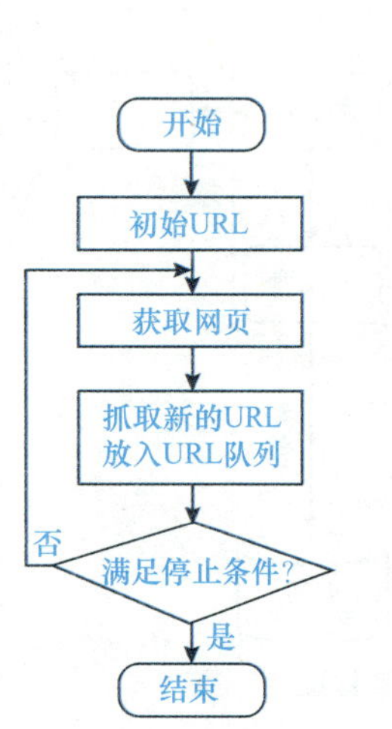

图 8.13 通用网络爬虫工作流程图

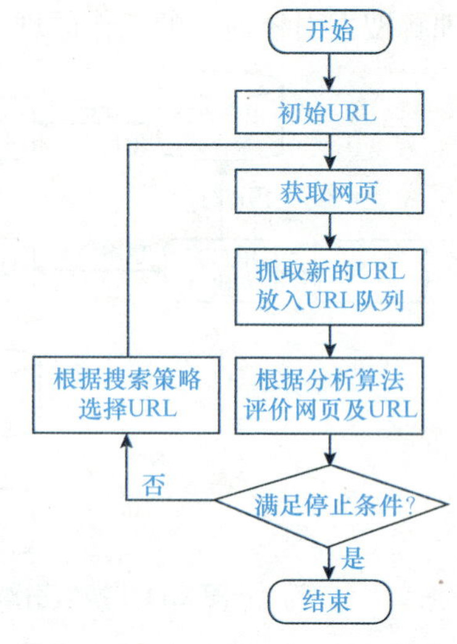

图 8.14 聚焦网络爬虫工作流程图

聚焦网络爬虫主要应用在对特定信息的爬取中，或者主要为某一类特定人群提供服务的爬虫中。聚焦网络爬虫主要由初始 URL 集合、URL 队列、页面爬行模块、页面分析模块、页面数据库、链接过滤模块、内容评价模块、链接评价模块等构成。内容评价模块可以评价内容的重要性，链接评价模块可以评价出链接的重要性，然后根据链接和内容的重要性，可以确定哪些页面应优先访问。聚焦网络爬虫采用的算法主要有 4 种，即基于内容评价的算法、基于链接评价的算法、基于增强学习的算法和基于语境图的算法。

（3）增量式网络爬虫。增量式网络爬虫（Incremental Web Crawler）中的增量式是指增量式更新。增量式更新指的是在更新的时候只更新改变的地方，而未改变的地方则不更新。所以增量式网络爬虫，在爬取网页的时候，只爬取内容发生变化的网页或者新产生的网页，对于未发生内容变化的网页，则不会爬取。因此，增量式爬虫只会在需要的时候爬行新产生或发生更新的页面，并不重新下载没有发生变化的页面，这样，可有效减少数据下载量，减少时间和空间上的耗费，但是增加了爬行算法的复杂度和实现难度。

通过增量式爬虫，用户可以继续爬取因故未完全爬完的数据，或网站更新的数据。增量式网络爬虫适合于小规模特定网站的数据采集。用户在设计这一网络爬虫时，可构建一个基于时间戳判断是否更新的数据库，通过判断时间戳的先后，判断程序是否继续采集，同时更新数据库中的时间戳信息。增量式网络爬虫的去重策略主要有三种：一是在请求发起之前，判断此 URL 是否爬取过；二是在解析内容之后，判断该内容是否被爬取过；三是在保存数据时，判断将要写入的内容是否已存在存储介质中。

（4）深层网络爬虫。深层网络爬虫（Deep Web Crawler）可以爬取互联网中的深层页面。在互联网中，网页按存在方式分类，可以分为表层页面和深层页面。其中，不需要登录、使用静态的链接就能够到达的网页叫作表层页面；隐藏在表单后面，不能通过静态链接直接获取，需要提交表单登录后才能获取的页面叫作深层页面。在互联网中，深层页面的数量比表层页面的数量多很多，因此，用户需要想办法爬取深层页面。

深层网络爬虫爬取的是深层页面，因此，用户需要想办法自动填写好对应表单。深层网络爬虫主要由 URL 列表、LVS 列表（LVS 指的是标签 / 数值集合，即填充表单的数据源）、爬行控制器、解析器、LVS 控制器、表单分析器、表单处理器、响应分析器等部分构成。深层网络爬虫表单的填写有两种类型 . 第一种是基于领域知识的表单填写，简单来说就是建立一个填写表单的关键词库，在需要填写的时候，根据语义分析选择对应的关键词进行填写；第二种是基于网页结构分析的表单填写，简单来说，这种填写方式一般是在领域知识有限的情况下使用，这种方式会根据网页结构进行分析，并自动地进行表单填写。

3. 网络爬虫结构与流程

网络爬虫结构主要由五个部分组成，即爬虫调度器、URL 管理器、HTML 下载器、HTML 解析器和数据存储器，网络爬虫的具体流程见图 8.15。

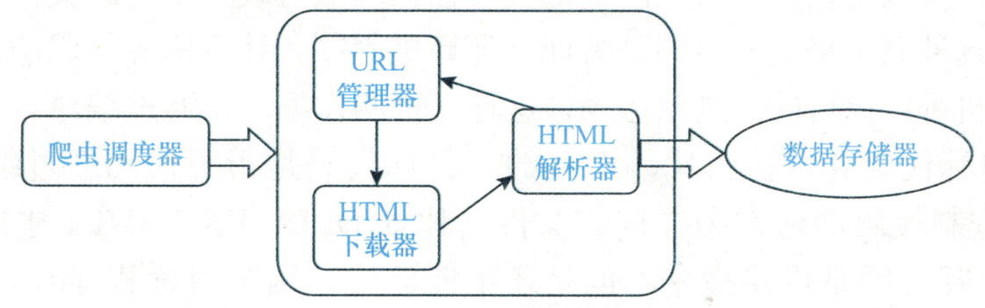

图 8.15　网络爬虫运行流程图

（1）爬虫调度器。爬虫调度器是程序的入口，用于启动整个程序。相当于一台计算机的 CPU，主要是配合调用其他四个模块，所谓调度就是调用和协调其他四个模板。

（2）URL 管理器。URL 管理器可以通俗地理解为网址管理器，它负责管理 URL 链接。具体的功能包括管理待爬取和已爬取的 URL 地址、防止重复或者循环抓取 URL 地址、为获取的新 URL 链接提供接口等。

（3）HTML 下载器。因为一个网页对应一个 HTML 文件，因此，有时用户也称网页下载器为 HTML 下载器。网页下载器会利用传入的 URL 地址将网页信息下载下来，也就是读取网页源代码。

（4）HTML 解析器。又称 HTML 解析器，其功能是对网页的源代码进行解析，并按照预设的要求从中提取新的 URL 和所需要的数据，同时也将新的 URL 链接发送给 URL 管理器以及将处理后的数据发送给数据存储器。

（5）数据存储器。将从网页中提取出的价值数据存储到文件或者数据库中。虽然爬虫的基础结构中包括爬虫调度器、URL 管理器、网页下载器、网页解析器和数据存储器。但其中的爬虫调度器和 URL 管理器一般是在大型爬虫或多任务爬虫时出现，对于小型爬虫而言，调度器和 URL 管理器就显得不是那么必要了。因此说，网页下载器、网页解析器和数据存储器是一个爬虫最基础的结构，有了这 3 个结构，就是一个爬虫程序了。

Python 语言中就有可以很好地支持这 3 个结构的基础库和第三方库，因此，在本章接下来的内容中将介绍以下基础库和第三方库：

网页下载器：8.2 中将介绍如何使用 urllib 库、urllib3 库、requests 库和 Selenium 库下载网页。

网页解析器：8.3 中将介绍如何使用 Xpath 语法与 lxml 库、正则表达式和 Beautifulsoup 库解析网页，提取网页数据。

数据存储：将在第 9 章介绍。

8.2　获取网页源代码

网络爬虫的对象是网页，因此首先要做的就是获取网页源代码，顺利识别和下载网页内容。本节将介绍几个获取网页源代码的 Python 语言中常见的网络请求库，包括 urllib 库、urllib3 库、requests 库和 Selenium 库。

8.2.1 网页源代码

1. 概念

网站源代码，也称网站源码、源代码、源程序，是指未编译的按照一定的程序设计语言规范书写的文本代码或一个网站的全部源码文件，是一系列人类可读的计算机语言指令。在现代程序语言中，源代码是指原始代码，可以是任何语言代码。源代码在大多数时候等于“源文件”，因为其最为常用的格式是文本文件，这种典型格式的目的是编译出计算机程序。计算机源代码的最终目的是将人类可读的文本翻译成计算机可以执行的二进制指令，这种过程叫作编译，通过编译器完成。

源代码是相对目标代码和可执行代码而言的。目标代码是指源代码经过编译程序产生的能被CPU直接识别的二进制代码，通常为二进制文件，比如DLL、EXE、NET中间代码、JAVA中间代码等。目标代码尽管已经是机器指令，但是还不能运行，因为目标程序还没有解决函数调用问题，需要将各个目标程序与库函数连接，才能形成完整的可执行程序。可执行代码就是将目标代码连接后形成完整的可在操作系统下独立执行的程序（可执行程序），简单来说是机器能够直接执行的代码，可执行代码一般是可执行文件的一部分。

源代码就是用汇编语言和高级语言写出来的代码，主要对象是面向开发者。用户平常使用的应用程序都是经过源码编译打包以后发布的，呈现的最后结果是面向使用者和最终客户的。因此，是否具有可读性，是衡量源代码好坏的重要标准。软件文档则是表明可读性的关键。

2. 类型

（1）按照源代码类型，软件通常被分为自由软件和非自由软件两类。自由软件一般是可以免费得到的，而且是公开源代码的；非自由软件则是不公开源代码的。因此，所有一切通过非正常手段获得非自由软件源代码的行为都将被视为非法。

（2）网站源代码也分为两种，一种是动态源代码，例如ASP、PHP、JSP、NET、CGI等；一种是静态源代码，例如HTML、XML等。只用静态源代码编写的网页叫静态网页；既用静态源代码，又用动态源代码（例如HTML＋ASP、HTML+ASP.NET、HTML＋PHP、HTML＋JSP等）编写的网页叫动态网页。此外，静态网页与动态网页的区别还有很多（见表8.8）。

表 8.8 静态网页与动态网页的区别表

要素	静态网页	动态网页
定义	在客户端的程序、网页、插件、组件	在服务器端运行的程序、网页、组件
URL	每个页面都有一个固定的URL，且页面URL以.htm、.html、.shtml等常见方式为后缀，而不含有“？”	并不是独立存在于服务器上的网页文件，只有当用户请求时，服务器才返回一个完整的网页，URL中一般都包含有"?"符号，一般都是.asp、.shtm、.php、.jsp等后缀类型的文件
网页内容	网页内容固定，浏览器渲染前与渲染后的HTML源码一致	网页中部分内容动态生成，浏览器渲染前与渲染后的HTML源码不同
呈现内容	对于每个访问它们的用户来说都是一样的，只有在开发人员修改源文件时才会发生变化	可以向不同的访问者呈现不同的信息
优点	无须系统实时生成，网页灵活多样，打开网页速度快，利于搜索引擎收录	日常维护简单，更改结构方便，交互性能强，可以实现一些高级功能
缺点	交互性能较差，日常维护烦琐，某些功能无法实现	需要大量的系统资源合成网页，打开网页速度相对较慢，不利于搜索引擎收录
所需技术	HTML、CSS	HTML、CSS、数据库技术，至少一门程序语言（例如Java、C#、PHP等），JavaScript

3. 作用

源代码的作用主要有两种。

（1）生成目标代码，即计算机可以识别的代码。要注意的是，源代码的修改不能改变已经生成的目标代码。如果需要目标代码做出相应的修改，就必须重新编译。

（2）对软件进行说明，即对软件的编写进行说明。注释代码对软件的学习、分享、维护和软件复用都有巨大的好处。因此，书写软件说明在业界被认为是能创造优秀程序的良好习惯，一些公司也硬性规定必须书写。

4. 查看方法

（1）使用开发者工具查看。在某一浏览器中，只要按 [F12] 键（有的计算机要同时按住键盘左下角的 [Fn] 键），就会出现一个能显示此网页源代码的界面；或者点击网页右上角控制图标，再下拉菜单点击“工具”，然后再点击“开发人员工具”，也会出现这个能显示此网页源代码的界面。这个界面就叫开发者工具，它是进行数据挖掘的利器。用户可以使用开发者工具初步了解网页的结构，并利用元素选择工具和“Elements”选项卡观察用户想获取的内容在源代码中的文本格式及所在位置。这样查看到的网页源代码是网站服务器返回给浏览器的原始源代码，基本上就是用 urllib 库、urllib3 库和 Requests 库能获取的内容。

（2）用右键快捷菜单查看。在这个网页上右键鼠标，选择“查看源文件”，会出来一个记事本，里面的内容就是此网页的源代码。接着还可以利用快捷键 [Ctrl+F] 进行搜索，确定所需内容在网页源代码中的位置。

实践中用户常采用先用开发者工具初步了解网页结构，再用右键快捷菜单查看网页源代码的方式。如果两种方法查看到的网页源代码不同，那说明浏览器对原始源代码做了错误修正和动态渲染（这是一种反爬措施）。此时就需要使用 Selenium 库来获取网页源代码。

5. 网络请求库

用户要爬取网页源代码，就必须使用网络请求。只有进行了网络请求，用户才可以对响应结果中的数据进行提取。

网络请求包含多个过程，如发送网络请求、域名解析、建立 TCP 链接、客户端发起 HTTP 请求、服务器响应 HTTP 请求、客户端的应用（如浏览器）解析响应结果（呈现页面）等。用户使用程序编写网络请求，并不用关心上述步骤究竟是如何运行的，只要能获取响应的结果（获取网页源代码）就行。因此，为了简化使用网络请求，不同编程语言都封装了自己的网络请求库。

网络请求库是至少封装了网络请求过程和数据处理功能，有时还包括异步功能，并返回相应的请求结果的库。使用网络请求库时，用户只要传入必要的参数，无须直接处理底层的网络协议，请求成功后，便能够获得响应（当然也可能请求失败）。由此可见，使用网络请求库获取网页源代码，可以简化请求过程，提高请求效率，提高请求可靠性，提供更快的网络请求响应速度。

为了降低网络爬虫的开发周期和难度，用户经常会选用不同编程语言封装的网络请求开源库，例如常见的 Python 语言网络请求库 urllib、urllib3、aiohttp、httpx 和 requests 等（见表 8.9）。

表 8.9　Python 语言常见网络请求库简介表

库名	描述
urllib	Python3 版本中的 urllib 是 Python2 版本中的 urlib 与 urlib2 的合并
urlib3	扩充 urllib 的功能
aiohttp	发送异步请求
httpx	可发送同步和异步请求
requests	封装 urllib 库，发送同步请求

8.2.2 urllib 库

1. 概述

urllib 库是 Python 标准库的一部分，它提供了用于打开和读取 URL 的函数和类。使用 urllib 库可以发送简单的 GET 和 POST 请求，并处理返回的响应。

urllib 模块是 Python 自带的网络请求模块，无须安装，导入即可使用，因此该模块是最容易使用也是最常用的网络请求模块之一。

urllib 库是 Python 中的一个功能强大、用于操作 URL，并在做爬虫的时候经常要用到的库。Python2.× 中的 urllib 库和 urllib2 库，都能实现网络请求发送。其中 ullib2 可以接收一个 Request 对象，并通过这样的方式来设置一个 URL 的 Headers，而 Urllib 则只接收一个 URL，不能伪装用户代理等字符串操作。Python3.× 则将 urllib 库和 urllib2 库的功能，都合并到了 Urllib 库中。

2. 组成部分和下载流程

（1）组成部分。Python3 中的 urllib 模块包含了多个功能的子模块（见表 8.10）。

表 8.10 urllib 的四模块简介表

子模块	描述
urllib.request	请求模块。提供了最基本的构造 HTTP 请求的方法，用来模拟发送请求。还可以处理授权验证（authenticaton）、重定向（redirection）、浏览器 Cookie 以及其他内容
urllib.error	异常处理模块。如果出现请求错误，可以捕获这些异常，可以进行重试或者其他操作，这样可以保证程序不会意外终止
urlib.parse	url 解析模块。一个解析 URL 的工具模块，提供了许多 URL 处理方法，比如拆分、解析、合并等
urlib.robotparser	robots.txt 解析模块。可以识别 robot.txt 文件（爬虫协议），用来判断哪些网站可以爬，哪些不可以爬，使用较少

（2）urlopen()。urllib 发送请求并读取网页内容时，是利用 urllib.request.urlopen() 函数，实现对目标 url 的访问的。

（3）使用 urllib.request 模块发送 GET 请求和读取网页内容的步骤和关键代码。

第一步，导入模块：`import urllib.request;`

第二步，打开指定需要爬取的网页：`response = urllib.request.urlopen('URL');`

第三步，读取网页代码：`html = response.read();`

第四步，打印读取内容：`print(html);`

（4）使用 urllib.request 模块发送 post 请求和读取网页内容的步骤和关键代码。

第一步，导入模块：
```
import urllib.parse
import urlib.request;
```

第二步，使用 urlencode 编码处理数据后，再使用 encoding 设置 UTF-8 编码：`data = bytes(urllib.parse.urlencode({'word': , hello'}), encoding = 'utf8');`

第三步，打开指定需要爬取的网页：`response = urlib.request.urlopen('URL', data = data);`

第四步，读取网页代码：`html = response.read()`

第五步，打印读取内容：`print(html)`。

（5）urllib 返回值。urllib 返回值是一个 http.client.HTTPResponse 对象，这个对象是一个类文件句柄对象。有 read、readline、readlines 以及 getcode 等方法。其中 read 与 readlines 两者都是返回所有数据，但 read 将值返回给字符串，而 readlines 将值返回给列表。readline() 和 readlines() 也非常相似，但 readline() 每次只读取一行数据，通常比 readlines() 慢得多，因此仅当没有足够内存可以一

次读取整个文件时，才会使用 readline()。getcode 最有用的技巧之一是能处理重复条目。

8.2.3　urllib3 库

1. 概述

Urllib3 是一个功能强大、 条理清晰、用于 HTTP 客户端的 Python 库。它是 Python 标准库 urllib 的升级版。它拥有很多 urllib 所没有的重要特性，包括确保线程安全；支持连接池；验证客户端 SSL/TLS；使用多部分编码上传文件；协助处理重复请求和 HTTP 重定向；支持压缩编码；支持 HTTP 和 SOCKS 代理、100% 的测试覆盖率等。

2. 安装

由于 urllib3 属于 Python 的第三方库，所以需要先安装 urllib3 库，安装步骤为：

（1）打开 cmd 命令提示符。

（2）输入 pip install urllib3。

（3）等待安装完成即可。

3. 使用 urllib3 模块发送请求或读取网页内容的步骤和关键代码

（1）导入模块：import urllib3。

（2）获取 PoolManager（连接池）对象（因为 urllib3 主要使用连接池进行网络请求的访问，所以访问之前需要创建一个连接池对象 PoolManager()，用于处理与线程池的连接以及线程安全的所有细节）：http = urlib3.PoolManager()。

（3）创建完连接池对象后，使用连接池对象向目标网页发送 HTTP 请求。发送请求的方法是连接池对象的 request() 方法，它有两个必要参数，第一个参数是请求方法，经常用“GET”或者“POST”；第二个参数是将要进行请求的目标页面的 URL。

发送请求：`response = http.request('GET','URL')`。

读取网页内容：`response = http.request('POST','URL',fields={'word:'hello'})`。

（4）打印读取内容。urllib3 请求成功之后，可以使用请求对象的一些属性来获取请求的返回值，关键代码为 print(response. 属性名)，常用的 urllib3 请求对象的属性见表 8.11。

表 8.11　urllib3 请求对象的属性简介表

属性名	关键代码	描述
status	print(response.status)	HTTP 请求状态码
data	print(response.data)	HTTP 请求响应返回的数据 (经常是 HTML 源码)，爬虫目标数据就是从 data 属性中进行解析
header	print(response.header)	HTTP 请求响应返回的请求头部

其中“status”属性表示 HTTP 请求状态码，常见状态码见表 8.4。

8.2.4　requests 库

1. 概述

requests 库是最常用的 HTTP 请求库之一，它提供了一个简单易用的 API（Application Program Interface，应用程序接口，即操作系统留给应用程序的一个调用接口）来发送所有类型的 HTTP 请求。使用 requests 库可以轻松地处理 GET、POST、PUT、DELETE 等请求方法，并支持请求参数的序列化、响应结果的解析以及会话和 cookies 管理等功能。

requests 是 Python 中实现 HTTP 请求的一种方式，是第三方模块。该模块在实现 HTTP 请求时要比 urllib 模块简化很多，操作更加人性化。requests 拥有的功能特性有： Keep-Alive & 连接池；

国际化域名和 URL；带持久 Cookie 的会话；浏览器式的 SSL 认证；自动内容解码；基本 / 摘要式的身份认证；优雅的 key/value Cookie；自动解压；Unicode 响应体；HTTP(S) 代理支持；文件分块上传；流下载；连接超时；分块请求；支持 .netrc 等。

2. 安装

由于 requests 属于 Python 的第三方库，所以需要先安装 requests 库，安装步骤为：

（1）打开 cmd 命令提示符。

（2）输入 pip install requests。

（3）等待安装完成即可。

3. 以 GET 请求方式打印多种请求信息的步骤和关键代码

（1）导入模块：import requests。

（2）使用 requests.get() 方法完成“GET”请求，使用 requests.post() 方法完成“POST”请求等。requests.get() 和 requests.post() 方法都必须将目标 URL 作为参数，requests.post() 方法还可以根据实际情况传入表单数据作为参数。

```
“GET”请求：response = requests.get('URL')。
“POST”请求：response = requests.post('URL')。
“PUT”请求：response = requests.put('URL/put',data = {'key':'value'}。
“DELETE”请求：response = requests.delete('URL/delete')。
“HEAD”请求：response = requests.head('URL/get')。
“OPTIONS”请求：response = requests.options('URL/get')。
根据实际情况传入表单数据作为参数：data = {'word':'hello'}
response = requests.post('URL/post',data = data)。
```

（3）打印读取内容：

```
打印状态码：print(response.status_code)。
打印请求 URL：print(response.URL)。
打印头部信息：print(response.headers)。
打印 cookies 信息：print(response.cookies)。
以文本形式打印网页源码：print(response.text)。
以字节流形式打印网页源码：print(response.content)。
```

4. requests 返回值

requests请求成功之后，可以使用请求对象的属性来获取请求的返回值，常用的属性介绍见表8.12。

表 8.12　requests 请求对象的常用属性简介表

描述	属性名
status_code	返回 HTTP 请求状态码，与 urllib3 中的 status 属性相似
headers	返回 HTTP 的响应头部信息
cookies	返回响应的 cookies 信息
text	返回文本类型的响应数据
content	返回二进制类型的响应数据
json()	返回 json 类型的响应数据
raw	返回 raw 类型的响应数据

8.2.5　Selenium 库

1. 静态网页与动态网页

使用 urllib、urllib3、Requests 可以获取未经渲染的网页（静态网页）源代码，但如果用它们爬取使用了动态渲染的网页，如今日头条、淘宝、上海证券交易所、知乎等，虽然在浏览器中能够看到自己所需数据，但爬取结果却往往不包含这些数据。要从经过动态渲染的网页中爬取数据，需要使用 Selenium 库打开一个模拟浏览器访问网页，然后获取渲染后的网页源代码。这是因为用户只是获取了原始的 HTML 文档，而其中的一些数据是需要通过网页脚本语言（例如 PHP、ASP、JSP 等）与数据库连接访问和查询，再统一加载后才能呈现的。具有这些特征的网页就是动态网页。

静态网页与动态网页的区别见表 8.8。快速验证网页是否被动态渲染的一个方法是：用右键快捷菜单查看网页源代码。如果看到的网页源代码内容很少，也不包含用开发者工具能看到的信息，就可以判定是动态渲染的结果。

2．爬虫抓取动态网页的常用方法

目前，纯静态网页非常少，大多是动态网页。虽然动态网页中的部分页面内容，可使用抓取解析静态网页的方法直接解析 HTML 获得，但网页中动态加载的数据是不能通过直接解析浏览器渲染前的 HTML 源码来获取的。

通过抓取动态网页的流程（见图 8.16）可以看出，抓取动态网页经常使用的方法有两种：一种是抓取动态网页中动态请求的数据接口，从而直接获取动态加载的数据（抓包）。另一种是使用工具将 HTML 源码进行渲染，得到渲染后的 HTML 源码，之后再通过解析方法来解析渲染后的 HTML 源码，从而获取动态加载的数据。

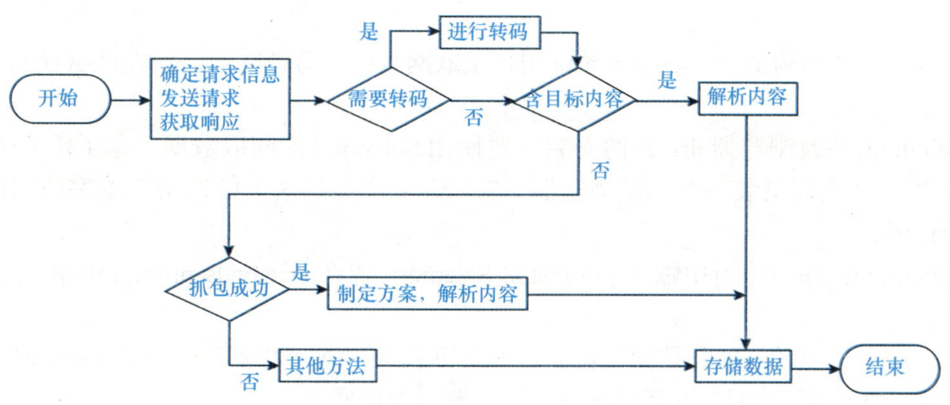

图 8.16　抓取动态网页的流程图

（1）分析动态加载的数据接口。动态加载的数据可以通过浏览器的监听功能监听到。它实际也是一个网络请求，只要监听到这个动态加载数据的请求，就可以获取数据。通常这种接口请求是使用 JSON 的格式传输数据，通过 AJAX 加载、浏览器渲染后呈现到最终的网页上，因此，可以通过解析 JSON 接口来获取数据。

分析动态加载数据的接口主要有以下 3 个步骤：

第一步，判断数据是不是动态加载的（网页中显示数据，但在渲染前的 HTML 源码中找不到数据）。

第二步，开启“检查”，使用“Network”监听，刷新网页，寻找数据接口。

第三步，查看并模拟数据接口的请求头部，对数据接口直接进行网络请求，获取目标数据。

具体来说，就是首先打开 Network 进行网络监听，然后按 F5 刷新页面，这时所有页面的请求都会被 Network 监听并记录，之后筛选 XHR 文件（通常数据接口都是在这类文件中），从中寻找目标数据。

（2）使用 Selenium 结合浏览器驱动抓取数据。抓取动态加载的数据时，如果能够快速查找到数据接口，并且能够很快地分析出数据接口的规律，那么解析数据接口是个很好的选择，其抓取速度也是很快的。但有时会遇到接口进行了加密，或者接口的 URL 没有规律导致不适合批量获取的情况，这时可以使用 Selenium 结合浏览器驱动的方式来获取动态加载的数据。

3. Selenium

（1）特点。Selenium 是一个开源的自动化测试工具，主要用于 Web 应用程序的自动化测试。而且它支持所有基于 Web 的管理任务自动化。Selenium 直接运行在浏览器中，就像真正的用户在操作一样。因此，大部分爬取难度较高的网站都可以用 Selenim 库获取网页源代码。

在爬取动态加载数据的爬虫任务中，将服务器返回的原始 HTML 源码进行自动渲染，并传回给爬虫的这些操作，Selenium 可以非常便捷地完成。因为涉及浏览器的渲染，所以 Selenium 还需要配合浏览器驱动来一起使用。也正因为 Selenium 需要配合浏览器驱动一起使用，因此，这种使用方式对 CPU 和内存资源的消耗比较大，性能较低，不适用于高性能、高并发的场景。

具体来说，Selenium 的特点有：

第一，处理 JavaScript 渲染。Selenium 可以处理 JavaScript 动态加载的网页，这对于需要等待页面加载完成或执行 JavaScript 操作的任务非常有用。

第二，多浏览器支持。Selenium 支持多种主流浏览器，用户可以选择适合用户项目的浏览器进行测试或爬取。

第三，模拟用户操作。用户可以使用 Selenium 来模拟用户在浏览器中的操作，例如点击、填写表单、提交数据等。

第四，自动化测试。 Selenium 最初是用于自动化测试的工具，它可以自动执行测试并生成测试报告。

第五，网页截图和调试。Selenium 允许用户截取网页的屏幕截图，以便在调试期间对照检查页面显示。

（2）Selenium 库及浏览器 driver 的安装。要使用 Selenium 库爬取数据，除了需要为 Python 安装 Selenium 库，还需要安装一个模拟浏览器，Selenium 库控制这个模拟浏览器去访问网页，才能获取网页源代码。

安装 Selenium：在命令行中输入 pip install Selenium 或在 anaconda prompt 中输入 conda install Selenium。

安装某一浏览器驱动（如谷歌浏览器驱动）：下载某一浏览器驱动（如 Chromedriver），选择与本机 Chrome 浏览器版本对应的驱动进行下载，解压即可使用。

（3）Selenium 的常用方法和属性。Selenium 的常用方法和属性如表 8.13 和表 8.14 所示。

表 8.13　Selenium 常用方法简介表

方法名	描述
webdriver.Chrome()	创建 driver 对象，参数填写浏览器驱动的存放地址
get(url)	对目标 URL 发起请求
close()	关闭当前窗口，如果窗口只有一个，那么将关闭浏览器 driver
quit()	关闭所有窗口，并关闭浏览器 driver

表 8.14 Selenium 常用属性简介表

属性名	描述
page_source	网页的渲染后 HTML 源码
current_url	当前网页的 URL

（4）使用示例。使用 Selenium 和 Chromedriver 访问今日头条网页，并且在控制台输出 HTML 源代码和当前的网页 URL。

关键步骤如下。

第一步，创建 driver 对象。

第二步，使用 driver 对象访问今日头条网页。

第三步，打印出 html 源码和网页 URL。

第四步，关闭 driver。

在代码运行的过程中，Chromedriver 会自动打开，并且请求今日头条官网地址。在 Chromedriver 关闭浏览器界面后，控制台中就可以看到打印出来的今日头条网页 HTML 源代码。

8.3　数据解析与提取

获取 HTML 源代码以后，接下来就需要在资源中提取价值信息了。对于 Python 爬虫来说，提取 HTML 源代码中价值信息的方式有多种，本节将介绍其中最常用、功能强大的 Xpath 语法与 lxml 库、正则表达式、Beautifulsoup 库。

8.3.1　Xpath 与 lxml

1. Xpath

网页中包含大量的节点，而节点中又包含 id、class 等属性。用户如果在解析网页数据时，通过 Xpath 来定位网页数据，将会更加简单有效。

（1）概念。Xpath（XML Path Language），即 XML 路径语言，是一套用于解析 XML 的语法，或者说是一种用来确定可扩展标记语言（Extensible Markup Language，简称 XML，是标准通用标记语言的子集）文档中某部分位置的语言。由此可见，它是一门在 XML 文档中查找信息的语言。它最初是用来搜寻 XML 文档的，而且它同样适用于 HTML（Hyper Text Markup Language，超文本标记语言，它定义了网页内容的含义和结构）文档的搜索。因此，网络爬虫时，用户完全可以使用 Xpath 来做相应的信息抽取。

Xpath 的选择功能十分强大，它提供了非常简洁明了的路径选择表达式。另外，它还提供了超过 100 个内建函数，用于字符串、数值、时间的匹配以及节点、序列的处理等，几乎所有用户想要定位的节点，都可以用 Xpath 来选择。

Xpath 于 1999 年 11 月 16 日成为 W3C 标准，它被设计为供 XSLT、XPointer 以及其他 XML 解析软件使用。

（2）与 Xpath 相关的术语。

节点：包括元素、属性、文本、命名空间、处理指令、注释以及文档（根）节点等七种类型。

节点关系：包括父、子、孙、同胞、先辈、后代等关系。

节点选取：用户通过编程从网页中抽取自身需要的信息，如可以使用 Xpath 来抽取。

（3）Xpath Helper 插件。Xpath Helper 是一款专用于 chrome 内核浏览器的实用型爬虫网页解析工具。

Xpath Helper 插件功能强劲，支持进行 Xpath 查询功能。Xpath Help 插件可以帮助用户在各类网站上，通过按 shift 键选择想要查看的页面元素来提取查询其代码，同时还支持用户对查询出来的代码进行编辑，且编辑出的结果会立即显示在旁边的结果框中。

Xpath Helper 插件的安装步骤如下。

第一，在资源下载中，下载对应的“Xpath Helper.zip”文件。

第二，解压已下载的压缩文件。

第三，打开谷歌浏览器（google chrome），点击，选择更多工具下的扩展程序。

第四，在扩展程序页面中，打开“开发者模式”，点击“加载已解压的扩展程序”。

第五，选择第 2 步解压缩的文件夹，并点击“选择文件夹”。

第六，固定到浏览器搜索栏右侧，点击拼图形状的扩展程序按钮，在弹出的子页面中，点击图钉形状的按钮，将“Xpath Helper”插件图标固定在浏览器搜索栏右侧，方便使用。

（4）常用规则。Xpath 基于 XML 的树状结构，有不同类型的节点，包括元素节点、属性节点和文本节点，提供在数据结构树中找寻节点的能力。Xpath 使用路径（path）或者步（steps）在 XML 或 HTML 中选取节点或节点集。

首先，Xpath 的路径表达式（见表 8.15）和在常规的计算机文件系统中看到的表达式非常相似。

表 8.15　Xpath 常用路径表达式简介表

表达式	描述	部分示例
nodename	选取此节点的所有子节点	bookstore：选取 bookstore 元素的所有子节点
/	从根节点选取，或者从当前节点选取直接子节点	/bookstore：选取根元素 bookstore bookstore/book：选取属 bookstore 的子元素的所有 book 元素
//	从匹配选择的当前节点选择文档中的节点，而不考虑它们的位置，或者从当前节点选取子孙节点	//book：选取所有 book 子元素，而不管它们在文档中的位置 bookstore//book：选择属于 bookstore 元素的后代的所有 book 元素，而不管它们位于 bookstore 之下的什么位置
.	选取当前节点	
..	选取当前节点的父节点	
@	选取属性	//book[@lang]：选择所有名称为 book，同时具有属性 lang 的子节点 //book[@category="Excellent Best-selling Series"]：选取所有名称为 book，同时 category 属性为 Excellent、Best-selling 和 Series 的子节点
Contains(@)	选取属性多值或多属性	//book[contains@category="Excellent Best-selling Series"]：选取 category 属性为 Excellent、Best-selling 和 Series 的子元素 //book[contains (@category, " 工商管理经典译丛 ") and @lang=" 中文 "]：选取同时满足 category 属性里面包含“工商管理经典译丛”和 lang 属性为“中文”两个条件的子节点
node()	匹配任何类型的节点	
*	通配符，选择所有元素节点与元素名	/bookstore/*：选取 bookstore 元素的所有子元素 //*：选取文档中的所有元素
@*	选取所有属性	//title[@*]：选取所有带有属性的 title 元素

其次，Xpath 通过步提供了很多节点轴选择方法，包括获取子元素、兄弟元素、父元素、祖先元素等。步的语法为：轴名称：节点测试 [谓语]，具体示例见表 8.16。

表 8.16　Xpath 步表达式示例表

步表达式示例	结果
child::book	选取所有属于当前节点的子元素的 book 节点
attribute::lang	选取当前节点的 lang 属性
child::*	选取当前节点的所有子元素
attribute::*	选取当前节点的所有属性
child::text()	选取当前节点的所有文本子节点

续表

步表达式示例	结果
child::node()	选取当前节点的所有子节点
descendant::book	选取当前节点的所有 book 后代
ancestor::book	选择当前节点的所有 book 先辈
ancestor-or-self::book	选取当前节点的所有 book 先辈以及当前节点（如果此节点是 book 节点）
child::*/child::price	选取当前节点的所有 price 孙节点

再次，如果在选择的时候某些属性同时匹配了多个节点，但是用户只想要其中的某个或某几个节点，如第二个节点、最前面的两个节点等，这时用户就需要用到谓语。谓语是用来查找某个特定次序的节点或者包含某个指定的值的节点，被嵌在方括号中，具体示例见表 8.17。

表 8.17　Xpath 谓语表达式示例表

谓语表达式示例	结果
/bookstore/book[1]	选取属于 bookstore 子元素的第一个 book 元素
/bookstore/book[last()]	选取属于 bookstore 子元素的最后一个 book 元素
/bookstore/book[last()-1]	选取属于 bookstore 子元素的倒数第二个 book 元素
/bookstore/book[position()<3]	选取最前面的两个属于 bookstore 元素的子元素的 book 元素
//title[@lang]	选取所有拥有名为 lang 的属性的 title 元素
//title[@lang='eng']	选取所有 title 元素，且这些元素拥有值为 eng 的 lang 属性
/bookstore/book[price>35.00]	选取 bookstore 元素的所有 book 元素，且其中的 price 元素的值须大于 35.00
/bookstore/book[price>35.00]/title	选取 bookstore 元素中的 book 元素的所有 title 元素，且其中的 price 元素的值须大于 35.00

最后，Xpath 也有很多运算符，其中常见的见表 8.18。

表 8.18　XPath 运算符表达式示例表

<table>
<tr><th>运算符</th><th>描述</th><th>示例</th><th>返回值</th></tr>
<tr><td>or</td><td>或</td><td>age=19 or age=20</td><td>如果 age 是 19，则返回 true。如果 age 是 20。则返回 false</td></tr>
<tr><td>and</td><td>与</td><td>age>19 and age<21</td><td>如果 age 是 20，则返回 true。如果 age 是 18。则返回 false</td></tr>
<tr><td>mod</td><td>计算除法的余数</td><td>5 mod 2</td><td>1</td></tr>
<tr><td>|</td><td>计算两个节点集</td><td>//book |//cd</td><td>返回所有拥有 book 和 cd 元素的节点集</td></tr>
<tr><td>+</td><td>加法</td><td>6 +4</td><td>10</td></tr>
<tr><td>-</td><td>减法</td><td>6-4</td><td>2</td></tr>
<tr><td>*</td><td>乘法</td><td>6*4</td><td>24</td></tr>
<tr><td>div</td><td>除法</td><td>8 div 4</td><td>2</td></tr>
<tr><td>=</td><td>等于</td><td>age=19</td><td>如果 age 是 19，则返回 true。如果 age 是 20，则返回 false</td></tr>
<tr><td>!=</td><td>不等于</td><td>age!=19</td><td>如果 age 是 18，则返回 true。如果 age 是 19，则返回 false</td></tr>
<tr><td><</td><td>小于</td><td>age<19</td><td>如果 age 是 18，则返回 true。如果 age 是 19，则返回 false</td></tr>
<tr><td><=</td><td>小于或等于</td><td>age<=19</td><td>如果 age 是 19，则返回 true。如果 age 是 20，则返回 false</td></tr>
<tr><td>></td><td>大于</td><td>age>19</td><td>如果 age 是 20，则返回 true。如果 age 是 19，则返回 false</td></tr>
<tr><td>>=</td><td>大于或等于</td><td>age>=19</td><td>如果 age 是 19，则返回 true。如果 age 是 18，则返回 false</td></tr>
</table>

2. lxml

（1）概念。实现请求网页 URL 并得到其 HTML 源码之后，就需要将目标内容或目标数据从 HTML 源码中提取出来，lxml 库就是一个解析 HTML 的第三方库。

（2）Xpath 与 lxml。Python 标准库中自带了 XML 模块，它虽然能解析 XML 文件和 HTML 网页内容，但是其性能不够好，而且缺乏一些人性化的接口。相比之下，第三方库 lxml 是一款高性能的 Python XML 库，用户可以用其解析及生成 XML 和 HTML 文件（解析、序列化、转换）。XML 模块的性能优势在于天生支持 Xpath1.0、XSLT1.0、定制元素类，甚至 Python 风格的数据绑定接口。一方面，lxml 底层是 libxml2 和 libxslt 两个 C 语言库，这使得它增加了很多实用的功能，具有较高的性能，是爬虫时处理网页数据的理想库。这也是虽然 Python 中支持 Xpath 提取数据的解析模块有很多，但用户通常运用 lxml 来支持 Xpath 提取数据的主要原因。另一方面，Xpath 语句可以灵活地提取页面的内容，因此，lxml 库也主要通过 Xpath 语句来解析 XML/HTML 页面。

（3）lxml 的使用。值得注意的是，lxml 大部分功能都存在 lxml.etree 中。而且 lxml 模块为第三方模块，如果用户没有使用 Anaconda，则需要通过 pip install lxml 命令安装该模块。

使用 lxml 库提取网页内容主要有三个步骤。

第一，导入相应类库“from lxml import etree”。

第二，使用 HTML() 方法生成待解析对象“tree=etree.HTML(html)”，其中 html 为传入的参数，是目标页面的 HTML 源码。

第三，调用待解析对象的 Xpath() 方法 tree.xpath()，在其中填入 Xpath 语句作为参数，进行 HTML 解析。

8.3.2 正则表达式

获取的 HTML 源码，多数都是以字符串的形式返回的。而正则表达式可以对任意字符串进行搜索、排除、分组等操作。因此，对于 Python 爬虫来说，在不借助第三方模块的情况下，正则表达式就是一个非常强大的数据解析和提取工具。

1. 概念和功能

正则表达式（Regular Expression，RE）是一个特殊的字符序列，它能帮助检查一个字符串是否与某种模式匹配，并查找、提取、替换一段有规律的信息。就其本质而言，正则表达式是一种小型的、高度专业化的编程语言，它内嵌在 Python 中，并通过 RE 模块实现。RE 模块使 Python 语言拥有全部的正则表达式功能。

实际上，正则表达式并不是 Python 的一部分。因为正则表达式是一个处理字符串的强大工具，拥有自己独特的语法以及一个独立的处理引擎，功能十分强大。得益于这一点，在提供了正则表达式的编程语言（不限于 Python）里，正则表达式的语法都是一样的，区别只在于不同的编程语言实现支持正则表达式的语法数量不同，而且那些不被所有编程语言支持的语法通常都是不常用的部分，因此这并不影响它的广泛使用。

正则表达式主要有两个功能。

（1）判断给定的字符串是否符合正则表达式的过滤逻辑（“匹配”）。正则表达式的匹配过程大致是依次拿出表达式和文本中的字符比较，如果每一个字符都能匹配，则匹配成功；一旦有匹配不成功的字符则匹配失败，其匹配的具体流程见图 8.17。

（2）从字符串中获取用户想要的特定部分。正则表达式可以用来检查一个字符串是否含有某种字串，并且将其中符合匹配模式的子串提取出来。

正则表达式的这两个功能，使得其在爬虫开发中，成为重要的从网页中提取目标数据的手段。事实上所有 Xpath 选择器、CSS 选择器能够实现的功能都可以用正则表达式来实现。正则表达式更强的是，不同于 Xpath 选择器只能根据 HTML 标签来提取网页中的数据，它不受标签的限制，可以从任意结构的文本中提取符合要求的数据。

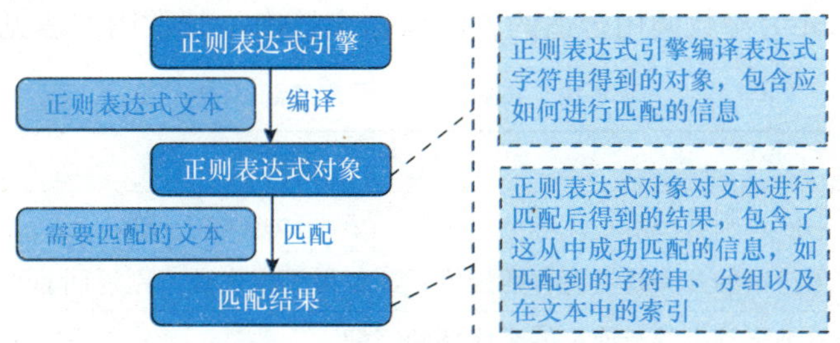

图 8.17　正则表达式匹配流程图

2. 常用匹配规则

正则表达式规定了一些特殊语法表示字符类、 数量限定符和位置关系，然后用这些特殊语法和普通字符组合在一起表示一个规则，用来对字符串进行过滤。正则表达式的匹配规则有很多，其中常用的匹配规则见表 8.19。

表 8.19　正则表达式常用匹配规则简介表

	描述
\w	匹配字母、数字、下划线，等价于 [a-zA-Z0-9_]（含中文）
\W	匹配不是字母、数字、下划线的其他字符
\s	匹配任意空白字符，等价于 (\t\n\r\f)
\S	匹配任意非空字符
\d	匹配数字，等价于 [0-9]
\D	匹配不是数字的字符
\A	匹配字符串开头
\Z	匹配字符串结尾的，如果存在换行，只匹配到换行前的结束字符串
\z	匹配字符串结尾的，如果存在换行，匹配到换行符 \n
\G	最好完成匹配的位置
\n	匹配一个换行符
\t	匹配一个制表符 (tab)
^	匹配一行字符串的开头
$	匹配一行字符串的结尾
.	匹配任意字符，除了换行符。当 re.DOTALL 标记被指定时，这可以匹配包括换行符在内的任意字符
[⋯]	用来表示一组字符，比如 [abc] 表示匹配 a 或 b 或 c，[a-z]，[0-9]
[^⋯]	匹配不在 [] 里面的字符，比如 [^abc] 匹配除 a，b，c 以外的字符
*	匹配 0 个或多个字符
+	匹配 1 个或多个字符
?	匹配 0 个或 1 个前面的正则表达式片段，(.*?) 表示尽可能少地匹配字符 (后面详解)
{n}	精确匹配前面 n 个的表达式，如 \d{5} 表示匹配 5 个数字
{n，m}	匹配前面的表达式 n 到 m 次，贪婪模式
a|b	匹配 a 或者 b
(⋯)	匹配括号里的表达式，也可以表示一个组

3. 使用方法

Python 中内置的 RE 模块，在使用前，先使用 compile() 方法编译正则表达式字符串以生成对象 pattern，然后以 pattern 为参数调用合适的方法操作字符串，其常用方法见表 8.20。

表 8.20 RE 模块常用方法简介表

方法	描述
compile()	用于编译正则表达式，生成一个正则表达式 (patterm) 对象
match()	查看字符串的开头是否符合匹配模式，如果匹配失败，则返回 none
search()	扫描整个字符串并返回第一个成功的匹配
findall()	在字符串中找到正则表达式所匹配的所有字符串，并返回一个列表；如果没有找到匹配的，则返回空列表
sub()	主要用于清洗正则表达式提取出的内容，删掉无用的内容

8.3.3 BeautifulSoup 库

1. 概念和功能

BeautifulSoup 是一个可以从 HTML 或 XML 文件中快速提取数据的 Python 库。它能够通过自动将输入文档转换为 Unicode 编码，输出文档转换为 utf-8 编码，实现惯用的文档导航、查找、修改文档等功能。BeautifulSoup 模块中的查找提取功能很强大，而且非常便捷，因此，它是爬虫任务中较常用的一个网页源代码解析库。

BeautifulSoup 是基于 HTML DOM 的，它会载入整个 HTML 文档，将复杂的 HTML 文档转换成一个复杂的树形结构（DOM 树），最后解析整个 DOM 树。它共有 4 种类型，对于爬虫解析来说，主要用其中的遍历文档树和搜索文档树。

BeauifulSoup 用来解析 HTML 比较简单，应用程序接口（Application Program Interface，API）非常人性化，支持 CSS 选择器、Python 标准库中的 HTML 解析器，也支持 lxml 的 XML 解析器。表 8.21 是这些解析器的比较，可以根据需求选择安装合适的解析器。

表 8.21 BeauifulSoup 支持的部分解析器的比较表

解析器	用法	优点	缺点
Python 标准库	BeautifulSoup(markup, "htlm.parser")	Python 标准库；执行速度适中	在 Python 2.8.3 或 3.2.2 之前的版本中文档容错能力差
lxml 的 HTML 解析器	BeautifulSoup(markup, "lxml")	速度快；文档容错能力强	需要安装 C 语言库
lxml 的 XML 解析器	BeautifulSoup(markup, "lxml-xml") BeautifulSoup(markup, "xml")	速度快；唯一支持 XML 的解析器	需要安装 C 语言库
html5lib	BeautifulSoup(markup, "html5lib")	最好的容错性，以浏览器的方式解析文档，生成 HTML5 格式的文档	速度慢，不依赖外部扩展

2. 安装

BeautifulSoup3 已经停止开发，目前推荐使用的是 BeautifulSoup4，不过它已经被移植到 bs4 中，所以在导入时需要先安装 from bs4，然后再导入 BeautifulSoup。安装 BeautifulSoup 有以下 3 种方式。

第一种，如果用户使用的是最新版本的 Debian 或 Ubuntu Linux，则可以使用系统软件包管理器安装 BeautifulSoup，安装命令为 apt-get install python-bs4。

第二种，BeautifulSoup 4 是通过 PyPi 发布的，可以通过 easy_ install 或 pip 来安装 beautifulsoup4 包，它可以兼容 Python2 和 Python3。安装命令为 easy_install beautifulsoup4 或者是 pip install beautifulsoup4。

第三种，如果当前的 BeautifulSoup 不是用户想要的版本，可以通过下载源码的方式进行安装，源码的下载地址为 https://www.crummy.com/software/BeautifulSoup/bs4/download/。

然后在控制台中打开源码的指定路径，输入命令 python setup.py install 即可。

3. 使用方法

（1）简单应用。通过 BeautifulSoup 库进行 HTML 的解析工作，具体步骤如下。

第一步，导入 bs4 库，然后创建一个模拟 HTML 代码的字符串，代码：from bs4 import Butifuisoup。

第二步，创建 BeautifulSoup 对象，并指定解析器为 lxml，最后通过打印的方式将解析的 HTML 代码显示在控制台中。如果将 html_doc 字符串中的代码保存在 index.html 文件中，可以通过打开 HTML 文件的方式进行代码解析，并且可以通过 prettify() 方法进行代码的格式化处理。

（2）获取节点内容。使用 BeautifulSoup 可以直接调用节点名称，然后再调用对应的 string 属性，便可以获取节点内的文本信息。在单个节点结构层次非常清晰的情况下，使用这种方式提取节点信息的速度是非常快的。根据条件获取节点内容的方法见表 8.22。

表 8.22　根据条件获取节点内容的方法简介表

方法名称	描述
find all()	获取所有符合条件的内容
find()	获取第一个匹配的节点内容
Find_parent()	获取父节点内容
find_parents()	获取所有祖先节点内容
find_next_sibling()	获取后面第一个兄弟节点内容
find_next_siblings()	获取后面所有兄弟节点内容
find_previous_sibling()	获取前面第一个兄弟节点内容
find_previous_siblings()	获取前面所有兄弟节点内容
find_next()	获取当前节点的下一个第一个符合条件的节点内容
find_all_next()	获取当前节点的下一个所有符合条件的节点内容
find_previous()	获取第一个符合条件的节点内容
find_all_previous()	获取所有符合条件的节点内容

（3）CSS 选择器。BeautifulSoup 还提供了 CSS 选择器来获取节点内容 Tag 或者 BeautifulSoup 对象都可以直接调用 select() 方法，然后填写指定参数即可通过 CSS 选择器获取节点中的内容。selet() 方法除了获取节点内容的基本使用方式外，还可以实现嵌套获取、获取属性值及获取文本等（见表 8.23）。

表 8.23　使用 selet() 方法获取节点内容的方法简介表

获取节点内容方式	描述
soup.selet('p')	获取所有 P 节点内容
soup.selet('p')[0]	获取所有 P 节点中的第一个 P 节点
soup.select('div[class="test_1"]')[0].select('p')[0]	嵌套获取 class 名为 test_1 对应的 div 中所有 p 节点中的第一个
soup.select('p')[0]['value'] soup.select('p')[0].attrs['value']	获取所有 P 节点中第一个节点内 value 属性对应的值（两种方式）
soup.select('p')[0].get_text() soup.select('p')[0].string	获取所有 p 节点中第一个节点内的文本（两种方式）
soup.select('p')[1:]	获取所有 p 节点中第二个以后的 p 节点
soup.select('.p-1,p-5')	获取 class 名为 p-1 与 p-5 对应的节点
soup.select('a[href')	获取存在 href 属性的所有 a 节点
soup.select'p[value= "1"])	获取所有属性值为 value = "1" 的 p 节点

另外，Beatifulsoup 还提供了一个 select_on() 方法，用于获取所有符合条件节点中的第一个节点，例如 soup.select_on(‘a’) 将获取所有 a 节点中的第一个 a 节点内容。总之，用户要通过 BeautifulSoup 模块熟练地使用 CSS 选择器来获取 HTML 代码中的指定节点，就需要掌握 CSS 选择器的基本语法。

8.4　常见的爬虫框架

前面介绍了使用 Requests 与其他 HTML 解析库的爬虫程序，虽然满足了爬取数据的需求，但对于有比较大型的爬虫需求的人来说，还是比较费时费力。如果想要更加规范和快速地爬取大型数据，则需要使用爬虫框架。Python 爬虫框架可以说是 Python 爬虫工具的半成品，它把一些常见的爬虫功能的代码先写好，然后留下一些接口。在做不同的爬虫项目时，用户只需要根据实际情况，手写少量需要变动的代码，并按照需要调用这些接口，就可以实现一个爬虫项目。爬虫框架有很多种，常见的爬虫框架有 Scrapy、Crawley、Portia、Pyspider 和 BeautifulSoup 等。

8.4.1　Scrapy

1．功能

Scrapy 是一套比较成熟的 Python 爬虫框架，是使用 Python 开发的快速、高层次的信息爬取框架，也是一个可以爬取网站数据、提取结构性数据的开源框架。Scrapy 的用途非常广泛，不仅可以应用到网络爬虫，还可以用于数据挖掘、数据监测以及自动化测试等。

Scrapy 功能很强大（见表 8.24），它支持自定义 Item 和数据管道（Pipeline）；支持在 Spider 中指定网页域范围（domain）以及相应的爬取规则（Rule）；支持 Xpath 对 DOM 的解析等。而且 Scrapy 还有自己的命令行界面（shell），可以方便地调试爬虫项目和查看爬虫运行结果。因此，在各种爬虫开发和数据挖掘任务中，进行大规模的数据采集任务或定制化的爬虫，都可以选择 Scrapy，它已成为目前最常用的通用爬虫框架。

表 8.24　Scrapy 的功能简介表

序号	功能	描述
1	高度可配置的爬取流程	Scrapy 框架允许用户配置爬取流程，包括请求的发起、数据的提取、异常处理等。用户可以根据特定的网站结构和需求进行定制
2	内置的数据提取工具	Scrapy 内置了强大的数据提取工具，如 Xpath 和 CSS 选择器，这使得从 HTML 页面中提取数据变得非常容易
3	自动请求调度	Scrapy 会自动管理请求的调度，包括请求的优先级、并发数、下载延迟等，以提高爬取效率
4	分布式爬取支持	如果需要大规模的爬取，Scrapy 支持分布式爬取，可以使用分布式任务队列或分布式数据库来协调多个爬虫节点
5	中间件扩展	Scrapy 的中间件机制允许用户在爬取流程中插入自定义的处理逻辑，如代理设置、User-Agent 切换等
6	数据存储支持	Scrapy 可以将爬取的数据保存到多种格式，如 JSON、CSV、数据库等，方便后续处理和分析

2. 框架

只要用户指定起始 URL 和数据提取规则，Scrapy 将自动下载网页、解析响应并提取标题信息。Scrapy 框架的工作流程见图 8.18 和表 8.25。

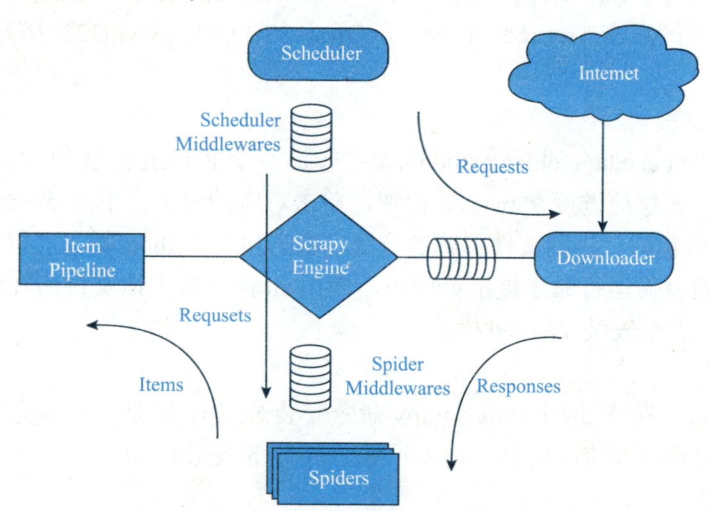

图 8.18　Scrapy 的工作流程图

表 8.25　Scrapy 的工作流程简介表

序号	流程环节	描述
1	框架的引擎（Scrapy Engine）	用于处理整个系统的数据流，触发各种事件，是整个框架的核心
2	调度器（Scheduler）	用于接受引擎发过来的请求，将它添加到队列中，并在引擎再次请求时将请求返回给引擎。可以理解为从 URL 队列中取出一个请求地址，同时去除重复的请求地址
3	下载器（Downloader）	用于从网络下载 Web 资源
4	网络爬虫（Spiders）	从指定网页中爬取需要的信息

续表

序号	流程环节	描述
5	项目管道（Item Pipeline）	用于实现处理爬取后的数据，例如数据的清洗、验证以及保存
6	下载器中间件（Downloader Middlewares）	位于 Scrapy 引擎和下载器之间，主要用于处理引擎与下载器之间的网络请求与响应
7	爬虫中间件（Spider Middlewares）	位于爬虫与引擎之间，主要用于处理爬虫的响应输入和请求输出
8	调度中间件（Scheduler Middewares）	位于引擎和调度之间，主要用于处理从引擎发送到调度的请求和响应

3. 安装

（1）使用 Anaconda 安装 Scrapy。如果用户已经安装了 Anaconda，那么便可以在 Anaconda Prompt（Anaconda）窗口中输入 conda install scrapy 命令进行 Scrapy 框架的安装。不过在安装的过程中如果出现“error code:404”时，需要通过 conda config-show-soures 命令查看是否存在镜像地址。经过查询发现存在镜像地址时，可以先通过 conda config-remove-key channels 命令清空所有镜像地址，然后再次通过 conda config-show-sources 命令进行查看。镜像地址被清空后，再次输入 conda install scrapy 命令安装 Scrapy 爬虫框架。在底部命令行中输入 y，确认继续安装 Scrapy 爬虫框架。

（2）Windows 系统下配置 Scrapy。由于 Scrapy 爬虫框架依赖的库比较多，尤其是在 Windows 系统下，至少需要依赖的库有 Twisted、lxml、pyOpensSSL 以及 pywin32。搭建 Scrapy 爬虫框架主要有三个具体步骤。

①安装 Twisted 模块。

打开 https://www.lfd.uci.edu/~gohlke/pythonlibs/（这是一个 Python 扩展包的非官方 Windows 二进制文件网站），按 Ctrl+F 快捷键搜索 twisted 模块，单击对应的索引，单击 twisted 索引，网页将自动定位到下载 twisted 扩展包的二进制文件下载的位置，根据自己 Python 版本进行下载，上一步的文件下载完成后，以管理员身份运行命令提示符窗口，使用 cd 命令进入该文件所在的路径，在窗口中输入“pip install 该文件”命令安装 Twisted 模块。

②安装 Scrapy。

在命令提示符窗口，输入 pip install Scrapy 命令安装 Scrapy 框架。安装完成后在命令行中输入 Scrapy，如果没有出现异常或错误信息，则表示 Scrapy 框架安装成功。

③安装 pywin32。

打开命令窗口，输入 pip install pywin32 命令，安装 pywin32 模块。安装完成后，在 Python 命令行下输入 import pywin32_system32。如果没有提示错误信息，则表示安装成功。

4. 使用

（1）创建 Scrapy 项目。在任意路径下创建一个保存项目的文件夹，如 F:\Pycharm Projects，在文件夹内运行命令行窗口，然后输入 scrapy startproject scrapyDemo，即可创建一个名称为 scrapyDemo 的项目。

scrapyDemo 的目录结构中的文件详情见表 8.26。

表 8.26 scrapyDemo 目录结构中的文件简介表

文件	描述
spiders (文件夹)	用于创建爬虫文件，编写爬虫规则
init.py (文件)	初始化文件

续表

文件	描述
items.py（文件）	用于数据的定义，可以寄存处理后的数据
middlewares.py（文件）	定义爬取时的中间件，其中包括 SpiderMiddleware（爬虫中间件）、DownloaderMiddleware（下载中间件）
peplines.py（文件）	用于实现清洗数据、验证数据、保存数据
settings.py（文件）	整个框架的配置文件，主要包含配置爬虫信息、请求头、中间件等
scrapy.cfg（文件）	项目部署文件，其中定义了项目的配置文件路径等相关信息

（2）创建爬虫。在创建爬虫时，首先需要创建一个爬虫模块的文件，该文件需要放置在 spiders 文件夹中。爬虫模块是用于从一个网站或多个网站中爬取数据的类，它需要继承 scrapy.Spiders 类，在 scrapy.Spiders 类中提供了 start_requests() 方法用于实现初始化网络请求，然后通过 parse() 方法解析返回的结果。scrapy.Spiders 类中常用的属性与方法含义见表 8.27。

表 8.27　scrapy.Spiders 类中常用的属性与方法简介表

属性	描述
name	用于定义一个爬虫名称的字符串。Scrapy 通过这个爬虫名称进行爬虫的查找，所以这个名称必须是唯一的，不过我们可以生成多个相同的爬虫实例。如果爬取单个网站，那么一般会用这个网站的名称作为爬虫的名称
allowed_domains	包含了爬虫允许爬取的域名列表，当 OffsiteMiddleware 启用时，域名不在列表中的 URL 不会被爬取
start_urls	URL 的初始列表，如果没有指定特定的 URL，则爬虫将从该列表中进行爬取
custom_settings	这是一个专属于当前爬虫的配置，是一个字典类型的数据，设置该属性会覆盖整个项目的全局，所以在设置该属性时必须在实例化前更新，必须定义为类变量
settings	这是一个 settings 对象，通过它可以获取项目的全局设置变量
logger	使用 Spider 创建的 Python 日志器
start_requests()	该方法用于生成网络请求，它必须返回一个可迭代对象。该方法默认使用 start_urls 中的 URL 来生成 Request, 而 Request 的请求方式为 GET, 如果想通过 POST 请求网页时可以使用 FormRequest() 重写该方法
parse(response)	当 response 没有指定回调函数时，该方法是 Scrapy 处理 response 的默认方法。该方法负责处理 response 并返回处理的数据和下一步请求，然后返回一个包含 Request 或 Item 的可迭代对象
closed(reason)	当爬虫关闭时，该函数会被调用。该方法用于代替监听工作，可以定义释放资源或是收尾操作

（3）获取数据。Scrapy 爬虫框架可以通过特定的层叠样式表（Cascading Style Sheet，CSS）或者 Xpath 表达式来选择 HTML 文件中的某一处，并且提取出相应的数据。CSS 用于控制 HTML 的页面布局、字体、颜色、背景以及其他效果。Xpath 是一门可以在 XML 文档中根据元素和属性查找信息的语言。

（4）将爬取的数据保存为多种格式的文件。在确保已经创建了 Items 后，便可以很轻松地将爬取的数据保存成多种格式的文件，如 JSON、CSV、XML 等。例如，我们需要将每个 Item 写成 1 行 json 时，可以将数据写成后缀名为 .jl 或者 .jsonlines 的文件等。如果不想通过命令行的方式保存各种格式的文件时，则可以使用 Scrapy 所提供的 cmdline 子模块，该子模块中提供了 execute() 方法，该方法中的参数为列表参数，可以将命令行代码拆分成列表。

（5）编写 Item Pipeline。当爬取的数据已经被存放在 Items 后，如果 Spider（爬虫）解析完 Response（响应结果），Items 就会传递到 Item Pipeline（项目管道）中，然后在 Item Pipeline（项目管道）中创建用于处理数据的类，这个类就是项目管道组件，通过执行一连串的处理即可实现数据的清洗、存储等工作。

（6）自定义中间件。Scrapy 中内置了多个中间件，不过在多数情况下开发者都会选择创建一个属于自己的中间件，这样既可以满足自己的开发需求，还可以节省很多开发时间。在实现自定义中间件时需要重写部分方法，因为 Scrapy 引擎需要根据这些方法来执行并处理。如果没有重写这些方法，Scrapy 的引擎将会按照原有的方法并执行，从而失去了自定义中间件的意义。

（7）文件下载。Scrapy 提供了可以专门处理下载的 Pipeline(项目管道)，其中包括 Files Pipeline（文件管道）以及 Images Pipeline（图像管道）。两种项目管道的使用方式相同，只是在使用 Images Pipeline（图像管道）时可以将所有下载的图片格式转换为 JPEG/RGB 格式，并可以设置缩略图。

8.4.2 Crawley

1．功能

Crawley 是用 Python 开发出的、基于非阻塞通信（NIO）的 Python 爬虫框架，它具有快速爬取网站内容的能力，并支持多种数据库和数据格式，如支持关系型和非关系型数据库（如 MongoDB、Postgre、Mysql、Oracle、Sqlite 等），支持输出 JSON、XML 和 CSV 等各种格式。使用 Crawley，用户可以快速构建一个高效、稳定的网页爬虫，收集并分析海量数据等。Crawley框架的主要功能见表8.28。

表 8.28　Crawley 的功能简介表

序号	功能	描述
1	网页内容提取	Crawley 提供了非常强大和灵活的内容提取功能。它支持使用 CSS 选择器和 Xpath 表达式从网页中提取所需的信息，使用 PyQuery 和 lxml 库进行解析
2	链接跟踪	Crawley 能够从网页中自动提取链接，并使用优先队列来跟踪这些链接。这使得 Crawley 可以沿着链接爬取到更多的页面。用户可以通过设置每个链接的优先级来更改链接的爬取顺序。默认情况下，Crawley 使用深度优先算法来爬取网站，但也可以通过更改配置来使用宽度优先算法
3	数据存储	Crawley 提供了多种数据存储方式，包括 SQLite、MySQL、MongoDB 等。用户可以选择将数据保存到本地文件或者远程数据库中
4	User-Agent 和 Cookie 管理	Crawley 支持随机生成 User-Agent 和维护 Cookie 管理。这使得 Crawley 更加难以被网站检测到，从而提高了数据爬取的成功率
5	异步处理	Crawley 支持使用 asyncio 库进行异步处理，从而提高了爬虫效率

总的来说，Crawley 具有易用性、高效性和灵活性，是一个适合初学者和需要快速开发和部署爬虫项目的开发者使用的工具。

2．安装

Crawley 依赖于一些其他 Python 库，如 lxml、PyQuery 和 requests 等。在安装 Crawley 之前，用户需要确保这些库已经安装。用户可以使用 pip 来安装这些库以及 Crawley 本身。

```
pip install lxml pyquery requests
pip install crawley
```

有关 Crawley 的更多信息和功能可以上官网探索，Crawley 框架的官方地址是 https://pythonhosted.org/crawley。

3．使用

Crawley 框架的使用流程见表 8.29。总的来说，在使用 Crawley 时，重要的是遵循其文档和教程，以确保正确配置和使用。此外，由于网络爬虫可能会对网站造成压力，因此在进行爬取时应遵守相关法律法规和网站的 robots.txt 文件规定，避免不必要的法律风险和道德问题。

表 8.29　Crawley 的使用流程简介表

序号	使用流程	描述
1	创建项目	新建一个爬虫项目，这是存储爬虫代码和数据的地方
2	明确爬取目标	在项目的 items.py 文件中明确想要抓取的数据类型和结构
3	制作爬虫	在 spiders 目录下创建爬虫文件（如 xxspider.py），并编写代码以定义如何爬取网页
4	内容提取	利用 Crawley 提供的功能，通过 CSS 选择器或 Xpath 表达式来提取网页中的数据。Crawley 在这方面提供了非常强大和灵活的功能
5	存储内容	设计管道（pipelines.py）来存储爬取到的内容。可以选择将数据存储到文件、数据库或其他存储系统中
6	运行爬虫	执行爬虫，开始爬取网页并提取数据
7	调试与优化	在实际运行过程中，可能需要对爬虫进行调试和优化，以确保其能够高效稳定地运行
8	部署爬虫	如果需要长时间运行或定时运行爬虫，可以考虑将其部署到服务器上。如果在 Crawlab 上部署 Scrapy 项目，需要注意项目文件的打包上传目录，安装项目所需的其他 Python 库，并确保爬虫执行后可以在结果页面看到数据
9	遵守规则	在使用 Crawley 或任何其他爬虫框架时，始终要遵守网站的 robots.txt 规则和法律法规，尊重网站的版权和隐私政策
10	参考文档	Crawley 的官方文档是学习和解决问题的重要资源，遇到问题时可以参考文档
11	社区支持	如果遇到难题，可以寻求社区帮助或参与讨论
12	持续学习	网络技术不断进步，持续学习新的爬虫技术和反爬虫策略对于有效使用 Crawley 非常重要

8.4.3. Portia

1. 功能

Portia 是 scrapyhub 开源的一款可视化的爬虫规则编写工具，提供可视化的 Web 页面，用户无须编程，只需要点击标注页面上需要抽取的数据，即可完成规则的开发（但是动态网页需要自己编写 JS 解析器）。因此，Portia 适合非技术背景的用户。Portia 的主要功能见表 8.30。

表 8.30　Portia 的功能简介表

序号	功能	描述
1	可视化抓取规则定义	通过简单的点击和拖放操作在提供的界面上标注需要抽取的数据，从而定义抓取规则
2	自动生成抓取器	根据用户在界面上定义的规则，Portia 能够自动生成 Scrapy 爬虫项目，用于爬取多个网页
3	数据导出	允许用户将抓取到的数据导出至多种格式，如 JSON、CSV 等，便于后续分析和处理
4	调度和监控	提供任务调度功能，可以定期运行抓取任务，并监控其进度
5	动态内容匹配	能够动态匹配相同模板的内容，简化了对相似页面的抓取工作

Portia 主要用于结构相对简单、扁平化的网站。对于层次较深或结构复杂的网站，可能难以仅用 Portia 来编写有效的抓取规则。此外，若需进行爬虫的部署和管理，仍需学习 Scrapy 相关知识。

2. 架构

Portia 的运行架构包括五个部分，具体见表 8.31。

表 8.31 Portia 的架构简介表

序号	部分	描述
1	slyd	为创建爬虫工程提供可视化的编辑器
2	slybot	真正可视化和爬取的核心
3	Scrapy	基于 Scrapy 爬虫框架实现，其中使用了 scrapy-splash 第三方中间件来提供 JS 渲染服务
4	Splash	是一个 Javascript 渲染服务。它是一个实现了 HTTP API 的轻量级浏览器，Splash 是用 Python 实现的，同时使用 Twisted 和 QT。Twisted 和 QT 用来让服务具有异步处理能力，以发挥 webkit 的并发能力
5	Scrapely	是从 HTML 页面提取结构化数据的库

3. 安装和使用

（1）安装。Portia 框架在 GitHub 上的项目地址为 https://github,com/scrapinghub/portia，可以从该地址将 Portia 框架下载到本地使用。

（2）启动。运行 Portia 爬虫的方法有三种。第一种是 Portia 提供导出为 Scrapy 的功能，导出以后，可以使用 Scrapy 来运行爬虫。第二种是使用 Portia 的命令 portiacrawl project_path spider_name -o output.json 来运行。第三种是在 ScrapingHub 点击运行，可以在 web 页面上可视化地查看结果，导出数据。

（3）使用。爬取数据的工作流程主要分为两步，完全没有编程知识的人都可以操作。第一步是运行 Portia，填写好相关信息，如配置入口 URL、选择爬取 URL 的规则和配置 URL 匹配规则，以标识要提取的数据，Portia 将基于这些注释了解如何从相似页面中抓取数据。第二步，单击“Create Project”，就可以爬取网站，网页右侧就会显示出当前页面所有提取的数据。

Portia 只能可视化地创建一个 scrapy 爬虫，并不能在网页可视化的部署运行。 Web 端可视化管理爬虫有两种方法。第一种方法是需要 Scrapinghub 的 Scrapy Cloud，其深度使用需要收费。第二种方法是使用 scrapyd 和 scrapyd-client 来部署和管理 scrapy 爬虫。

除此之外，Portia 框架还提供了网页版，用户不需要下载框架，只需要注册一个账号就可以使用。

课堂思政

遵守国家相关法律法规是网络爬虫课程思政的重要内容。在教授爬虫技术的同时，需要强调合法、合规的使用方式，引导学生遵守网络安全法、著作权法、商标法等知识产权相关法律规定，不得侵犯他人隐私和个人信息安全以及利用网络进行非法活动等。

培养学生的道德规范和社会责任感是该课程思政的重要目标。在教授爬虫技术时，应引导学生正确处理数据，保护用户隐私和数据安全。例如，在开发应用或进行数据分析时，应尊重用户权益，不得滥用数据或泄露用户信息。

在具体的案例和实践项目中，可以进一步融入一些思政元素。例如，通过多种案例和实践项目，拓宽学生的大数据视野，培养学生的大数据理念和创新意识；通过爬取行业信息等项目，激发学生爱岗之情，培养他们对行业的归属感和荣誉感；通过学习网络爬虫的基本结构及工作流程，强化学生的科学意识和遵守规则意识。

在该课程思政中还需要注重学生的全面发展。除了技术能力的培养，还应关注学生的思维方

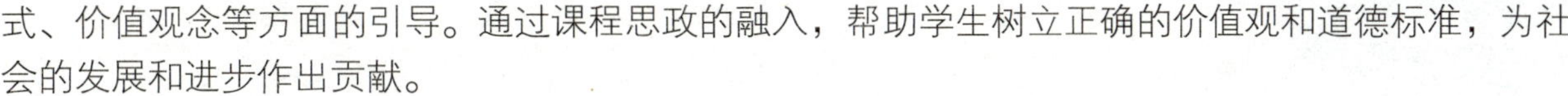

式、价值观念等方面的引导。通过课程思政的融入，帮助学生树立正确的价值观和道德标准，为社会的发展和进步作出贡献。

本章小结

网络爬虫是一种按照一定的规则，自动浏览和抓取网络上信息的程序或者脚本。网络爬虫应用广泛，可以用于解决冷启动问题、作为搜索引擎的根基、帮助机器学习建立知识图谱，以及制作各种比价软件等。网络爬虫在数据采集、软件测试、抢票、网站投票以及网络安全等领域也发挥着重要作用。

本章首先介绍了网络爬虫的基础知识，包括网页的基础知识和网络爬虫原理。接着介绍了爬虫的基础结构中最重要的两个内容——网页下载和网页解析。主要介绍了如何使用 urllib 库、urllib3 库、requests 库和 Selenium 库下载网页；如何使用 Xpath 语法与 lxml 库、正则表达式和 BeautifulSoup 库解析网页，提取网页数据。最后介绍了几种常见的爬虫框架，包括 Scrapy、Crawley 和 Portia。

总之，网络爬虫是一个涉及多个领域和技术的复杂工具，通过掌握相关知识和技能，可以有效地进行数据采集、信息筛选和处理，为各种大数据应用提供有力支持。然而，使用网络爬虫时需要遵守相关的技术、法律和道德规范，确保合法合规。随着技术的发展，网络爬虫将继续演进，成为大数据获取和分析不可或缺的一部分。

实战训练

项目 1：科创板股票行情抓取

项目 2：电影排行榜数据抓取

项目 3：上市公司研报信息抓取

项目 4：上市公司财务报表抓取

课后练习

1．名词解释：网络爬虫、URL、HTTP、HTML、Xpath、正则表达式。

2．简述网络爬虫的类型和框架。

3．简述网页源代码的查看方法。

4．静态网页与动态网页的区别有哪些?

5．比较分析 Scrapy、Crawley 和 Portia 的功能和使用。

第 9 章　大数据存储与查询

教学目标与要求

了解大数据数据处理的基础与技术路线；掌握文件数据管理系统；理解关系型数据库与SQL；掌握数据查询方法。

9.1　文件存储与数据管理

9.1.1　大数据的数据处理基础

1．数据存储与处理平台的演变

过去，企业通常依赖CRM、ERP等系统来存储业务数据，并通过ELT（Extract-Load-Transform）流程将数据转换为适合分析的形式，随后导入数据仓库或RDBMS分析数据库中。这种流程往往按照预设的周期执行。但随着数据量激增，尤其是当面对具备3V特征的大数据（大量、多样、高速）时，传统平台和商业智能（BI）工具的性能变得捉襟见肘。此外，它们在设计时并未考虑来自社交媒体、传感器网络等不断产生的非结构化数据及其实时分析需求。大数据时代，需要重新审视和构建数据存储与处理的平台。

2．Hadoop 与 NoSQL 的崛起

Hadoop 和 NoSQL 数据库作为大数据的基石技术，正逐渐获得业界的广泛关注。Hadoop 作为一个分布式系统基础架构，与 NoSQL 数据库共同构成了大数据处理的核心。Hadoop 生态系统中的工具，如 Hive（数据仓库）和 Mahout（数据挖掘库），使得数据分析工作得以在 Hadoop 环境中高效进行。有些数据仓库供应商还提出了利用 Hadoop 进行数据预处理，将数据转换成传统数据仓库可存储的格式，再利用 BI 工具进行分析的解决方案。

Hadoop 和 NoSQL 数据库的出现，主要源于传统关系型数据库（RDBMS）和 SQL 在处理非结构化数据时的局限性。这些技术是由谷歌、亚马逊、脸书等公司开发的。

3．NoSQL 的主要特性

与传统的 RDBMS 通过 SQL 语言进行操作不同，NoSQL 数据库并不依赖 SQL。因此，有人误解 NoSQL 是对现有 RDBMS 的否定或替代，但实际上，NoSQL 更多的是对 RDBMS 所不擅长的领域的补充。NoSQL 的“No”可以理解为“不仅仅是”SQL，它具备以下特点：简单的数据结构、无须预定义或可灵活变更的数据库结构、对数据一致性的宽松要求，以及通过横向扩展实现的高扩展性。简而言之，NoSQL 数据库在牺牲一定数据一致性的同时，追求更高的灵活性和扩展性。

NoSQL 数据库的诞生，正是为了解决 RDBMS 在处理非结构化数据、横向扩展和扩展性极限等方面的问题。例如，在多样且未知的非结构化数据中，事先定义数据库结构是不切实际的，而 RDBMS 对数据完整性的严格要求也在大规模分布式环境下成为性能瓶颈。因此，NoSQL 数据库的出现，为处理大数据提供了新的可能性。

随着主要的 RDBMS 系统 Oracle 推出其 NoSQL 数据库产品作为现有数据库产品的补充，“现有 RDBMS 并不是大数据基础的最佳选择”这一观点也在一定程度上得到印证（见图 9.1）。

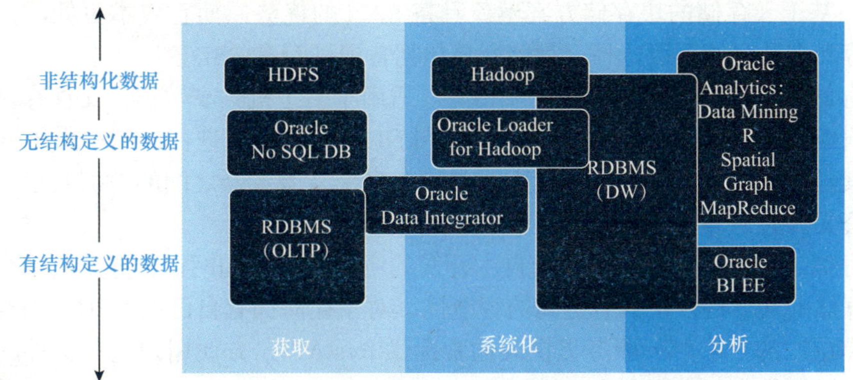

图 9.1　支持大数据的 Oracle 软件系列

4. NewSQL：超越 NoSQL 的下一代关系型数据库

NewSQL 代表了一种新兴的关系型数据库管理系统，它不仅继承了 SQL 查询的易用性，还具备了高性能、高可扩展性以及传统事务操作的 ACID 特性。这类系统旨在达到 NoSQL 系统的吞吐率，同时无须在应用层进行额外的事务一致性处理。更重要的是，NewSQL 保留了 SQL 作为高层次结构化查询语言的全部优势。因此，NewSQL 被视为 NewOLTP 系统或 OldSQL 系统的一种创新替代方案。

NewSQL 系统通过一系列创新的架构设计来实现其卓越性能。例如，一些 NewSQL 系统可以将整个数据库运行在内存中，从而消除了传统数据库中的缓存管理需求。还有的 NewSQL 设计采用每个服务器仅运行一个线程的方式，减少了轻量级加锁和阻塞的需求。此外，它们还通过利用额外的服务器进行复制和失败恢复，替代了昂贵的事务恢复操作。

NewSQL 系统不仅提供了与 NoSQL 系统相媲美的扩展性和性能，还确保了与传统单节点数据库相同的 ACID 事务保证。这使得 NewSQL 特别适用于处理大量短事务、点查询以及使用不同输入参数执行相同查询的应用场景。通过结合 SQL 的便利性和 NoSQL 的扩展性，NewSQL 为现代应用提供了更为全面和高效的数据库解决方案。

9.1.2　大数据存储的技术路线

大数据存储的核心在于将庞大、难以传统手段收集、处理和分析的数据集稳定地存储在计算机系统中。这里的“大”字凸显了企业 IT 基础设施的庞大规模。业界对于大数据应用寄予厚望，深信商业信息的累积将带来更大的价值，然而，我们迫切需要一个有效的方法来发掘这些潜在的价值。

随着大数据应用的迅猛增长，它已形成了独特的架构，并直接推动了存储、网络和计算技术的革新。大数据分析的需求正日益影响着数据存储基础设施的发展方向。面对结构化数据和非结构化数据量的持续增长，以及数据来源的多样化，传统的存储系统设计已难以满足大数据应用的要求。

因此，存储厂商正积极调整基于块和文件的存储系统架构，以适应这些新的挑战和需求。

1. 存储方式

大数据存储与传统数据存储的主要差异体现在其实时或近实时的特性上。以金融应用为例，它能够迅速从海量且多样化的数据中提取关键信息，使业务员能够先于竞争对手作出交易决策。

（1）块存储。块存储与硬盘相似，直接与主机交互，通常用于主机的直接存储空间和数据库应用。它有两种主要形式。

DAS（直接附加存储）：这是一种一对一的存储方式，即一台服务器配备一个存储设备，多台服务器之间无法直接共享数据，需要依赖操作系统的功能（如共享文件夹）来实现。

SAN（存储区域网络）：这是一种高端存储解决方案，常见于金融和电信行业。它采用光纤技术，涉及各类高端设备，可靠性和性能卓越。然而，其高昂的投资和运维成本也是需要考虑的因素。相比之下，基于云存储的块存储方案不仅具备 SAN 的优势，而且成本更低，无须自行运维，还提供弹性扩容和多种存储等级选择，存储介质包括普通硬盘和 SSD。

（2）文件存储。也称网络附加存储（NAS），适用于多主机共享数据。文件存储与底层的块存储不同，它上升到应用层，通过网络（TCP/IP）和 NFSv3/v4 协议进行访问。由于网络传输和上层协议的开销，其延时相对较高。这种存储方式常用于多个云服务器之间的数据共享，如服务器日志集中管理、办公文件共享等。

（3）对象存储。对象存储主要服务于自主开发的应用程序，如网盘服务。它结合了块存储的高速性能和文件存储的共享特性，具有更高的智能性。对象存储拥有自己的 CPU、内存、网络和磁盘资源，位于存储层次的上层。云服务提供商通常提供 RestAPI，方便用户进行文件的上传、下载和读取操作，从而轻松集成此类服务。

2. MPP 架构的数据库集群

一款以大规模并行处理（Massive Parallel Processing，MPP）架构为核心的新型数据库集群，专门针对行业大数据场景而设计。它采用了 SharedNothing 架构，并融合了列存储、粗粒度索引等先进的大数据处理技术。这种集群通过 MPP 架构的高效分布式计算模式，为分析类应用提供了强大的支持。其运行环境主要基于低成本 PC 服务器，却拥有卓越的性能和高度可扩展性，因此在企业分析类应用领域得到了广泛应用。

MPP 产品特别擅长处理 PB 级别的结构化数据分析任务，这是传统数据库技术难以企及的。在当前企业对于新一代数据仓库和结构化数据分析的需求中，MPP 数据库无疑成了最佳选择。

3. 基于 Hadoop 的技术扩展

利用 Hadoop 技术进行的扩展和封装，大数据技术正在攻克传统关系型数据库难以驾驭的数据类型和场景，尤其是针对非结构化数据的存储和计算。Hadoop 的开源特性为其提供了广泛的资源和应用空间，随着相关技术的持续演进，其应用领域也在不断拓宽。当前，最显著的应用案例就是借助 Hadoop 的扩展和封装能力，实现对互联网海量数据的存储与分析支持。Hadoop 平台在处理非结构化和半结构化数据、执行复杂的 ETL 流程、数据挖掘以及构建复杂的计算模型等方面表现出色，这些功能使其成为处理大数据领域的得力助手。

4. 大数据一体机

大数据一体机是一款针对大数据分析处理精心打造的软硬一体化产品。它集成了高性能的服务器、大容量存储设备，并配备了优化的操作系统和数据库管理系统。为了满足数据查询、处理和分析的高效需求，一体机还预装了经过精心挑选和优化的专业软件。这种集成化设计确保大数据一体机不仅具有卓越的稳定性，而且具备良好的纵向扩展性，从而能够轻松应对各种大数据分析处理任务。

5. 云数据库

云数据库（CloudDB）是云计算技术催生的共享基础架构方案，它实质上是将数据库部署和虚拟化在云端环境中。云数据库并非创新性的数据库技术，而是将数据库功能以服务的形式提供给用户。同一家服务提供商可能根据不同的数据模型提供多种云数据库服务。

云数据库解决了数据集中和共享的问题，使得用户可以专注于前端设计、应用逻辑和应用层开发，而无须关心数据库运行的具体机器及其位置。

以下是云数据库与自建传统数据库在性能方面的简要对比。

服务可用性：云数据库提供高达 99.95% 的可用性，通过双主热备架构实现快速故障恢复（大约 20 秒），并支持便捷的读写分离以平衡负载。相比之下，自建数据库需要自行搭建主从复制、RAID 等，并保障服务的可用性。

数据可靠性：云数据库通常保证极高的数据可靠性（如 99.9999%），支持物理和逻辑备份、秒级回档等功能。而自建数据库则需要自行搭建和配置相应的数据可靠性机制。

系统安全性：云数据库具备防 DDoS 攻击、流量清洗等安全功能，并能及时修复数据库安全漏洞。而自建数据库则需要自行部署安全设备和修复安全漏洞，成本较高。

数据库备份：云数据库支持物理和逻辑备份，以及快速恢复和秒级回档。而自建数据库则需要自行实现备份方案，并管理备份的存储和验证。

软硬件投入：云数据库采用按需付费模式，无须额外的软硬件投入。而自建数据库则需要购买服务器、存储等硬件，并支付软件许可证费用。

系统托管：云数据库无须用户进行托管，而自建数据库则可能需要支付高昂的托管费用。

维护成本：云数据库无须用户进行运维，而自建数据库则需要专职 DBA 进行维护，人力成本较高。

部署扩容：云数据库可以实现即时开通、快速部署和弹性扩容。而自建数据库则需要经历硬件采购、机房托管、部署等一系列流程，周期较长。

资源利用率：云数据库根据实际使用情况结算费用，实现了 100% 的资源利用率。而自建数据库则需要考虑峰值需求，资源利用率通常较低。

综上所述，云数据库以其高性能、高安全、高可靠、便宜易用等特点，为用户提供了安全可靠的全新体验，并大大减轻了用户的运维压力。

9.1.3 文本格式数据查询

Pandas 提供了一些用于将表格型数据读取为 DataFrame 对象的函数。表 9.1 对其中一些进行了总结，其中 read_csv 是使用比较多的。

表 9.1 Pandas 中的文本和二进制数据加载函数

函数	说明
read_csv	从文件、URL、文件型对象中加载带分隔符的数据，默认分隔符为逗号
read_fwf	读取特定宽度列格式的数据（无分隔符）
read_clipboard	读取剪贴板中的数据，可以看作 read_table 的剪贴板，在将网页转换为表格时很有用
read_excel	从 ExcelXLS 或 XLSX 文件中读取表格数据
read hdf	读取 Pandas 存储的 HDFS 文件
read_html	读取 HTML 文档中的所有表格
read_orc	读取 ApacheORC 二进制文件格式
read_parquet	读取 Apache Parquet 二进制文件格式

续表

函数	说明
read_pickle	读取 Pandas 使用 Python pickle 格式存储的对象
read_sas	读取存储于 SAS 系统的自定义存储格式的 SAS 数据集
read_spss	读取 SPSS 创建的数据文件
read_sql	读取 SQL 查询的结果（使用 SQLAlchemy）
read_sql_table	读取整个 SQL 表（使用 SQLAchemy），等价于使用 read_sql 读取表中的所有数据
read_stata	读取 Stata 文件格式的数据集
read_xml	读取 XML 文件中的数据表格

9.1.4 二进制数据格式存储

使用 Python 内置的 pickle 模块，能便捷地将数据存储（或序列化）为二进制格式。所有 Pandas 对象都有一个 to_pickle 方法，可以将数据以 pickle 格式保存到磁盘上。

In [1]: frame =pd.read csv("examples/ex8-1.csv")

In [2]: frame

0ut[2]:

	a	b	c	d	信息
0	1	2	3	4	你好
1	5	6	7	8	涉外
2	9	10	11	12	商学院

In [3]: frame.to_pickle("examples/frame_pickle")

通常，pickle 文件只对 Python 是可读的。通过内置的 pickle 可以直接读取序列化数据或者使用更为便捷的 pandas.read_pickle：

In[4]: pd.read_pickle("examples/frame_pickle")

Out[4]:

	a	b	c	d	信息
0	1	2	3	4	你好
1	5	6	7	8	涉外
2	9	10	11	12	商学院

建议将 pickle 只用于短期存储格式。其原因是很难保证该格式永远是稳定的。现在序列化的对象可能无法被后续版本的库反序列化出来。

9.2 数据库存储与数据管理

9.2.1 关系型数据库

关系型数据库是基于关系模型构建的，这种模型借助集合代数等理论来操作数据库中的数据

（如图 9.2）。不仅如此，关系型数据库还通过一组描述性表格来组织，这些表格本质上是数据的集合体，允许用户以不同方式访问数据，而无须重新排列数据库结构。

（1）在一个特定的应用环境中，关系型数据库涵盖了所有实体及其相互之间的联系。

（2）关系型数据库模式是对数据库的详尽描述，它定义了多个域，并在这些域上设置了多个关系模式。数据库的值则是这些关系模式在特定时间点的具体实例的集合。

关系型数据库的核心在于其单一的数据结构——关系，这种结构用于表示现实世界的实体及其之间的各种联系，如图 9.2 所示。从用户视角来看，数据的逻辑结构展现为二维表的形式。这种简单的结构能够承载丰富的语义，精确描述现实世界的实体和它们之间的关系。

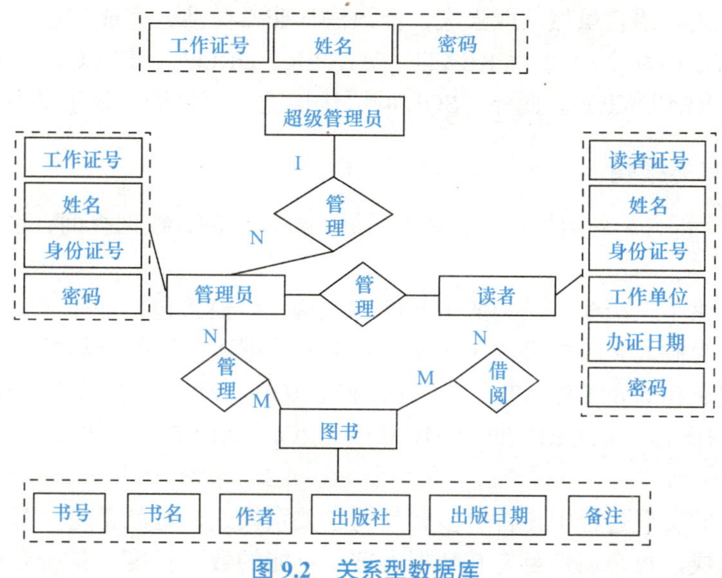

图 9.2　关系型数据库

关系型数据库管理系统（RDBMS）由一组管理数据和操作数据的程序组成。为了实现 RDBMS 的功能，至少需要构建以下四个核心组件：存储介质管理程序、内存管理程序、数据字典以及查询语言。这些组件共同协作，为 RDBMS 提供关键的数据管理和数据检索服务。

9.2.2　结构化查询语言 SQL

RDBMS（关系型数据库管理系统）的查询语言名为 SQL（结构化查询语言），它涵盖了数据结构的定义和数据处理两方面的操作，使得用户可以存取、查询、更新和管理关系型数据库系统（DBMS）。SQL 语言由博伊斯和钱伯林在 1974 年提出，并首先在 IBM 的 System R 关系型数据库系统上实现。由于其功能强大、易于使用且语言简洁，SQL 在计算机工业界和用户中广受欢迎。1980 年，SQL 被美国国家标准局（ANSI）的数据库委员会 x3H2 批准为美国标准的关系型数据库语言，随后国际标准化组织（ISO）也采纳了此标准。1979 年，ORACLE 公司首次提供商用 SQL，IBM 在 DB2 和 SQL/DS 数据库系统中也实现了 SQL。

SQL 是一种高级的非过程化编程语言，它允许用户在高层次的数据结构上操作，无须关心数据的具体存储方式。因此，具有不同底层结构的数据库系统都可以使用 SQL 作为数据输入与管理的接口。SQL 语句支持嵌套，这赋予它极大的灵活性和强大的功能。

SQL 语言的核心与关系代数相似，但拥有更多特性，如数据聚集和数据库更新等，使其成为一个综合、通用且功能强大的关系型数据库语言。SQL 语言的特点包括：

（1）一体化功能：SQL 涵盖了数据库生命周期的各个方面，从定义关系模式、录入数据、建立数据库，到查询、更新、维护、数据库重构以及安全性控制等，为数据库应用系统的开发提供了便捷的环境。即使在数据库运行后，也可以根据需要修改模式，而不影响数据库的正常运行，从而保证了系统的可扩展性。

（2）高度非过程化：使用SQL进行数据操作时，用户只需指定操作的目标，无须了解具体的操作过程。系统会根据用户的需求自动选择最佳的存取路径和处理过程，这既减轻了用户的负担，也提高了数据的独立性。

（3）两种使用方式：SQL提供了两种使用方式。一种是联机交互方式，用户可以直接在终端上输入SQL命令对数据库进行操作；另一种方式是嵌入高级程序设计语言中（如C、C#、Java等）。尽管使用方式不同，但SQL的语法结构是一致的，为用户提供了极大的灵活性和便利性。

（4）简洁易用：SQL语言虽然功能强大，但语法却非常简洁。完成数据定义、数据操纵和数据控制等核心功能仅需使用9个动词（CREATE、ALTER、DROP、SELECT、INSERT、UPDATE、DELETE、GRANT、REVOKE）。此外，SQL的语法接近英语口语，易于学习和使用。

9.2.3 SQL语句的结构

SQL功能包括6个部分，即数据定义、数据操纵、数据控制、数据查询、事务控制和指针控制。

1．数据定义

SQL为数据库提供了三级模式结构的定义能力，这三级模式包括外模式（通常被视作视图）、全局模式（通常简称为模式）和内模式（该模式由系统根据数据库的全局模式自动实现）。数据定义语言（DDL）通过其包含的CREATE、ALTER和DROP等动词，在数据库中执行创建新表、修改现有表或删除表的操作（如CREATE TABLE或DROP TABLE），并且还支持为表添加索引等任务。

在关系型数据库的实现过程中，首要步骤是构建关系模式，也就是定义基本表的结构。这一关系模式由多个属性组成，每个属性都有其数据类型、可能的数据长度、是否允许为空值以及其他完整性约束条件。SQL还包含了一系列语句，这些语句不仅用于创建和删除集合、表格、视图、索引、约束等数据结构，还用于在表格中添加或删除列，甚至设置表格的读取和写入权限。

下面这条范例语句会创建一个模式：

```
CREATE SCHEMA humresc
```

下面这条范例语句可以创建一张表：

```
CREATE TABLE employees (
emp_id int,
emp_first_name varchar(25),
emp_last_name varchar(25),
emp_address varchar(50),
emp_city varchar(50),
emp_state varchar(2)
emp_zip varchar(5),
emp position_title varchar(30)
)
```

在之前的SQL语句中，我们并没有直接指定计算机在特定内存地址上创建数据结构的详细步骤。相反，我们是通过向关系型数据库管理系统（RDBMS）描述所需数据结构的组成来间接实现的。首先，我们定义了一个名为humresc的模式，接着，我们在这个模式下创建了一张名为employee的表格，该表格包含了8个列。在定义employee表格时，我们使用了varchar数据类型来指定某些列可以存储可变长度的字符串，并在varchar后面的括号中指定了这些列能够容纳的最大字符数。对于empid这一列，我们选择了int数据类型，表示该列应存储整数类型的数据。

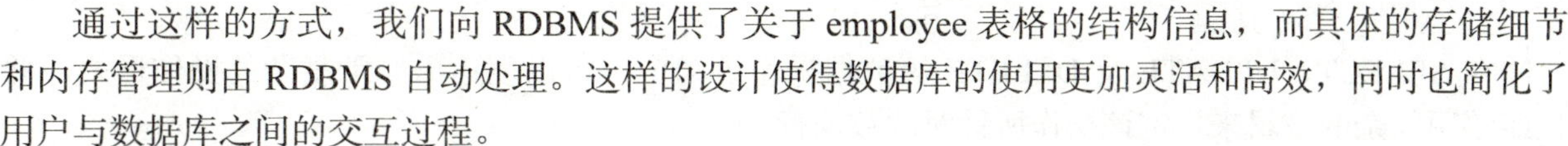

通过这样的方式，我们向 RDBMS 提供了关于 employee 表格的结构信息，而具体的存储细节和内存管理则由 RDBMS 自动处理。这样的设计使得数据库的使用更加灵活和高效，同时也简化了用户与数据库之间的交互过程。

2. 数据操纵

一旦数据库集合和相关表格构建完成，就可以填充数据并进行各种操作了。SQL（结构化查询语言）的数据操纵功能非常强大，涵盖了数据插入、删除、修改以及尤为强大的数据查询功能。数据操纵语言（DML）包含多种语句，如 INSERT（插入）、UPDATE（更新）、DELETE（删除）等，它们是实现数据操作的核心。数据操作通常分为两大类型。

（1）数据检索（或查询）：用于检索用户所需的特定信息。

（2）数据修改：涵盖了数据的插入、删除和更新操作。

例如，以下是一个 INSERT 语句的示例，用于向 employee 表格中插入新数据。

```
INSERT INTO employee (emp_id, first_name, last_name)
VALUES (1234, 'Jane',  'Smith' );
```

这条语句将在 employee 表格中新增一行，其中 emp_id 的值为 1234，first_name 的值为‘Jane’，last_name 的值为‘Smith’。对于该行的其他列，如果它们没有被明确指定值，则通常会根据列的定义自动赋予默认值（如果设置了的话），或者默认为 NULL，这表示这些列在该行中没有具体的值。除了插入新数据外，用户还可以通过 UPDATE 语句修改现有行中的值，或者使用 DELETE 语句从表格中删除行。这些操作提供了对数据库内容的灵活控制。

3. 数据控制

在 SQL 中，权限管理功能起到了重要的作用，它通过对用户访问权限的精细控制，确保数据库系统的安全性。数据控制语言（DCL）使用 GRANT（授权）和 REVOKE（撤销）语句来实现权限的分配和回收，从而确定个体用户或用户组对数据库对象的访问权限。在某些关系型数据库管理系统（RDBMS）中，甚至能够精确控制对表中单个列的访问权限。

4. 数据查询

数据检索是数据库操作的核心环节。数据查询语言（DQL）的语句，也称“数据检索语句”，用于从数据库中提取数据，并确定这些数据如何在应用程序中呈现。其中，SELECT 是 DQL（也是整个 SQL）中使用频率最高的关键字。其他常用的 DQL 关键字还包括 WHERE、ORDER BY、GROUP BY 和 HAVING 等，这些关键字经常与其他类型的 SQL 语句配合使用。

5. 事务控制

事务处理（TCL）语言的语句确保了在 DML 语句（数据操纵语言）影响下的表的所有行能够得到及时且一致的更新。这包括使用 COMMIT（提交）命令来确认并保存数据库更改，SAVEPOINT（保存点）命令来设置事务中的临时检查点，以及 ROLLBACK（回滚）命令来撤销自上一个保存点或事务开始以来的所有更改。

6. 指针控制

指针控制语言（CCL）的语句像 DECLARE CURSOR、FETCHINTO 和 UPDATE WHERECURRENT 用于对一个或多个表单的操作。

```
SELECT 语句可以从数据库中读取数据。例如：
SELECT emp_id,first_name, last_name
FROM employee
上面这条语句，将会产生下面的输出信息：
emp_id      first name      last name
----------------- ----------------- -----------------
```

```
1234        Jane            Smith
```

在 SELECT、UPDATE 及 DELETE 等数据操作语句中，可以表达出非常复杂的操作形式，并且能够用复杂的逻辑来指定该操作所针对的数据行。

9.2.4 与 SQL 数据库交互

在现实应用中，数据的存储方式多种多样，并不局限于文本或 Excel 文件。关系型数据库基于 SQL 语言的应用极为普遍，而在选择适合的数据库时，通常会综合考虑性能、数据完整性的保障以及应用程序的扩展性需求。这些因素共同决定了数据库的选择，确保数据得到高效、准确和灵活的管理。

对于将 SQL 查询结果加载到 DataFrame，Pandas 有对应函数来简化流程。例如，通过 Python 内置的 sqlite3 驱动创建一个 SQLite 数据库：

```
In[1]:import sqlite3
in[2]:query = """
.....:CREAT TABLE test
.....: (a VARCHAR(20),b VARCHAR(20),
.....:  c REAL,       d INTEGER
.....:);"""
In[3]:con = sqlite3.connect("mydata.sqlite")
In[4]:con.execute(query)
Out[4]:<sqlite3.Cursor at 0x7fdfd73b69c0>
In[5]:con.commit()
```

插入几行数据：

```
In[6]: data = [("Atlanta", "Georgia", 1.25, 6),
.....:          ("Tallahassee", "Florida", 2.6, 3),
.....:          ("Sacramento","California", 1.7, 5)]
In[7]: stmt = "INSERT INTO test VALUES(?,?,?,?)"
In[8]: con.executemany(stmt, data)
Out[8]: <sqlite3.Cursor at 0x7fdfd73a00c0>
In [9]: con.commit()
```

从表中选取数据时，大部分 Python 的 SOL 驱动器都返回一个元组列表：

```
In[10]: cursor = con.execute("SELECT * FROM test")
In[11]: rows = cursor.fetchall()
In [12]: rows
Out[12]:
[('Atlanta’ ,'Georgia', 1.25,6),
('Tallahassee','Florida', 2.6, 3),
('Sacramento','California',1.7, 5)]
```

9.3 数据查询

数据查询是数据分析中常用的方法，可以通过数据框对象的下标或筛选条件查询所需要的记录或字段。

本节使用“订单 _new.xlsx”数据集进行查询分析。

```
>>> df = pd.read_excel(r' d:\mypython\ 订单 _new.xlsx' )
```

【例 9.1】 查询从行索引 100 开始的 5 条记录。

```
>>> df[100:105]
     订单编号    订单日期     用户 ID   商品名称   单价    数量   金额      地区编码   周次
100  302103  2021-02-09  102369   T 恤     65.80   7    460.60    10       6
101  302104  2021-02-09  104586   T 恤     65.80   11   723.80    10       6
102  302105  2021-02-09  105937   T 恤     65.80   17   1118.60   10       6
103  302106  2021-02-09  110328   T 恤     55.93   26   1454.18   11       6
104  302107  2021-02-09  115207   T 恤     65.80   18   1184.40   11       6
```

【例 9.2】 查询“商品名称”“数量”和“周次”信息。

```
>>> df[[ '商品名称' , '数量' , '周次' ]]
    商品名称          数量          周次
0      围巾           12            5
1      运动服         7             5
2      T 恤           24            5
3      运动服         24            5
4      T 恤           14            5
...    ...            ...           ...
300    运动服         10            8
301    围巾           19            8
302    运动服         11            8
303    休闲鞋         17            8
304    休闲鞋         7             8
[305 rows x 3 columns]
```

【例 9.3】 查询前 3 条记录的“商品名称”、“数量”和“周次”。

```
>>> df[:3][[ '商品名称' , '数量' , '周次' ]]
    商品名称          数量          周次
0   围巾              12            5
1   运动服            7             5
2   T 恤              24            5
```

【例 9.4】 查询“运动服”的订单情况，显示最后 5 条记录。

```
>>> df[df. 商品名称 == '运动服' ].tail()
     订单编号    订单日期     用户 ID   商品名称   单价    数量   金额     地区编码   周次
263  302268  2021-02-23  112055   运动服    178.5   25   4462.5    11       8
265  302270  2021-02-23  190013   运动服    178.5   28   4998.0    19       8
278  302283  2021-02-25  156050   运动服    178.5   30   5355.0    15       8
300  302306  2021-02-28  138656   运动服    210.0   10   2100.0    13       8
302  302308  2021-02-28  169543   运动服    210.0   11   2310.0    16       8
```

说明：使用数据框对象的 nsmallest() 方法可以查询最小的前 n 条记录（升序排序）。

使用 nlargest() 和 nsmallest() 方法可以自动按降序或升序进行排序。对于其他方式的查询结果，可以使用 sort_values() 方法进行排序。通过排序可以对查询结果进行重新组织，以方便分析数据。

课堂思政

大学生应打破对传统工作习惯的路径依赖，改变过去主要依靠主观直觉进行情感教化的固化思维，逐步建立“用数据说话”的大数据量化思维与精准研判理念。

本章小结

本章介绍了大数据存储与查询，主要内容如下。

1．为了应对大数据时代，需要从根本上重新考虑用于数据存储和处理的平台，有三个主要的平台：Hadoop、NoSQL、NewSQL。

2．大数据存储方式：块存储、文件存储、对象存储。

3．文件数据管理系统的结构与局限。

4．关系型数据库管理系统（RDBMS）由一套管理数据及操作数据的程序组成。RDBMS 的查询语言称为 SQL，它包含了能够执行两类操作所需的语句，一类是数据结构的定义操作，另一类是数据的处理操作，用于存取数据以及查询、更新和管理关系型数据库系统（DBMS）。

5. 数据查询是数据分析中常用的方法，可以通过数据框对象的下标或筛选条件查询所需要的记录或字段。

实战训练

项目 1：增删数据库操作
项目 2：增删数据表
项目 3：数据查询
项目 4：条件查询
项目 5：数据排序
项目 6：数据汇总与统计
项目 7：数据表导入导出

课后练习

1．如何进行员工信息管理？
2．如何进行应收款信息管理？

第 10 章　大数据预处理

教学目标与要求

理解数据的完整性、一致性、准确性和时效性等基本质量标准，并认识到这些标准对于大数据分析和决策的重要性。了解数据缺失、噪声和错误等常见问题。熟悉数据清洗、集成、转换和规约等预处理步骤。掌握 numpy 和 pandas 执行数据预处理任务的实际操作技巧。

10.1　数据的质量要求与网络爬虫数据的缺陷

10.1.1　数据的质量标准

在数字化时代，数据驱动决策的重要性日益凸显。数据质量，作为数据分析可靠性和有效性的基础，其标准对于确保数据分析结果的准确性至关重要。以下是数据质量的核心标准，每一项都是评估数据是否适用于特定分析目的的关键维度。

1．完整性

数据完整性关乎数据集是否包含了所有必要的数据项。一个完整的数据集不应缺失任何重要信息，如关键字段的空缺或记录的缺失都将影响到数据分析的结果。在数据收集和存储过程中保持数据的完整性，是确保数据分析质量的基础。完整性要求数据集必须完整无缺，确保所有必要信息的可用性。例如，在进行市场细分时，缺少关键客户属性（如年龄、性别或消费偏好）可能导致错误的细分策略，影响营销活动的效果。

2．一致性

数据一致性指的是数据在不同数据源、数据集之间保持一致性的属性。例如，同一数据在不同数据库中应该保持相同的格式和值。数据不一致会导致分析过程中的混淆，影响决策的可靠性。因此，维护数据在整个生命周期内的一致性是提高数据质量的关键。一致性涉及数据在各处的表示一致，无论是格式还是值。如一家具有多个销售渠道的企业，若各渠道记录销售数据的方式不一致，将难以进行有效的销售分析和预测，影响销售策略的制定。

3．准确性

数据准确性反映了数据是否准确地表示了现实世界的对象、事件或事实。数据准确性的问题可能来源于错误的数据录入、数据传输错误或过时的数据。准确性高的数据能够确保分析结果反映真实情况，是做出正确决策的基石。在股票市场分析中，即使是微小的数据准确性问题也可能导致巨大的投资损失。数据准确性的确保，对于基于数据的所有商业活动至关重要。

4．时效性

时效性是指数据是否反映了当前状态或事件的最新情况。在快速变化的商业环境中，过时的数据可能会导致错误的决策。因此，及时更新数据集，确保数据保持最新，对于基于数据的决策制定至关重要。例如，使用过时的消费者行为数据来设计产品可能不再符合当前市场需求。

通过这些标准的遵循和实践，企业可以显著提升数据分析的准确性，进而有效支持商业策略的制定和执行。在教学中强调这些数据质量标准的案例，不仅帮助学生理解理论知识，更能培养他们在实践中识别和解决数据质量问题的能力，为成为数据驱动的领导者打下坚实的基础。

10.1.2　网络爬虫数据的特点与缺陷

随着互联网成为全球信息交换的中心，网络爬虫技术应运而生，成为获取和分析大规模网页数据的关键工具。在大数据领域，无论是市场分析、消费者行为研究，还是竞争对手监控，网络爬虫都扮演着不可或缺的角色。通过自动化地访问和收集互联网上的信息，网络爬虫极大地提高了数据分析、市场研究和信息监测等活动的效率和广度。然而，在这些显著优势的背后，网络爬虫获取的数据也面临着一系列不容忽视的质量挑战。

1．网络爬虫数据的特点

网络爬虫技术的核心优势在于其能够自动化地从互联网上快速收集大量、多样化的数据。这对于数据分析和研究具有极大的价值。

网络爬虫能够在短时间内访问并收集来自数千甚至数万个网页的数据，为处理和分析海量数据提供了可能性。例如，在市场趋势分析中，通过收集各个时间点的数据，可以有效跟踪和预测市场变化。互联网上的数据类型丰富，包括文本、图片、视频等多媒体信息。网络爬虫可以有效地获取这些不同格式的数据，为研究提供了宽广的视角。比如，在消费者行为研究中，除了文本评论，消费者上传的图片和视频也是重要的情感和偏好指标。一旦配置完成，网络爬虫可以持续不断地按照预定规则自动收集最新数据，大大节约了人力和时间成本，即使是资源有限的个人或小团队也能执行大规模的数据收集。

2．网络爬虫数据的缺陷

网络爬虫技术在自动化收集互联网数据的便捷性和高效性背后，也隐藏着不少质量上的挑战。首先就是数据不完整性问题，即便是最先进的爬虫也可能因为技术限制或目标网站的反爬措施而无法抓取到所有相关数据。这种不完整性可能导致分析结果的偏差。另外，互联网上的信息真实性参差不齐，爬虫在收集数据时难以自动区分信息的准确性，从而可能引入大量的错误或低质量数据。数据的结构复杂性也是一个不容忽视的问题，原始抓取的数据往往需要经过复杂的处理才能转化为可用的格式，这个过程中容易引入新的错误或失真。更为敏感的是，网络爬虫在搜集数据的过程中还可能触及法律和伦理的界限，例如未经授权侵犯版权、违反隐私保护规定等，这些问题不仅可能影响数据使用的合法性，还可能对企业或个人的声誉造成损害。因此，尽管网络爬虫为数据分析提供了强大的支持，但是在使用这些数据前，必须仔细评估和处理这些潜在的缺陷，以确保数据的质量和合法性，保障分析结果的可靠性。

10.1.3　网络爬虫数据质量问题的具体表现

在大数据分析实践中，网络爬虫技术常被用于自动化收集市场信息、消费者行为数据、竞争对手分析等重要信息。然而，由网络爬虫获取的数据往往面临多种质量问题，如数据缺失、数据噪声和数据错误，直接影响到数据分析的准确性和决策的可靠性。因此，对于数据分析师而言，理解这些问题的具体表现、成因及解决策略尤为重要。

1．数据缺失

数据缺失是指在数据集中存在一部分信息未被记录或缺失的情况。数据缺失主要有三种类型：完全随机缺失（MCAR）、随机缺失（MAR）和非随机缺失（NMAR）。完全随机缺失意味着数据的缺失与任何其他变量无关；随机缺失表示缺失的数据与其他观测到的变量有关，但与缺失数据本身无关；非随机缺失则意味着数据的缺失与未观测到的数据有关。数据缺失的原因多种多样，包括技术问题、数据录入错误或是信息源本身的不完整性。数据缺失会导致分析结果的偏差，降低模型的准确性和可靠性。处理数据缺失的方法包括删除含有缺失值的记录、数据插补（例如使用均值、中位数、众数等进行填充）和利用模型预测缺失值等。

数据缺失在数据分析中是一个常见问题，它可能导致消费者偏好分析得不准确、市场趋势的错误解读或是财务预测的偏差。例如，如果一个电商平台在分析消费者购买行为时忽视了缺失的交易记录，可能会低估某产品的实际销量，进而影响到库存管理和营销策略的调整。解决数据缺失问题的策略包括使用业务逻辑推断缺失值、利用统计方法（如均值、中位数填充）或采用更复杂的机器学习算法（如 k- 最近邻、决策树）来预测缺失值。

2．数据噪声

数据噪声指的是数据集中不属于原始信号的任何随机变量或干扰。数据噪声的来源包括数据收集过程中的随机误差、数据录入过程中的人为错误以及信息源本身的不准确等。数据噪声会掩盖真实的数据模式，导致数据分析和模型预测的准确性下降。识别数据噪声的方法包括数据可视化、统计分析以及利用机器学习算法检测异常值。减少数据噪声的策略有数据清洗、异常值处理、数据平滑处理等。例如，在分析消费者情感倾向时，噪声可能来自无关的社交媒体帖子或是错误的情感标注。噪声数据不仅会降低模型的准确性，还可能引导企业做出错误的市场定位。减少数据噪声的策略包括清洗无关数据、采用文本分析技术过滤非目标信息，以及应用异常值检测算法识别并处理异常数据。

3．数据错误

数据错误指的是数据集中存在的不正确或不合逻辑的数据。数据错误的原因，可能是由于数据录入不当、数据处理过程中的逻辑错误或源数据本身的错误所造成。数据错误不仅影响数据的质量，还可能导致错误的数据分析结果。纠正数据错误的方法包括数据校验、利用业务规则进行错误检测、使用外部可靠数据源进行交叉验证 等。

【案例 10.1】

一家零售企业，利用网络爬虫技术收集了竞争对手的价格信息和消费者在社交媒体上的评论数据，企图通过分析这些数据来调整自己的定价策略和改进产品。在这一过程中，企业可能遇到的数据质量问题包括：

数据缺失：某些竞争对手的价格信息因为网页结构问题未能成功抓取。

数据噪声：消费者评论中包含大量与产品无关的信息，如广告和垃圾评论。

数据错误：价格信息中的某些数据由于爬虫解析错误而被错误记录。

为了应对这些问题，企业可能采取以下策略。

对于数据缺失，企业可以尝试改进爬虫策略，或通过手工补充确保数据的完整性。为减少数据噪声，企业可以应用自然语言处理技术过滤掉无关信息，并利用情感分析技术提取有价值的消费者观点。

对于数据错误，企业需要定期对抓取的数据进行质量检查，并修正发现的错误，保证数据的准确性。

通过这些方法，企业可以有效提高数据质量，为基于数据的决策提供坚实的支撑，从而在激烈的市场竞争中获得优势。

10.1.4 提高网络爬虫数据质量的策略

1. 数据预处理方法

（1）数据清洗。数据清洗不仅仅是去除显而易见的错误和重复项，它还涉及辨识和处理更为隐蔽的数据问题，如逻辑矛盾或难以发现的错误。例如，可以通过设置数据清洗的规则引擎，对特定领域的数据应用专门的清洗规则，如校验数据字段的有效性（比如，日期字段中的不可能日期，或是数值字段中的负数等），以及使用模式匹配技术识别和校正格式不正确的数据。

（2）数据集成。在数据集成过程中，一个关键的步骤是识别和解决数据之间的冲突。例如，不同数据源可能使用不同的度量单位或数据格式，或者同一实体在不同数据源中的表示不一致。解决这一问题的方法之一是建立一个统一的数据模型，将所有数据源映射到这一模型上，并在集成过程中进行必要的转换和调整。

（3）数据转换和规范化。数据转换涉及将数据转换成适合分析的格式，如将分类数据数字化，或将时间戳转换为统一格式。规范化过程则确保数据在同一范围内，便于进行比较和分析。

（4）数据质量评估。在数据预处理的各个步骤中，定期对数据质量进行评估也是非常重要的。这可以通过设置数据质量指标，如准确率、完整率和一致率等，来监控数据质量的变化。

2. 设计和实施网络爬虫的考量

（1）高效的爬取策略。设计网络爬虫时，应该考虑到目标网站的结构和内容动态性，采用高效的爬取策略。例如，对于经常更新内容的网站，应设计爬虫定期重新爬取最新数据；对于内容丰富的网站，可以采用多线程或分布式爬取以提高效率。同时，使用适当的延迟和遵守网站的 Robots 协议，避免对目标网站造成不必要的负担。

（2）动态内容的处理。现代网站大量使用 Ajax 和 JavaScript 动态加载内容，传统的静态页面爬取技术可能无法获取完整数据。对此，可以使用如 Selenium 等自动化测试工具模拟浏览器行为，抓取动态生成的内容。虽然这种方法效率较低，但能确保数据的完整性。

（3）数据抽取的精确性。数据抽取是网络爬虫中的关键步骤。使用高级的数据抽取技术，如自然语言处理（NLP）和机器学习模型，可以提高数据抽取的精确性和复杂网页内容的处理能力。例如，对于结构化不明显的文本数据，可以训练模型识别特定的信息实体，如人名、地点、日期等。

（4）法律和伦理考量。在设计和实施网络爬虫时，必须严格遵守法律法规和网站政策，尊重数据所有权和用户隐私。在某些情况下，可能需要获取网站所有者的明确许可。此外，对于收集到的敏感数据，应采取加密和匿名化措施，确保数据安全。

10.2　数据预处理的主要方法

数据预处理是数据分析流程中至关重要的一步，它直接关系到数据分析的质量和效率。良好的数据预处理不仅可以减少数据中的噪声和误差，还能提高数据分析模型的性能。数据预处理包含多个步骤，旨在提高数据质量，以便进行有效的数据分析。本节将介绍数据清洗、数据集成、数据转换和数据规约等预处理方法。

10.2.1　数据清洗

1. 缺失值处理

缺失值是数据清洗中常见的问题之一。缺失数据的存在可能会影响数据分析的结果，因此需要妥善处理。处理缺失值的方法包括：

（1）删除。直接删除含有缺失值的记录。这种方法简单直接，但可能会导致数据的丢失，特别是当缺失不是随机发生时，还可能引入偏差。

（2）填充。使用某种策略填充缺失值。常见的填充方法包括使用均值、中位数、众数或通过预测模型估算缺失值。选择哪种方法取决于数据的性质和缺失值的分布。

（3）忽略。在某些情况下，如果缺失值的数量非常少，可以选择忽略缺失值的存在，直接进行分析。

【案例 10.2】

对于商业数据分析而言，正确处理缺失值是非常重要的。以下展示了使用 Pandas 进行缺失值处理的几种方法：

```
import pandas as pd
import numpy as np
# 创建示例数据
data = {
    'sales': [250, np.nan, 350, 400, 500, np.nan],
    'marketing_cost': [150, 200, np.nan, 300, np.nan, 280]
}
df = pd.DataFrame(data)
# 删除含有缺失值的记录
df_dropna = df.dropna()
# 使用均值填充缺失值
df_fill_mean = df.fillna(df.mean())
# 使用中位数填充缺失值
df_fill_median = df.fillna(df.median())
# 使用众数填充缺失值（对于分类数据较为合适）
df_fill_mode = df.fillna(df.mode().iloc[0])
```

2. 异常值处理

异常值是指那些显著偏离其他观测值的数据点，它们可能由错误的数据录入、测量误差或其他不可控因素引起。处理异常值的方法包括以下几点。

（1）识别。首先需要识别出异常值，常用的方法有基于统计测试的方法（如 Z-score、IQR 等）和基于聚类的方法。

（2）删除或修正。根据异常值的原因和数量，决定是删除这些异常值还是尝试修正它们。如果异常值是由显著的错误导致的，删除可能是合适的；如果异常值是有效的数据点，则可能需要进一步分析。

（3）转换。有时通过对数据进行转换，可以减少异常值的影响，如对数据进行对数变换。

【案例 10.3】

在处理商业数据时，识别并妥善处理异常值对于避免分析结果受到偏差的影响至关重要。以下是利用 IQR 方法识别和处理异常值的示例。

```
# 假设 sales 列存在异常值
Q1 = df['sales'].quantile(0.25)
Q3 = df['sales'].quantile(0.75)
IQR = Q3 - Q1
# 定义异常值的范围
lower_bound = Q1 - 1.5 * IQR
upper_bound = Q3 + 1.5 * IQR
# 识别异常值
outliers = df[(df['sales'] < lower_bound) | (df['sales'] > upper_bound)]
# 删除异常值
df_no_outliers = df[(df['sales'] >= lower_bound) & (df['sales'] <= 
upper_bound)]
# 对异常值进行修正，例如，将其设置为上界或下界
df['sales'] = np.where(df['sales'] > upper_bound, upper_bound, 
df['sales'])
df['sales'] = np.where(df['sales'] < lower_bound, lower_bound, 
df['sales'])
```

3. 重复数据处理

重复数据指的是数据集中完全相同或在关键字段上相同的记录。重复数据的存在可能会导致分析结果的失真，因此需要被识别和删除。处理重复数据通常涉及以下步骤。

（1）识别。使用数据处理工具或编程语言中的相关函数，如 Python 的 Pandas 库中的 drop_duplicates() 函数，来识别重复的记录。

（2）删除。一旦识别出重复记录，就可以将它们从数据集中删除，只保留一个副本或根据一定的规则合并这些记录。

【案例 10.4】 在商业数据集中，删除或合并重复的记录是保持数据质量的重要步骤。以下展示如何使用 Pandas 识别和删除重复数据。

```
# 创建含有重复记录的示例数据
data = {
    'customer_id': [1, 2, 2, 3, 4, 4, 4],
    'purchase_amount': [100, 200, 200, 300, 400, 400, 400]
}
df = pd.DataFrame(data)
# 识别重复记录
print("Duplicate Entries:")
print(df[df.duplicated()])
```

```
# 删除重复记录，保留第一次出现的记录
df_unique = df.drop_duplicates()
# 根据特定列删除重复记录
df_unique_customer = df.drop_duplicates(subset = ['customer_id'])
```

10.2.2 数据集成

数据集成在处理网络爬虫收集的数据时扮演着极其重要的角色。这个过程涉及将分散在不同网站上、格式各异的数据整合成一个统一和标准化的数据集，以便于后续的数据分析和应用。

（1）建立统一的数据模型。设计一个包容性强、扩展性好的统一数据模型是数据集成成功的关键。这个数据模型需要能够映射和整合不同数据源中的数据结构和关系，同时保持数据的完整性和一致性。例如，对于一家跨国公司来说，其统一数据模型需要能反映全球各地的销售活动、客户互动和产品信息，同时还需考虑到货币兑换率和地区差异等因素。

（2）利用中间件和数据交换标准。利用数据交换标准（如 XML、JSON）和中间件技术（如 ESB 企业服务总线）来促进不同数据源之间的信息交换和整合。这些技术提供了一个灵活的中介层，能够处理复杂的数据转换和映射逻辑。例如，通过 ESB 将来自 ERP 系统的财务数据和来自 CRM 系统的客户数据集成到一个统一的数据仓库中，为高层管理提供全面的业务视图。

（3）采用先进的数据匹配和融合技术。使用数据匹配算法（如基于机器学习的实体识别技术）来识别不同数据源中相同的实体。对于重复数据的融合，则可以采用基于规则的融合策略或利用数据融合算法，如协同过滤，以实现数据的合理整合。

【案例 10.5】

在客户数据整合中，可以使用机器学习算法识别指向同一实体的不同记录，然后根据特定的业务规则（如优先采用最近更新的记录）来融合这些记录。

```
# 示例代码：使用 Pandas 进行数据集成
import pandas as pd
# 假设有两个数据集：CRM 系统中的客户数据和销售系统中的订单数据
crm_data = pd.read_csv("crm_customer_data.csv")
sales_data = pd.read_csv("sales_order_data.csv")
# 数据集成：以客户 ID 为键，将订单数据合并到客户数据中
integrated_data = pd.merge(crm_data, sales_data, on = "customer_id")
# 处理时区差异：将所有日期转换为统一的 UTC 时区
integrated_data['order_date_utc']  = pd.to_datetime(integrated_data['order_date']).dt.tz_localize('UTC')
# 语义整合：统一销售状态的描述
status_mapping = {'已发货': 'Shipped', '出库': 'Shipped'}
integrated_data['order_status']  = integrated_data['order_status'].map(status_mapping)
print(integrated_data.head())
```

（4）实施数据治理和质量控制。建立数据治理框架，制定数据质量标准，对整合的数据实施持续的质量控制。这包括但不限于数据清洗、验证数据的一致性和完整性、监控数据质量变化等。

（5）持续的数据维护和更新机制。由于网络数据的动态性，数据集成不是一次性的任务，而是一个持续的过程。建立有效的数据更新和维护机制，确保数据集随时反映最新的数据状态，对于保持数据价值至关重要。

10.2.3 数据转换

数据转换是数据预处理的一个核心环节，它涉及将原始数据转换或映射到一个更适合分析的格式。在网络爬虫收集的数据中，由于数据来源的多样性和复杂性，数据转换成为确保数据质量和分析有效性的关键步骤。

1. 规范化与标准化

规范化（Normalization）和标准化（Standardization）是两种常用的数据缩放技术，它们可以将数据转换到统一的尺度上。规范化通常指将数据缩放到 [0, 1] 区间内，是通过减去最小值然后除以最大值和最小值之差来实现的。标准化则将数据转换为均值为 0、标准差为 1 的分布，通过减去均值后除以标准差来完成。这两种方法对于含有数值特征的数据集尤其重要，因为它们可以使模型不会因为特征的量纲不同而偏向于某些特征。例如，在进行距离计算的聚类分析或 k- 近邻算法时，特征的量纲差异会直接影响到距离的计算结果，从而影响模型的性能。在这种情况下，通过规范化或标准化处理，可以确保每个特征在距离计算中有相等的权重。此外，很多机器学习算法，如支持向量机（SVM）和梯度下降算法，也都假设数据是中心化或标准化的，这样可以加快模型的收敛速度并提高模型的稳定性。

【案例 10.6】

在商科分析中，分析师可能需要比较不同时间段的销售额数据，这时数据的规模差异可能导致分析结果的偏差。通过规范化，可以将销售额数据转换到［0，1］区间内，而标准化则将数据转换为均值为 0、标准差为 1 的分布，从而确保每个特征在分析中具有相等的重要性。

```
import pandas as pd
from sklearn.preprocessing import MinMaxScaler, StandardScaler
# 假设 df 是一个包含销售数据的 DataFrame
df = pd.DataFrame({
    'sales': [23000, 54000, 12000, 31000],
    'marketing_expense': [5000, 24000, 3100, 6200]
})
# 规范化处理
scaler = MinMaxScaler()
df_normalized  = pd.DataFrame(scaler.fit_transform(df), columns = 
df.columns)
# 标准化处理
scaler = StandardScaler()
df_standardized  = pd.DataFrame(scaler.fit_transform(df), columns = 
df.columns)
print("Normalized Data:\n", df_normalized)
print("\nStandardized Data:\n", df_standardized)
```

2. 归一化

归一化是另一种调整数据尺度的方法，特别是当数据的分布不是标准正态分布时。通过归一化处理，数据的分布会被压缩或拉伸，以适应特定的分析或模型需求。归一化方法有多种，如最小——最大归一化、z-score 归一化等，选择哪种方法取决于数据的特性和分析目标。在商科数据分析中，归一化可以用来处理那些偏态分布的经济指标或财务指标，使其分布更加均匀，便于进行后续的统计分析和建模。

3. 离散化

离散化是将连续数值变量转换为若干个离散的区间的过程。这对于某些特定的统计分析或机器学习算法，特别是那些假设输入变量为分类变量的算法是很有帮助的。离散化方法包括等宽离散化、等频离散化和基于聚类的离散化等。等宽离散化将数据分布划分为宽度相等的区间；等频离散化将数据分布划分为含有相同数据点数量的区间；基于聚类的离散化利用聚类算法将数据点划分为若干组，每组代表一个区间。

【案例 10.7】

一家公司可能需要根据客户的年度消费额将客户分为不同的消费等级（高、中、低），离散化处理可以帮助完成这一任务。离散化处理有助于简化模型的复杂度，提高模型的解释性。

```
# 假设 df 中包含客户年度消费额
df['consumption_level'] = pd.cut(df['annual_consumption'], bins = [0, 10000, 50000, float('inf')], labels = ['Low', 'Medium', 'High'])
print("Discretized Data:\n", df)
```

4. 编码

在数据分析中，经常需要处理分类数据。编码是将分类数据转换为数值格式的过程，使得这些数据可以输入算法中。常见的编码方法包括独热编码（One-hot Encoding）和标签编码（Label Encoding）。独热编码为每个类别分配一个二进制列，只有该类别的列为 1，其他都为 0；而标签编码则为每个类别分配一个唯一的整数。

【案例 10.8】

对于产品类别这样的分类变量，通过独热编码可以将其转换为数值格式，以便输入算法中进行分析。

```
# 假设 df 中包含产品类别
df_encoded = pd.get_dummies(df, columns = ['product_category'])
print("One-hot Encoded Data:\n", df_encoded)
```

10.2.4　数据规约

在大数据时代，数据规约成为处理和分析海量数据集不可或缺的一环。数据规约的核心目标是在减少数据量的同时，保持数据对分析任务的贡献度，从而提高数据处理的效率和分析算法的性能。进一步深入探讨数据规约的各个方面，可以帮助我们更有效地实施这一重要的数据预处理步骤。在商科大数据领域，数据规约也是一项至关重要的预处理任务，它不仅可以大幅度提高数据处理的效率，还能在一定程度上增强数据分析的准确性和可解释性。对于商业分析师和决策者来说，理解和掌握数据规约的技术意味着能够从海量的商业数据中提炼出有价值的信息，从而为企业制订战略和运营决策提供坚实的数据支持。

1. 降维

降维技术通过减少数据集中的特征数量来简化数据，这不仅可以减少数据处理的复杂度，还有助于提高某些算法的性能。常用的降维技术包括主成分分析（PCA）、线性判别分析（LDA）和奇异值分解（SVD）等。这些技术通过转换原始数据空间，寻找能够最大程度上保留数据变异性的新特征空间。例如，PCA 通过找到数据的主成分方向并在这些方向上投影数据来减少特征的数量，从而在较低维度空间中保留尽可能多的原始数据的信息。

降维技术在商科数据分析中尤为重要，它通过减少数据集中的特征数量来揭示数据的本质。在商业环境中，数据往往包含大量的变量，如客户信息、交易记录和市场指标等，但并非所有变量都对分析任务有用。通过实施降维，可以消除冗余特征，突出重要信息，从而简化模型，提高数据分析的效率和准确性。

【案例 10.9】

假设一家公司希望基于过去几年的销售数据来分析不同产品的销售表现和顾客偏好。数据集包含了成百上千的特征，例如，每个产品的销售数量、顾客反馈、价格变动等，但并非所有特征都对分析有帮助。

使用主成分分析（PCA）进行降维，可以帮助我们识别哪些特征对于解释数据的变异性最为重要。

```
import pandas as pd
from sklearn.decomposition import PCA
from sklearn.preprocessing import StandardScaler
# 假设 df 是一个包含产品销售数据的 DataFrame
df = pd.read_csv('sales_data.csv')
# 首先，标准化数据
features = df.columns[1:]  # 假设第一列是产品 ID 或名称
x = df.loc[:, features].values
x = StandardScaler().fit_transform(x)
# 应用 PCA
pca = PCA(n_components=5)
principalComponents = pca.fit_transform(x)
# 将降维后的数据转换为 DataFrame，便于进一步分析
principalDf = pd.DataFrame(data = principalComponents, columns = ['PC1', 'PC2', 'PC3', 'PC4', 'PC5'])
print(principalDf.head())
```

通过降维，我们能够显著减少原始数据集中的特征数量，同时保留数据集的主要变异信息，这对于进一步地分析和可视化非常有帮助。

2. 数值规约

数值规约旨在通过采用更紧凑的数据表示形式来减少数据量。这包括数据聚合、数据抽样和数据聚类等方法。数据聚合是指通过计算数据的汇总统计信息（如均值、总和、最大值和最小值）来简化数据。数据抽样是从大量数据中选择代表性子集，通过分析子集来推断整个数据集的特性抽样技术，包括简单随机抽样、分层抽样和系统抽样等。数据聚类则是将数据划分为若干组或簇，使得同一簇内的数据相似度高，而不同簇间的数据相似度低，每个簇可以用其质心或代表性样本来描述。

【案例 10.10】

一家零售公司希望分析其库存数据，以优化库存水平并减少过剩或短缺的情况。该公司的库存数据包括数以万计的商品信息，每个商品都有其销售历史、库存水平和供应商信息。

在这种情况下，聚类分析可以作为一种数值规约技术，帮助公司将商品分为不同的类别或群组，每个群组中的商品具有相似的销售和库存特性。

```
from sklearn.cluster import KMeans
import pandas as pd
# 加载库存数据
inventory_data = pd.read_csv('inventory_data.csv')
# 选取关键特征进行聚类
features = ['sales_history', 'current_inventory_level']
X = inventory_data[features]
# 应用 KMeans 聚类
kmeans = KMeans(n_clusters=5)
inventory_data['cluster'] = kmeans.fit_predict(X)
# 查看每个聚类的统计数据，以指导库存管理决策
```

```
for i in range(5):
    cluster = inventory_data[inventory_data['cluster'] == i]
    print(f"Cluster {i} stats:")
    print(cluster.describe())
```

3. 数据压缩

数据压缩技术通过编码和压缩算法减少数据所需的存储空间。虽然数据压缩技术主要用于文件和传输优化，但在大数据时代，它也被应用于大规模数据集的存储和处理。数据压缩可以是有损的或无损的，有损压缩会导致数据质量的损失，而无损压缩则能在解压缩后完全恢复原始数据。

【案例 10.11】

假设一家金融分析公司需要存储和分析过去十年的股票交易数据，该数据集非常庞大，包含每一天的开盘价、最高价、最低价和收盘价。为了优化存储和加速数据处理，公司决定对这些时间序列数据进行压缩。

在 Python 中，我们可以使用 Pandas 库来实现基本的数据压缩，比如，通过重采样（resampling）减少时间序列数据的频率，从日数据转换为周数据或月数据。这样不仅可以减少数据量，还能满足大多数分析任务的需求。

```
import pandas as pd
# 假设 stock_data.csv 文件包含股票的日交易数据，列包括 Date, Open, High, Low, Close
df = pd.read_csv('stock_data.csv', parse_dates = ['Date'], index_col = 'Date')
# 将日数据重采样为月数据，计算每月的平均开盘价、最高价、最低价和收盘价
monthly_df = df.resample('M').mean()
print(monthly_df.head())
```

此外，对于需要无损压缩的场景，我们可以利用 Python 的压缩库，如 gzip，来压缩原始数据文件。这种方法适用于减少数据在磁盘上的存储空间，同时保留了数据的完整性，数据可以在需要时解压缩并使用。

```
import gzip
import shutil
# 将原始 CSV 文件压缩为 GZIP 格式
with open('stock_data.csv', 'rb') as f_in:
    with gzip.open('stock_data.csv.gz', 'wb') as f_out:
        shutil.copyfileobj(f_in, f_out)
# 读取压缩文件
with gzip.open('stock_data.csv.gz', 'rt') as f:
    compressed_df = pd.read_csv(f)
print(compressed_df.head())
```

课堂思政

1．质量意识的培养

数据预处理的过程强调了数据质量的重要性。数据质量的高低往往决定了分析结果的准确性和可靠性。通过深入理解数据质量的核心标准——完整性、一致性、准确性和时效性，学生将学习如何在实践中识别和解决数据质量问题。

2．创新思维的激发

在探讨数据预处理的技术和方法时，本章鼓励学生不仅停留在理解现有技术的层面，更要激发他们的创新思维，面对新问题能够创新性地提出解决方案。

3．数据伦理和法律规范的尊重

尊重数据伦理和遵守法律规范同样重要。本章通过讨论网络爬虫数据的特点与缺陷，以及提高数据质量的策略，引导学生认识到在数据收集、处理和分析过程中应遵循的伦理原则和法律规定。尤其是在使用网络爬虫技术收集数据时，学生需要了解如何在保证数据收集的完整性和有效性的同时，确保数据收集活动的合法性和伦理性，避免侵犯数据所有权和用户隐私。

本章小结

首先讨论了数据质量的重要性，数据质量问题，如数据缺失、噪声和错误，如果不加以解决，将直接影响到数据分析的准确性和决策的可靠性。通过各种数据预处理技术，可以显著提升数据的可用性和分析结果的准确性。数据预处理的关键技术包括数据清洗、数据集成、数据转换和数据规约等步骤。通过具体的案例和代码示例，展示了如何使用 Python 中的 Numpy 和 Pandas 库来执行这些数据预处理任务。

实战训练

1．数据清洗实操

你作为数据分析师，负责处理一份电商平台的销售数据。该数据集包含了产品 ID、销售日期、销售量、顾客评分等字段。数据集中存在以下问题：

（1）销售量字段中有缺失值；

（2）顾客评分字段中包含一些明显异常的负值；

（3）数据集中存在重复的记录。

要求：

（1）使用 Python 编写代码，对缺失的销售量进行填充，填充策略为该产品其他记录的平均销售量。

（2）识别并处理顾客评分的异常值，异常值处理策略为将负值替换为该字段的中位数。

（3）检测并删除数据集中的重复记录。

提交内容：处理后的数据集、Python 处理代码，以及一份简短的报告，报告中描述你的处理策略和处理前后的数据对比。

2．数据集成与转换

你在处理一项涉及多个数据源的商业分析项目。你有两份数据：一份是 CRM 系统导出的客户信息，包括客户 ID、姓名和生日；另一份是销售系统的订单记录，包括订单 ID、客户 ID、订单金额和订单日期。

要求：

（1）使用 Python 的 Pandas 库将这两份数据基于客户 ID 字段进行合并。

（2）将合并后的数据中的生日字段转换为客户的年龄（计算到当前年份）。

（3）将订单日期字段转换为星期几的格式。

提交内容：合并和转换后的数据集、Python 处理代码，以及一份报告，报告中解释数据集成和转换的过程和意义。

3．数据规约与降维实践

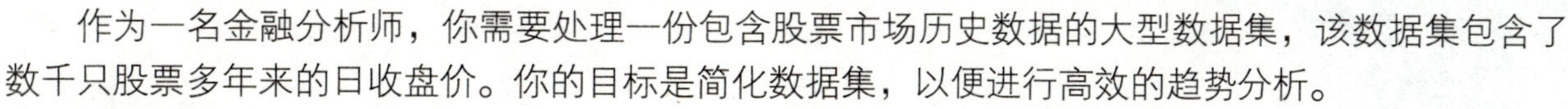

作为一名金融分析师，你需要处理一份包含股票市场历史数据的大型数据集，该数据集包含了数千只股票多年来的日收盘价。你的目标是简化数据集，以便进行高效的趋势分析。

要求：

（1）使用Python的Numpy或Pandas库，对数据集应用PCA（主成分分析）方法，以降低数据维度。

（2）解释 PCA 降维的结果，包括选择的主成分数量和这些主成分解释的数据方差比例。

（3）基于降维后的数据，简述你能观察到的任何趋势或模式。

提交内容：降维后的数据集、Python 处理代码，以及一份报告，报告中详细解释 PCA 降维的过程、结果解释以及对趋势或模式的观察。

课后练习

1．简述数据预处理的主要步骤，并说明每个步骤的重要性。

2．在数据清洗过程中，如何处理缺失值和异常值？请分别简要说明常用的方法。

3．简述主成分分析（PCA）在数据降维中的作用，以及如何通过 PCA 来减少数据维度。

第 11 章　大数据挖掘与分析

教学目标与要求

学生深入理解各类数据挖掘算法的基本原理，包括它们是如何工作的，以及它们适用的问题类型；学会如何在实际的数据集中应用这些算法，以解决分类、回归、聚类、主成分分析等数据挖掘任务；了解每种算法的优点和局限性，并能根据具体的应用场景选择最合适的算法；通过实践操作，如使用数据分析工具或编程语言实现算法，提高解决实际问题的能力；能够将数据挖掘算法与其他数据分析技术（如数据预处理、结果可视化）结合起来，形成完整的数据分析流程。

11.1　模型选择与验证

11.1.1　模型选择

模型选择是指在多个候选模型中选出最适合解决当前问题的模型的过程。模型选择是数据挖掘与分析中的一个关键步骤，它涉及从多个可能的模型中选择一个最优的模型来解决问题。这个过程通常包括以下两个方面。一是选择最佳模型。在实际应用中，可能会得到多个模型，每个模型都有其特定的假设和复杂度。模型选择的第一层含义是从这些模型中选择一个最合适的，通常是选择在给定效果下复杂度较小的模型。二是解决过拟合问题。模型选择的一个重要目的是解决过拟合现象，即避免模型在训练数据上表现良好而在新的数据上表现不佳的情况。通过选择最佳的模型，可以确保模型具有良好的泛化能力，即在新的数据上也能做出准确的预测。以下是一些常用的数据挖掘模型。

（1）决策树：决策树是一种监督学习模型，它通过训练样本来构建一个树状结构，用于分类和预测。决策树能够从一组无序的实例中推理出分类规则，适用于处理离散性数据。

（2）随机森林：随机森林是一种集成学习方法，它通过构建多个决策树并综合它们的预测结果来提高整体的预测性能。

（3）支持向量机（SVM）：SVM 是一种强大的分类器，它可以处理线性可分和非线性可分的数据，通过寻找最优的决策边界来区分不同的类别。

（4）神经网络：神经网络是一种模拟人脑神经元结构的模型，可以处理复杂的非线性关系，适用于模式识别、时间序列预测等问题。

（5）逻辑回归：逻辑回归是一种广泛应用于分类问题的统计模型，它通过逻辑函数将线性组合的特征转化为概率输出。

（6）聚类算法：如 K- 均值、层次聚类等，这些算法可以在无监督的情况下对数据进行分组，发现数据内在的结构。

（7）关联规则学习：如 Apriori、FP-growth 等，用于发现数据项之间的有趣关系，常用于市场篮子分析。

（8）时间序列分析：如 ARIMA、季节性分解等，这些模型专门用于分析和预测时间序列数据。

（9）文本分析：如 LDA、TF-IDF 等，这些方法用于从文本数据中提取主题或关键词。

（10）深度学习：如卷积神经网络（CNN）、循环神经网络（RNN）等，这些模型在图像识别、语音识别等领域表现出色。

（11）强化学习：通过智能体与环境的交互来学习最佳行动策略，常用于游戏、机器人控制等领域。

（12）主成分分析（PCA）：一种降维技术，可以去除数据中的冗余信息，突出数据的主要特征。

（13）因子分析：用于发现变量背后的潜在因子，理解数据的结构。

（14）回归分析：用于建立自变量和因变量之间的关系模型，预测或估计因变量的变化。

在选择模型时，需要考虑数据的特点、问题的具体要求以及模型的性能。通常，一个好的做法是尝试多种模型，并通过交叉验证等方法评估它们的性能，最终选择最适合当前数据和问题的模型。此外，模型的选择也应该考虑计算资源的可用性，因为一些复杂的模型可能需要更多的计算资源和时间。在数据挖掘与分析中，选择合适的模型是非常重要的。

11.1.2　模型验证

模型验证是数据挖掘与分析过程中的一个重要步骤，它用于确保所构建的模型能够准确预测未知数据。以下是进行模型验证的一些关键步骤。

构造验证集：为了避免模型过拟合，需要从原始数据中划分出一部分作为验证集。过拟合通常发生在模型复杂度过高或者训练周期 (epoch) 次数过多的情况下。

留出法（Hold-out）：这是一种简单的模型验证方法，它将数据集随机分为训练集和验证集。训练集用于训练模型，而验证集用于评估模型的性能。

交叉验证法（Cross Validation）：这种方法将数据集分为 k 个子集，每次使用 k-1 个子集作为训练集，剩下的一个子集作为验证集。这个过程重复 k 次，每次选择不同的子集作为验证集，最后取平均值作为模型性能的评估。

自主采样法：这是一种更加灵活的方法，可以根据具体的数据和业务需求来选择如何划分训练集和验证集。

训练 / 测试集拆分：这是模型验证的另一种方法，可以通过简单随机抽样或分层抽样来分割数据。简单随机抽样按照指定比例分配数据，而分层抽样则保持了原始数据中目标变量的分布比例。
统计分析：在模型验证阶段，还可以通过集中趋势分析、离中趋势分析和相关分析等统计方法来描述和分析数据的特征和变量之间的关系。

模型调整：根据验证集上的表现，可以对模型进行调整，以改善其在新输入数据上的响应能力和准确性。

最终测试：在模型调整完成后，通常会有一个最终的测试集用来评估模型的整体性能，这个测试集之前不应该被模型接触过。

性能指标：在模型验证过程中，会使用各种性能指标来衡量模型的准确度，如准确率、召回率、F1 分数、ROC 曲线下面积（AUC）等。

错误分析：除了量化的性能指标外，还应该对模型预测错误的案例进行分析，以了解模型在哪些类型的数据上表现不佳，从而为进一步的模型优化提供方向。

迭代过程：模型验证是一个迭代的过程，可能需要多次调整模型和重新验证，直到达到满意的性能为止。

11.2 分类算法

11.2.1 分类分析的性能评估

分类是数据挖掘技术中最具代表性的数据分析方法。分类是指通过构造模型（函数）来描述和区分各种类别或概念，用于对未来的预测，即基于已知的样本预测新样本的所属类型。分类问题普遍存在于不同的应用场景中。例如，根据电子邮件的标题和内容检查出垃圾邮件，根据核磁共振扫描的结果区分肿瘤是恶性的还是良性的，根据星系的形状对它们进行分类。最为经典的例子是根据鸢尾花的四个特征（萼片长度、萼片宽度、花瓣长度、花瓣宽度）将鸢尾花分为三类不同的品种。常用的分类算法包括逻辑回归算法、支持向量机算法、朴素贝叶斯算法、决策树算法等。

分类分析的性能评估是机器学习领域的一个重要环节，它涉及多个评估指标来衡量分类模型的效果。以下是一些常用的性能评估指标。

（1）精度（Accuracy）：这是最直观的性能评估指标，表示正确分类的样本数占总样本数的比例。然而，在非平衡数据集下，精度可能会误导我们选择实际分类性能较差的分类器。

（2）查全率（Recall）：也称召回率，是指所有正类中被正确识别为正类的样本比例。它关注的是模型对正类样本的识别能力。

（3）查准率（Precision）：是指被识别为正类的样本中，实际上为正类的样本比例。它关注的是模型预测正类的准确度。

（4）F1 Score：是查全率和查准率的调和平均数，用于综合反映模型的准确性和稳健性。

（5）ROC 曲线：通过绘制不同阈值下的假正率（False Positive Rate）和真正率（True Positive Rate）来评估模型的性能。

（6）AUC：是 ROC 曲线下的面积，用于量化地比较不同模型的性能。

（7）混淆矩阵（Confusion Matrix）：详细展示了模型预测的正确与错误情况，包括真正例、假正例、真反例和假反例的数量。

（8）宏平均（Macro-average）和 微平均（Micro-average）：用于多分类问题的综合评价，分别计算每个类别的性能指标后取平均。

（9）KS 曲线 和 Lift 值：用于信贷风险评估等领域，衡量模型区分度和提升效果。

（10）P-R 曲线：展示精准率和召回率之间的关系，用于评估模型在不同召回率水平下的精准率。

11.2.2 逻辑回归

1. 算法原理

逻辑回归，也称对数几率回归，虽然名字中有“回归”二字，但它实际上主要用于解决分类问题，而非传统意义上的回归问题。逻辑回归通过使用逻辑函数（通常是 Sigmoid 函数），将线性回归的结果映射到（0，1）区间内，从而输出一个概率值，表示某个事件发生的可能性。

（1）线性回归函数：线性回归的基本思想是找到一个最佳的直线（或超平面），以最合理的方式表达自变量和因变量之间的关系。在线性回归中，模型的输出是自变量的线性组合，即 $h(x)=\beta_0+\beta_1 x$，其中 β_0 是截距，β_1 是斜率。

（2）逻辑函数：逻辑回归利用逻辑函数（Sigmoid 函数）将线性回归的输出映射到（0，1）区间。Sigmoid 函数的表达式为 $g(z)=\frac{1}{1+e^{-z}}$，其中 z 是线性组合的输出。这样，无论 z 的值是多少，Sigmoid 函数的输出都会落在 0 到 1 之间，这可以解释为概率。

（3）参数求解：在逻辑回归中，通常使用极大似然估计来求解模型参数。极大似然估计的目标是找到一组参数，使得观测数据出现的概率（似然函数）最大。通过对数变换简化计算，并采用梯度下降法等优化算法来求解使对数似然函数最大化的参数。

（4）损失函数：在逻辑回归中，常用的损失函数是对数损失函数，它是通过极大似然估计导出的。对数损失函数衡量的是预测概率与实际标签之间的差异。通过最小化损失函数，可以找到最优的模型参数。

2．任务

使用逻辑回归算法建立员工流失模型，找出自变量与因变量的关系。

3．代码实现

```
 # 导入 Python 库
import pandas as pd
from imblearn.over_sampling import SMOTE
from sklearn.model_selection import train_test_split
import numpy as np
from sklearn.linear_model import LogisticRegression
from sklearn.metrics import classification_report
import joblib
# 读取数据
df = pd.read_excel('员工流失预测/数据来源/员工流失数据.xlsx')
print(df.head())
df = df.drop_duplicates()
print(df.head())
df.to_excel('员工流失预测/数据结果/删除重复值.xlsx', index = False,
encoding = 'utf-8-sig')
df = pd.read_excel('员工流失预测/数据结果/删除重复值.xlsx')
print(df.head())
df = df.dropna()
print(df.head())
df.to_excel('员工流失预测/数据结果/数据清洗结果.xlsx', index = False,
encoding = 'utf-8-sig')
df = pd.read_excel('员工流失预测/数据结果/数据清洗结果.xlsx')
print(df.head())
df['薪资'] = pd.Categorical(df['薪资'])
print(df['薪资'])
df['薪资'] = df['薪资'].cat.codes
print(df['薪资'].head())
df['部门'] = pd.Categorical(df['部门'])
df['部门'] = df['部门'].cat.codes
df.to_excel('员工流失预测/数据结果/数据标准化结果.xlsx', index = False,
```

```
encoding = 'utf-8-sig')
    df = pd.read_excel('员工流失预测/数据结果/数据标准化结果.xlsx')
    print(df.head())
    X = df.loc[:, df.columns != '是否离职']
    y = df.loc[:, df.columns == '是否离职']
    train_x, test_x, train_y, test_y = train_test_split(X, y, test_size=0.2,
random_state = 123)
    overstamp = SMOTE(random_state=123)
    SMOTE_train_x, SMOTE_train_y = overstamp.fit_resample(train_x, train_y)
    print(SMOTE_train_y.value_counts())
    df_train = pd.concat([SMOTE_train_x, SMOTE_train_y], axis = 1)
    print(df_train.head())
    df_test = pd.concat([test_x, test_y], axis = 1)
    print(df_test.head())
    df_train.to_excel('员工流失预测/数据结果/训练集数据.xlsx', index = False,
encoding = 'utf-8-sig')
    df_test.to_excel('员工流失预测/数据结果/测试集数据.xlsx', index = False,
encoding = 'utf-8-sig')
    df_train = pd.read_excel('员工流失预测/数据结果/训练集数据.xlsx')
    df_test = pd.read_excel('员工流失预测/数据结果/测试集数据.xlsx')
    print(df_train.head())
    print('************************************************************')
print(df_test.head())
    # 读取训练集、测试集数据
    train_x = df_train.loc[:, df_train.columns != '是否离职']
    column_names = train_x.columns.tolist()
    train_y = df_train.loc[:, df_train.columns == '是否离职']
    test_x = df_test.loc[:, df_test.columns != '是否离职']
    test_y = df_test.loc[:, df_test.columns == '是否离职']
    print(train_x.head())
    print(train_y.head())
    # 建立模型
    model = LogisticRegression(solver = 'liblinear')
    model.fit(train_x, train_y)
    # 模型评估
    pred_y = model.predict(test_x)
    print('分类指标的文本报告:')
    print(classification_report(test_y, pred_y))
    # 保存权重
    df_weight = pd.DataFrame(model.coef_).T
    df_weight.columns = ['权重']
    df_weight['变量名'] = column_names
    df_weight.to_csv('员工流失预测/数据结果/属性权重.csv', index = False,
encoding = 'utf-8-sig')print(df_weight)
    # 保存模型
    joblib.dump(model,'员工流失预测/数据结果/员工离职模型.pkl')
```

4．结果

模型建立之后，能够查看各个特征对模型的重要性。绝对值越大对模型越重要。发现员工满意度、最新绩效考核、参与项目数、平均每月工作时长、工作年限、是否发生过工作差错、五年内是否升职、部门、薪资对员工离职的影响较大，见表 11.1。

表 11.1　变量名和权重对应表

特征	权重
员工满意度	−0.482849816
最新绩效考核	1.773186911
参与项目数	−0.611019236
平均每月工作时长	0.006205789
工作年限	0.61199752
是否发生过工作差错	−2.954433581
五年内是否升职	−3.424378686
部门	−0.003835016
薪资	−0.386769091

5．逻辑回归的优点

（1）实现简单，易于理解。逻辑回归的数学模型相对简单，容易理解和实现。

（2）输出概率值。逻辑回归可以输出样本属于某个类别的概率，这对于一些需要概率值作为输入的任务非常有用。

（3）计算代价较低。逻辑回归的训练和预测速度相对较快，适合处理大规模数据集。

（4）不需要线性特征。逻辑回归可以使用非线性特征，只要这些特征可以通过逻辑函数进行转换。

6．逻辑回归的缺点

（1）不能处理多分类问题。逻辑回归主要用于二分类问题，对于多分类问题需要使用其他方法，如 Softmax 回归。

（2）对异常值敏感。逻辑回归对异常值比较敏感，异常值可能会影响模型的性能。

（3）需要特征工程。逻辑回归的性能依赖于特征的选择和处理，可能需要进行特征工程来提高模型性能。

7．逻辑回归算法的应用

逻辑回归算法主要应用于分类问题，尤其在二元分类问题上表现突出。在金融领域，逻辑回归用于评估客户的信用风险，预测客户是否可能出现违约情况。医学领域中，逻辑回归能够帮助医生根据患者的临床数据来预测疾病发生的概率，例如预测患者是否有糖尿病或冠心病等。在电商平台中，逻辑回归可以根据用户的购买历史和浏览行为来预测用户是否会购买某种商品。在市场营销中，逻辑回归被用来预测客户是否会购买产品或者中止订购，帮助制定营销策略。此外逻辑回归能够有效地区分垃圾邮件和非垃圾邮件，提高电子邮件服务的安全性和用户体验。

11.2.3　朴素贝叶斯

1．算法原理

朴素贝叶斯算法是基于贝叶斯定理与特征条件独立假设的分类方法。最广泛的两种分类模型是决策树模型 (Decision Tree Model) 和朴素贝叶斯模型 (NaiveBayesian Model, NBM)。朴素贝叶斯分类 (Naive Bayes Classifier, NBC) 模型发源于古典数学理论，与决策树模型相比，有着更为坚实的数学基础以及稳定的分类效率。同时，NBC模型所需估计的参数也很少，对缺失数据不太敏感，算法也比较简单。

按照贝叶斯公式，在事件条件下发生事件的条件概率：

$$P(A/B)=\frac{P(A\cap B)}{P(B)}=\frac{P(B/A)\times P(A)}{P(B)}$$

上述公式中在应用中一般有具体含义：先验概率 *P*（*A*），证据 *P*（*B*），条件概率 *P*（*B/A*），后验概率 *P*（*A/B*）。把 *A* 作为响应变量，把 *B* 作为特征变量，即有：

$$P(A/B)=\frac{P(B/A)\times P(A)}{P(B)}$$

进一步地，假设 *A* 可以分为 *m* 类，*B* 拓展成为一个特征变量集，共有 *d* 个特征变量，即有：

$$A=\{a_1,a_2,\cdots a_m\}$$

$$B=\{b_1,b_{\ 2},\cdots b_d\}$$

朴素贝叶斯方法假设给定目标值时特征变量之间相互条件独立，即：

$$P(B/A)=\prod_{i=1}^{d}p(b_i\setminus A)$$

则后验概率为：

$$P(A/B)=\frac{P(B\setminus A)\times P(A)}{P(B)}=\frac{\prod_{i=1}^{d}P(b_i\setminus a_i)\times P(A)}{P(B)}$$

当“特征变量相互独立”的假设条件能够被有效满足时，基于上式，某样本属类别的朴素贝叶斯计算公式为：

$$P(a_i\setminus b_1,b_2,\cdots,b_a)=\frac{\prod_{i=1}^{d}P(b_i\setminus a_i)\times P(a_i)}{\prod_{i=1}^{d}P(b_i)}$$

当“特征变量相互独立”的假设条件能够被满足时，朴素贝叶斯算法具有算法比较简单、分类效率稳定、所需估计参数少、对缺失数据不敏感等优势。

2. 代码实现

```
import numpy as np
class NaiveBayes:
def __init__(self):
self.model = None
#计算先验概率和条件概率
def fit(self, X, y):
n_samples, n_features = X.shape
 self.classes = np.unique(y)
n_classes = len(self.classes)
 #计算每个类别的先验概率
self.prior = np.zeros(n_classes)
for c in self.classes:
self.prior[c] = np.sum(y == c) / n_samples
#计算每个特征在每个类别下的条件概率
self.conditional = np.zeros((n_classes, n_features))
for c in self.classes:
X_c = X[y == c]
for feature_idx in range(n_features):
        unique_values, counts = np.unique(X_c[:, feature_idx], return_
```

```
counts = True)
        self.conditional[c, feature_idx] = dict(zip(unique_
values, counts / np.sum(counts)))
    # 预测新样本的类别
    def predict(self, X):
        n_samples, n_features = X.shape
    y_pred = np.zeros(n_samples)
    for i in range(n_samples):
    posteriors = np.zeros(len(self.classes))
    for c in self.classes:
    prior = np.log(self.prior[c])
    conditional = 0
    for feature_idx in range(n_features):
    if X[i, feature_idx] in self.conditional[c, feature_idx]:
    conditional += np.log(self.conditional[c, feature_idx][X[i, feature_
idx]])
    else:
    conditional += 0
    posteriors[c] = prior + conditional
    y_pred[i] = np.argmax(posteriors)
    return y_pred
```

3. 朴素贝叶斯算法的优点

（1）稳定的分类效率。朴素贝叶斯模型源于古典数学理论，具备坚实的数学基础和稳定的分类效率。

（2）小规模数据处理能力强。对于数据量较小的情况，朴素贝叶斯依然能够取得较好的分类效果，这得益于其基于概率模型的分类方式。

（3）增量式训练适用性。当数据量超出内存时，朴素贝叶斯可以通过分批处理实现增量式训练，适用于大规模数据处理场景。

（4）缺失数据不敏感。朴素贝叶斯对缺失数据不太敏感，算法简单易实现，常用于文本分类等任务。

（5）高维数据处理优势。即使在特征空间维度远大于样本量的情况下，朴素贝叶斯仍然能够有效地进行分类。

4. 朴素贝叶斯算法的缺点

（1）属性独立性假设影响。朴素贝叶斯假设各个属性之间相互独立，但在实际应用中这一假设往往不成立，特别是在属性个数较多或属性间相关性较大时，分类效果会受到影响。

（2）先验概率依赖性。需要知道先验概率，而这些概率往往依赖于假设。不同假设下的先验模型可能导致不同的预测结果。

（3）输入数据敏感性。朴素贝叶斯对输入数据的表达形式很敏感，数据的微小变化可能影响分类决策。

（4）存在分类错误率。由于是通过先验和数据来决定后验的概率从而决定分类，因此分类决策存在一定的错误率。

（5）适用范围限制。朴素贝叶斯主要适用于特征条件独立的情况，否则分类效果不佳。

5. 朴素贝叶斯算法的应用

朴素贝叶斯算法的应用范围非常广泛，尤其在文本分类、垃圾邮件过滤、情感分析等领域表现突出。朴素贝叶斯在文本分类中的应用尤为广泛，如新闻分类、网页主题分类等任务。通过分析文本中的词汇频率及其分布，朴素贝叶斯可以高效地对大量文本数据进行自动分类。垃圾邮件过滤是朴素贝叶斯另一个广泛应用的领域。通过学习大量的邮件内容，算法能够识别出哪些邮件是垃圾邮件。这种技术已经被广泛应用于个人邮箱服务和企业内部邮件系统中。在社交媒体文本中判断用户的情感倾向也是朴素贝叶斯的一个重要应用方向。这有助于企业了解消费者对其产品或服务的感受，从而作出相应的市场策略调整。朴素贝叶斯还被应用于医疗领域，帮助医生分析病人的症状和检测指标，辅助进行疾病诊断。例如，根据病人描述的症状，算法可以提供可能的疾病类型，辅助医生快速做出诊断决策。在一些情况下，朴素贝叶斯也被用于构建推荐系统的基础模型，尤其是在处理用户偏好的文本数据时，比如推荐相关新闻、文章等。

11.2.4 决策树

1. 算法原理

在现实生活中，我们会遇到各种选择。不论是选择工作，还是挑选水果，都是基于以往的经验来做判断。如果把判断背后的逻辑整理成一个结构图，你会发现它实际上是一个树状图，这就是我们要讲的决策树。

决策树学习算法包含特征选择、决策树的生成与决策树的剪枝过程。决策树的生成从根节点开始，将所有训练数据都放在根节点。选择一个最优特征，按照这一特征将训练数据集分割成子集。如果这些子集已经能够被基本正确分类，那么构建叶节点，并将这些子集分到所对应的叶节点中去。如果还有子集不能被基本正确分类，那么就对这些子集选择新的最优特征，继续对其进行分割，构建相应的节点。直至所有训练数据子集被基本正确分类，或者没有合适的特征为止。这就生成了一棵决策树。最后对决策树进行剪枝。

决策树基本上就是把我们以前的经验总结出来。比如我们要出门打篮球，一般会根据天气、温度、湿度、风力这几个条件来判断，如图 11.1 所示，最后得到结果：去打篮球(或者不去)。

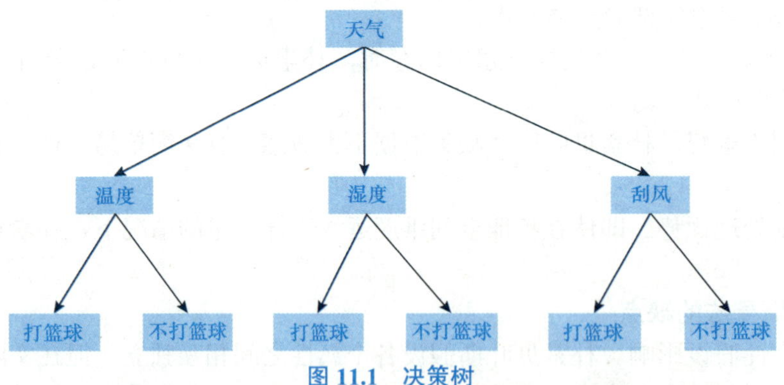

图 11.1　决策树

2. 任务：寻找树的最大深度

限制树的最大深度，超过限定深度的树枝全部剪掉。这是用得最广泛的剪枝参数，在高维度低样本量时非常有效。决策树多生长一层，对样本量的需求会增加一倍，所以限制树深度能够有效地限制过拟合。在集成算法中也非常实用。

3. 代码实现

```
# 导入 Python 库
import pandas as pd
from imblearn.over_sampling import SMOTE
from sklearn.model_selection import train_test_split
import numpy as np
```

```
from sklearn.tree import DecisionTreeClassifier
from matplotlib import pyplot as plt  # matplotlib: 数据可视化库
import matplotlib as mpl
plt.rcParams['font.sans-serif'] = ['simhei']  # 中文显示
mpl.rcParams['axes.unicode_minus'] = False  # 负号显示
# 读取数据
df = pd.read_csv('信用卡欺诈检测/数据来源/信用卡数据.csv')
print(df.head())
df = df.drop_duplicates()
print(df.head())
df.to_csv('信用卡欺诈检测/数据结果/删除重复数据.csv', index = False, encoding = 'utf-8-sig')
df = pd.read_csv('信用卡欺诈检测/数据结果/删除重复数据.csv')
print(df.head())
df = df.dropna()
print(df.head())
df.to_csv('信用卡欺诈检测/数据结果/数据清洗结果.csv', index = False, encoding = 'utf-8-sig')
df = pd.read_csv('信用卡欺诈检测/数据结果/数据清洗结果.csv')
print(df.head())
X = df.loc[:, df.columns != '交易是否具有欺诈性']
y = df.loc[:, df.columns == '交易是否具有欺诈性']
train_x, test_x, train_y, test_y = train_test_split(X, y, test_size = 0.25, random_state = 123)
overstamp = SMOTE(random_state = 123)
SMOTE_train_x, SMOTE_train_y = overstamp.fit_resample(train_x, train_y)
print(SMOTE_train_y.value_counts())
df_train = pd.concat([SMOTE_train_x, SMOTE_train_y], axis = 1)
print(df_train.head())
df_test = pd.concat([test_x, test_y], axis = 1)
print(df_test.head())
df_train.to_csv('信用卡欺诈检测/数据结果/训练集数据.csv', index = False, encoding = 'utf-8-sig')
df_test.to_csv('信用卡欺诈检测/数据结果/测试集数据.
csv', index = False, encoding = 'utf-8-sig')
df_train = pd.read_csv('信用卡欺诈检测/数据结果/训练集数据.csv')
df_test = pd.read_csv('信用卡欺诈检测/数据结果/测试集数据.csv')
print(df_train.head())
print('***************************************************
*************')
print(df_test.head())
# 拆分自变量和因变量
train_x = df_train.loc[:, df_train.columns != '交易是否具有欺诈性']
train_y = df_train.loc[:, df_train.columns == '交易是否具有欺诈性']
test_x = df_test.loc[:, df_test.columns != '交易是否具有欺诈性']
test_y = df_test.loc[:, df_test.columns == '交易是否具有欺诈性']
print(train_x.head())
```

```
print(train_y.head())
# 寻找树的最大深度
depth_range = np.arange(1, 11)
true_score_list = []
test_score_list = []
for d in depth_range:
    clf = DecisionTreeClassifier(max_depth = d).fit(train_x, train_y)
    true_score = clf.score(train_x, train_y)
    true_score_list.append(true_score)
    test_score = clf.score(test_x, test_y)
    test_score_list.append(test_score)
# 可视化准确度
plt.figure(figsize = (6, 4), dpi = 120)
plt.plot(depth_range, test_score_list, label = '测试集准确度')
plt.plot(depth_range, true_score_list, label = '训练集准确度')
plt.grid()
plt.xlabel('树的深度')
plt.ylabel('准确度')
plt.legend()
plt.show()
# 保存结果
te_best_index = int(np.argmax(test_score_list))
tree_dep = te_best_index + 1
data = {
    '树的最大深度':[tree_dep]
}
pd_data = pd.DataFrame(data)
pd_data.to_csv('信用卡欺诈检测/数据结果/树的最大深度.csv', index = False,
encoding = 'utf-8-sig')
print(pd_data)
```

4. 结果

程序代码执行结果可知决策树的最大深度是 8，如图 11.2 所示。

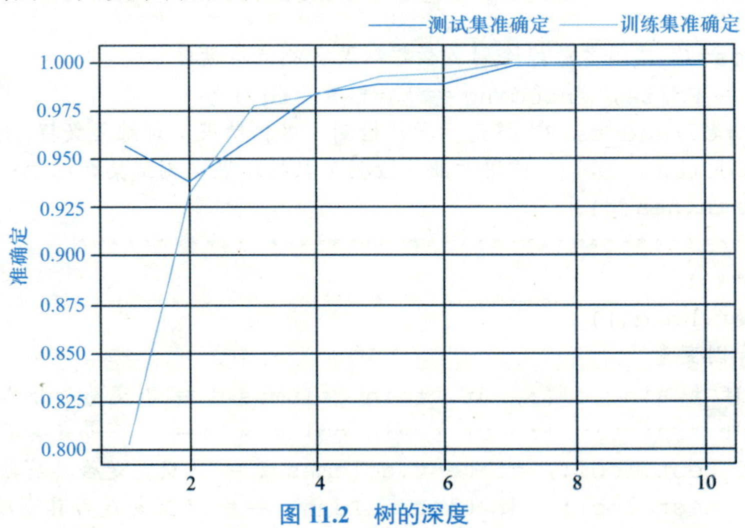

图 11.2　树的深度

5．决策树分类算法的优点

（1）易于理解和解释。决策树的结构直观，可以很容易地通过可视化方式展示给非技术人员，便于理解和解释分类规则。

（2）数据预处理较少。与其他算法相比，决策树不需要复杂的数据预处理步骤，如标准化或归一化。它可以处理缺失值和离群值。

（3）能够处理多种数据类型。决策树可以处理数值型和类别型特征，而无须将它们分开处理。

（4）能够学习非线性关系。决策树可以捕捉特征之间的非线性关系，这对于很多复杂问题是非常重要的。

（5）多输出分类。决策树可以自然地扩展到多类分类问题，而不需要额外的策略或算法调整。

6．决策树分类算法的缺点

（1）容易过拟合。决策树往往会对训练数据过度拟合，这是因为树可能会变得非常深，非常复杂，从而捕捉到训练数据中的噪声。

（2）不稳定性。数据的微小变化可能会导致生成完全不同的树，这称为“不稳定”现象。

（3）偏差与方差的权衡。决策树通常具有较高的方差和较低的偏差，这意味着它们可能对训练数据中的错误非常敏感。

（4）局部最优问题。贪婪算法在每个节点上寻找最佳分类，可能导致局部最优而不是全局最优的决策树。

（5）连续属性的处理。虽然决策树可以处理连续属性，但它们在处理时通常会将连续变量离散化，这可能会导致信息损失。

7．决策树分类算法的应用

决策树分类算法因其简单、直观和易于理解的特性，在许多实际问题中都得到了广泛应用。在医疗领域，决策树能够帮助医生通过一系列的症状、体征和检测结果来判断病情。例如，通过分析患者的症状、病史等信息来决定是否需要进一步的检查或治疗。在金融领域，金融机构使用决策树来评估贷款申请人的信用风险，决定是否批准贷款以及贷款的利率。决策树可以帮助识别哪些因素对信贷风险影响最大，比如收入水平、负债率等。在市场营销中，企业利用决策树分析顾客数据，如购买历史、响应营销活动的情况等，以预测顾客的购买倾向并制定个性化的营销策略。在语音识别、图像识别等领域，决策树能够根据输入的特征向量判断所属类别，从而辨识出语言或图像中的模式。此外，决策树算法还可以应用于游戏策略的选择，例如象棋或围棋中走法的预测等场景。

11.3　回归预测

11.3.1　回归分析的性能评估

（1）拟合优度：回归分析的性能评估首先关注的是模型对数据的拟合程度，即模型能够解释数据中多少变异性。这通常通过 R 平方（R^2）来衡量，它是衡量观察值与拟合回归线之间接近程度的指标。

（2）预测准确性：除了拟合优度外，回归分析的性能评估还关注模型的预测能力，即模型对新数据的预测准确度。这通常通过计算预测值与实际值之间的差异来评估，例如均方误差（MSE）就是实际值与预测值的差值的平方的平均值。

常见的回归模型性能评估指标有 R 平方（R^2）、均方误差（MSE）、均方根误差（RMSE）、平均绝对误差（MAE）、平均绝对百分比误差（MAPE）、校正决定系数（Adjusted R-square）、误差平方和（SSE）等。在实际应用中，通常会结合多个指标来评估模型的性能，以获得更全面的了解。例如，R^2 可以告诉我们模型解释了多大比例的变异性，而 MSE、RMSE、MAE 和 MAPE 等则可以告诉我们模型的预测误差有多大。使用这些指标时，应该根据具体问题和数据的特性来选择合适的指标。这里主要以 R^2、调整后的 R^2 和 P 值作为评判标准。

11.3.2 线性回归

1. 定义

线性回归用于描述自变量（输入变量）与因变量（输出变量）之间的线性关系。它的目标是通过拟合一条最佳拟合直线来预测或解释因变量的取值。线性回归算法的数学模型为：

$$y=a+\beta_1x_1+\beta_2x_2+\cdots+\beta_nx_n+\varepsilon$$

矩阵形式为：$y=a+X\beta+\varepsilon$，

其中，$y=\begin{bmatrix} y_1 \\ y_2 \\ \vdots \\ y_n \end{bmatrix}$ 为因变量，$a=\begin{bmatrix} a_1 \\ a_1 \\ \vdots \\ a_n \end{bmatrix}$ 为常数项，$\beta=\begin{bmatrix} \beta_1 \\ \beta_2 \\ \vdots \\ \beta_n \end{bmatrix}$ 为待估计参数，$\begin{bmatrix} x_{\square} & \cdots x_{k} \\ x_{\square} & \ldots x_{k} \\ x_{\square} & \ldots x \end{bmatrix}$ 为自变量，$\varepsilon=\begin{bmatrix} \varepsilon_1 \\ \varepsilon_2 \\ \\ \varepsilon_n \end{bmatrix}$ 为误差项。

对于线性模型，假定特征之间无多重共线性、误差项（i=1，2，…，n）之间相互独立且均服从同一正态分布 N（0，σ^2）、误差项满足与特征之间的严格外生性，那么响应变量的变化可以由 $a+X\beta$ 组成的线性部分和随机误差项 ε_i 两部分解释，一般采用最小二乘估计法来估计相关的参数，基本原理是使残差平方和最小，即：

$$\min\sum_{i=1}^{n}e_i^2=\sum_{i=1}^{n}(y-\hat{a}-\hat{\beta}X)$$

总结起来，线性回归模型是一种用于建立因变量与自变量之间线性关系的统计学习方法。它通过最小化残差平方和来拟合数据，并利用最小二乘法估计回归系数。这一模型提供了一种简单而强大的方式来描述和预测数据中的变化和关系。

2. 任务：利用线性回归算法建立模型

自变量：国内市场铁精粉价格、下游钢材产量、下游钢材价格

因变量：公司铁精粉销售价格

3. 代码实现

```
# 导入 Python 库
import pandas as pd
from sklearn.model_selection import train_test_split
from sklearn import metrics
from sklearn.linear_model import LinearRegression
import joblib
import numpy as np
import matplotlib.pyplot as plt
plt.rcParams['font.sans-serif'] = ['SimHei']
plt.rcParams['axes.unicode_minus'] = False
# 读取数据
df = pd.read_excel('产品价格预测/数据来源/铁精粉价格数据.xlsx')
```

```
    print(df.head())
    print(df.shape)
    df = df.drop_duplicates()
    print(df.shape)
    df.to_excel('产品价格预测/数据结果/删除重复值.xlsx', index = False,
encoding = 'utf-8-sig')
    df = pd.read_excel('产品价格预测/数据结果/删除重复值.xlsx')
    print(df.head())
    df = df.fillna(method = 'ffill')
    df = df.fillna(method = 'bfill')
    print(df.head())
    df.to_excel('产品价格预测/数据结果/数据清洗结果.xlsx', index = False,
encoding = 'utf-8-sig')
    df = pd.read_excel('产品价格预测/数据结果/数据清洗结果.xlsx')
    print(df.head(n = 1))
    # 数据集拆分
    X = df.drop(columns=['日期', '公司铁精粉销售价格'])
    column_name = X.columns
    y = df['公司铁精粉销售价格']
    X_train, X_test, y_train, y_test = train_test_split(X, y, train_size =
0.8, test_size = 0.2, random_state = 123)
    # 建立模型
    lr = LinearRegression()
    # 训练模型
    lr.fit(X_train, y_train)
    # 模型评估
    y_pred = lr.predict(X_test)
    mse_value = metrics.mean_squared_error(y_test, y_pred)
    print('均方误差 MSE:', mse_value)
    r2_score_value = metrics.r2_score(y_test, y_pred)
    print('决定系数 R2:', r2_score_value)
    # 可视化
    plt.figure(figsize = (16,9), dpi = 80)
    x_index = range(1, len(y_test) + 1)
    plt.plot(x_index, y_test,linestyle = '-', marker = 's', color
= 'orangered', label = "真实值", linewidth = 2)  # s-: 方形
    plt.plot(x_index, y_pred, linestyle = '-', marker = 'o', color
= 'dodgerblue', label = "预测值", linewidth = 2)  # o-: 圆形
    plt.ylabel("价格", fontsize = 16)
    plt.legend(loc = "best")
    plt.xticks([])
    plt.savefig('产品价格预测/数据结果/模拟值与测试值的关系.png')
    plt.show()
    # 保存模型
    joblib.dump(lr,'产品价格预测/数据结果/价格预测模型.pkl')
    # 保存回归系数
```

```
    df_weight   = pd.DataFrame({'特 征': column_name, 'importance':
np.round(lr.coef_, 3)})
    print(df_weight)
    df_weight.to_excel('产品价格预测/数据结果/回归系数.xlsx', index = False,
encoding = 'utf-8-sig')
```

4. 结果－数据分析

结果－数据分析如图 11.3 所示。

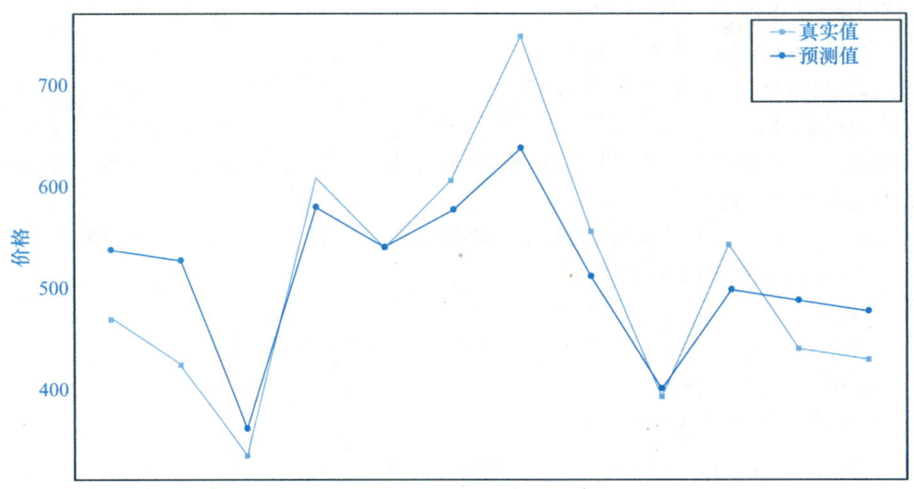

图 11.3 结果－数据分析图

均方误差 MSE：3216.1760422903717

决定系数 R^2：0.7306186847644323

	特征	importance
0	国内市场铁精粉价格	0.495
1	下游钢材产量	-0.005
2	下游钢材价格	0.042

5. 线性回归算法的优缺点

优点：

（1）思想简单，实现容易，建模迅速，对于小数据量、简单的关系很有效。

（2）是许多强大的非线性模型的基础。

（3）线性回归模型十分容易理解，结果具有很好的可解释性，有利于决策分析。

缺点：

（1）对于非线性数据或者数据特征间具有相关性多项式回归难以建模。

（2）难以很好地表述高度复杂的数据。

6. 线性回归算法的应用

线性回归算法是一种广泛应用于各个领域的统计方法，主要用于建立自变量和因变量之间的线性关系模型，以进行预测或解释变量之间的关系。在经济领域，线性回归被用来预测股票价格、市场趋势、消费者支出等经济指标。通过分析历史数据，经济学家可以构建模型来预测未来的经济变化。在生物学研究中，线性回归可以帮助研究人员理解不同生物特征之间的关系，如基因表达水平与疾病发生的关系，或者环境因素对物种分布的影响。工程师使用线性回归来分析和预测工程问题，例如在建筑工程中预测材料的强度，或者在化学工程中预测反应的产物产量。在金融行业，线性回归模型可以用来评估信用卡用户的信用风险，通过分析用户的收入、年龄、学历等特征来预测其信用评分。在医学领域，线性回归模型可以帮助研究者分析药物剂量与治疗效果之间的关系，或者探索不同健康指标与疾病风险的关联等。

11.3.3 等式回归

1. 定义

等式回归是一种回归分析方法，假设因变量与自变量之间的关系可以用一个特定的方程来表示，这个方程可以是线性的也可以是非线性的，由于上文已经详细分析了线性回归，本部分主要对非线性回归进行分析。

线性回归模型假设输入特征和输出变量之间存在线性关系，即输出变量可以用输入特征的线性组合来表示。然而，在现实问题中，输入特征和输出变量之间的关系往往是复杂且非线性的。这时，线性回归模型无法很好地拟合数据。非线性回归模型通过引入非线性函数，将输入特征的线性组合映射到输出变量，从而增加了模型的灵活性。常见的非线性函数有多项式函数、指数函数、对数函数、正弦函数等。

举个例子，我们可以使用多项式回归模型来解决非线性回归问题。假设输入特征为 x，输出变量为 y，我们可以使用多项式函数将 x 映射为 y 的幂次方，并将其与权重进行线性组合：

$$Y=\omega_0+\omega_1X+\omega_2X^2+\cdots+\omega_kX^k+\varepsilon$$

这里，k 表示多项式的幂，是模型的参数。在使用非线性回归模型时，通常需要确定非线性函数的形式以及参数的优化方法。可以使用最小二乘法等优化算法来估计模型的参数。

2. 代码实现

```
import numpy as np
import matplotlib.pyplot as plt
# 定义损失函数
def loss_function(x, y, theta):
m = len(y)
predictions = x.dot(theta)
cost = (1/2*m) * np.sum(np.square(predictions-y))
return cost
# 定义梯度下降函数
def gradient_descent(x, y, theta, learning_rate = 0.01, iterations = 
1000):
m = len(y)
cost_history = np.zeros(iterations)
theta_history = np.zeros((iterations, 2))
for it in range(iterations):
prediction = np.dot(x, theta)
theta = theta - (1/m) * learning_rate * (x.T.dot((prediction - y)))
theta_history[it, :] = theta.T
cost_history[it] = loss_function(x, y, theta)
return theta, cost_history, theta_history
# 生成模拟数据
np.random.seed(0)
x = 2 - 3 * np.random.normal(0, 1, 20)
y = x - 2 * (x ** 2) + 0.5 * (x ** 3) + np.random.normal(-3, 3, 20)
# 将数据转换为矩阵形式
x = np.asarray(x)
```

```
    y = np.asarray(y)
    x = x[:, np.newaxis]
    y = y[:, np.newaxis]
    # 添加一列全为 1 的偏置项
    ones = np.ones((x.shape[0], 1))
    x = np.concatenate((ones, x), axis = 1)
    # 初始化参数
    theta = np.random.randn(2, 1)
    # 进行梯度下降
    theta, cost_history, theta_history = gradient_descent(x, y, theta, 0.01
, 1000)
    # 绘制损失函数收敛情况
    plt.plot(cost_history)
    plt.xlabel('Iteration')
    plt.ylabel('Cost')
    plt.title('Cost function over gradient descent iterations')
    plt.show()
```

3. 等式回归的优缺点

优点：

（1）能够更准确地描述和模拟复杂的非线性关系。

（2）可以处理多个变量之间的交互作用和非线性效应。

（3）可以通过模型的参数估计和预测提供对问题的深入理解和洞察。

（4）可以适应各种数据类型，包括连续和离散的变量。

缺点：

（1）相对于线性回归模型，非线性回归模型更加复杂，需要更多的计算资源和时间。

（2）对于复杂的非线性关系，模型的选择、参数估计和解释可能会变得更加困难。

（3）精确的非线性回归模型的选择和参数估计需要一定的专业知识和经验。

4. 等式回归的应用

在经济学领域，非线性回归可以用于模拟和预测经济变量之间的复杂关系。经济系统中的许多变量之间存在非线性关系，包括供求关系、投资回报率等。通过收集相关数据，建立非线性回归模型来描述这些关系，可以帮助经济学家理解和预测经济现象。

在工程和物理领域，非线性回归可被用于建模和预测复杂的物理过程和系统。这些过程和系统往往受到多种因素的影响，存在非线性关系，如材料的强度与温度的关系、电路元件的电流——电压特性等。通过采集相关数据，建立非线性回归模型可以提供对这些复杂关系的定量描述和预测。

在生态学和环境科学领域，非线性回归可以用于模拟和预测生态系统的动态变化。生态系统中的物种丰富度、种群数量等变量之间存在复杂的非线性关系，受到环境因素、种群互动等多种因素的影响。通过采集相关数据，建立非线性回归模型有助于科学家研究生态系统的稳定性、变化趋势等重要问题。

11.3.4 决策树回归

用于回归问题的决策树通常被称为回归树。回归树的主要思想和分类树类似，但它预测的是连续值，而不是离散的类别。

1. 算法原理

回归树算法的主要步骤是先进行特征选择，根据这个特征对数据集进行分割，将其划分为两个子集，以递归的方式重复上述操作，直到满足某个停止条件。在生成树的过程中和结束后对回归树进行适当的剪枝操作以提高其泛化性。最后用生成好的回归树模型进行预测。

（1）特征选择。回归树的特征选择通常基于最小化均方误差（MSE）或最小化平均绝对误差（MAE）。具体来说，我们需要对每一个特征，尝试所有可能的分割点，然后计算每个分割点的 MSE 或 MAE。通常选择能使 MSE 或 MAE 最小的特征和分割点。

例如，假设有一个特征 A，我们可以尝试将数据集 D 根据特征 A 的每个可能取值划分为两部分，然后计算每个划分的 MSE。

对于每个分割点 t，计算分割后的 MSE 或 MAE。以 MSE 为例，公式如下：

$$MSE(D,A,T)=\frac{1}{|D_1|}\sum_{x\in D_1}(y-\bar{y}_1)^2+\frac{1}{|D_2|}\sum_{x\in D_2}(y-\bar{y}_2)^2$$

其中，D_1 和 D_2 是根据特征 A 的取值 t 划分的两个子集，和是两个子集的目标变量的均值。

这个公式的具体含义是：

计算子集 D_1 的目标变量的均值 $\bar{y}_1$ 和子集 D_2 的目标变量的均值 $\bar{y}_2$。

对于 D_1 中的每个数据点 X，计算其真实值 Y 与均值的差的平方，然后对这些差的平方求和，并除以 D_1 的大小。

对于 D_2 中的每个数据点 X，执行类似的计算。

将这两部分的 MSE 求和，得到当前分割点 t 下的总 MSE。

（2）分割数据。一旦我们确定了最佳的特征和分割点，我们就可以根据这个特征和分割点将数据集划分为两个子集。然后，在每个子集上，我们重复特征选择和分割的过程。

（3）停止条件。会继续在每个子节点上重复特征选择和分割的过程，直到满足某个停止条件。常见的停止条件有：所有样本的目标变量都相同；没有剩余的特征；增加分支不能显著减小 MSE 或 MAE。当满足停止条件时，将当前节点标记为叶节点。

（4）确定叶节点的值。在回归问题中，叶节点的值通常是所有样本的目标变量的均值或中位数。这个值就是我们对到达这个叶节点的样本的预测结果。

（5）剪枝。为了防止过拟合，通常需要对决策树进行剪枝。剪枝可以是预剪枝（在构建决策树的过程中进行）或后剪枝（在构建完决策树后进行）。剪枝的目标是找到一个平衡，使模型在训练数据上的表现良好，同时也能在未见过的数据上泛化。

（6）预测。最后，当我们得到一个新的样本时，可以使用决策树进行预测。从根节点开始，根据样本在每个节点的特征取值来决定走哪个分支，直到达到一个叶节点。叶节点的值就是我们对这个样本的预测结果。

2. 代码实现

```
import numpy as np
class DecisionTreeRegressor:
def __init__(self, max_depth = None, min_samples_leaf = 1):
self.max_depth = max_depth
self.min_samples_leaf = min_samples_leaf
self.tree = None
def _gini(self, y):
 _, counts = np.unique(y, return_counts = True)
probabilities = counts / len(y)
return 1 - np.sum(probabilities ** 2)
def _best_split(self, X, y):
best_gini = float('inf')
```

```
best_feature = None
best_threshold = None
for feature in range(X.shape[1]):
thresholds = np.unique(X[:, feature])
for threshold in thresholds:
left_mask = X[:, feature] <= threshold
right_mask = ~left_mask
gini = (len(y[left_mask]) * self._gini(y[left_mask]) +
len(y[right_mask]) * self._gini(y[right_mask])) / len(y)
if gini < best_gini:
best_gini = gini
best_feature = feature
best_threshold = threshold
return best_feature, best_threshold
def _build_tree(self, X, y, depth = 0):
if (self.max_depth is not None and depth >= self.max_
depth) or len(y) < self.min_samples_leaf:
return {'type': 'leaf', 'value': np.mean(y)}
feature, threshold = self._best_split(X, y)
if feature is None:
return {'type': 'leaf', 'value': np.mean(y)}
left_mask = X[:, feature] <= threshold
right_mask = ~left_mask
left_node = self._build_tree(X[left_mask], y[left_mask], depth + 1)
right_node = self._build_tree(X[right_mask], y[right_mask], depth + 1)
return {'type': 'node', 'feature': feature, 'threshold': threshold, 'lef
t': left_node, 'right': right_node}
def fit(self, X, y):
self.tree = self._build_tree(X, y)
def _predict(self, x, tree):
if tree['type'] == 'leaf':
return tree['value']
else:
if x[tree['feature']] <= tree['threshold']:
return self._predict(x, tree['left'])
else:
return self._predict(x, tree['right'])
def predict(self, X):
return np.array([self._predict(x, self.tree) for x in X])
```

3. 决策树回归的优缺点

优点：

（1）解释性强。决策树通过模拟一系列的 if-then 规则来解释复杂的非线性关系，其结构直观易懂，非专业人士也能理解其决策过程。

（2）处理非线性关系。决策树能够捕捉变量之间的非线性关系，并通过树结构的分支对数据进行细致的划分。

（3）处理混合数据类型。决策树可以同时处理离散型和连续型的特征，不需要对特征进行特殊的数据处理或变换。

（4）无须数据预处理。通常来说，决策树模型在应用前不需要对数据进行复杂的预处理工作，如标准化等。

缺点：

（1）容易过拟合。尤其是当决策树深度过大时，模型可能会对数据中的随机噪声或异常值过度敏感，导致模型过度拟合。

（2）对数据敏感。决策树对输入数据中的噪声和异常值较为敏感，这可能影响模型的稳定性和预测性能。

4. 决策树回归的应用

决策树回归算法的应用非常广泛，几乎在所有需要预测连续变量的领域都有其用武之地。在房地产市场中，决策树回归模型可以用来预测房屋的价格。通过分析影响房价的因素，如地理位置、房屋面积、建造年份等，模型能够为不同特征的房产给出价格预测。在金融领域，决策树回归算法可以用于预测股票的未来价格。通过分析历史价格数据以及可能影响股价的其他因素（如市场新闻、经济指标等），投资者可以利用模型来指导买卖决策。对于零售商和制造商来说，准确预测产品的销量对于库存管理和生产计划至关重要。决策树回归模型可以帮助他们通过分析市场需求、季节性变化、促销活动等因素的影响来预测销量。在能源行业中，决策树回归可以用来预测能源消耗量，这对于能源供应和需求管理具有重要意义。模型可以考虑天气条件、人口增长、工业活动等因素来进行预测。医疗机构可以利用决策树回归模型来预测患者的治疗成本。通过分析患者的病情、治疗方案、住院时间等信息，医院可以更好地进行成本控制和资源分配。

11.4 聚类分析

11.4.1 聚类分析的性能评估

常见的聚类分析评估指标有混淆矩阵、均一性、完整性、V-measure、杰卡德相似系数、皮尔逊相关系数、调整兰德指数、调整互信息、Davies-Boulding 指数、dunn 指数、闵可夫斯基距离、KL 散度、余弦相似度、轮廓系数、高斯相似度等。除了 Davies-Boulding 指数和 dunn 指数，其他指标都是需要标注信息的，像 Davies-Boulding 指数和 dunn 指数这种指标，往往存在明显的局限性，比如：对环状分布和样本效果很差。

聚类的性能评估指标有很多，这里我们着重介绍一种：轮廓系数。

轮廓系数的公式如下：

$$S(i)=\frac{b(i)-a(i)}{\max\{a(i),\ b(i)\}}$$

其中 a（i）代表样本点的内聚度，计算公式如下：$a(i)=1/2-1\sum_{n}\text{distance}(i,j)$，其中 j 代表与样本 i 在同一个类内的其他样本点，distance 代表了求 i 与 j 的距离。所以 a（i）越小说明该类越紧密。

b（i）的计算方式与 a（i）类似。只不过需要遍历其他类簇得到多个值 {$b1$（i），$b2$（i），$b3$（i），…，bm（i）}，从中选择最小的值作为最终的结果。所以原 S（i）

$$S(i)=\begin{cases}1-\dfrac{a(i)}{b(i)} & a(i)\langle b(i) \\ 0 & a(i)=b(i) \\ \dfrac{a(i)}{b(i)} & a(i)\rangle b(i)\end{cases}$$

由上式可以发现：

当 *a*（*i*）<*b*（*i*）时，即类内的距离小于类间距离，则聚类结果更紧凑。*S* 的值会趋近于 1。越趋近于 1 代表轮廓越明显。

相反，当 *a*（*i*）>*b*（*i*）时，类内的距离大于类间距离，说明聚类的结果很松散。*S* 的值会趋近于 -1，越趋近于 -1 则聚类的效果越差。

11.4.2 基于距离的聚类算法

1. 算法原理

K-means 是最常用的基于欧式距离的聚类算法，其思想很简单，根据样本之间的距离或者说是相似性(亲疏性)，把越相似、差异越小的样本聚成一类（簇），将样本集划分为 *K* 个簇。使同一个簇内部的样本相似度高，不同簇之间差异性高，如图 11.4 所示。

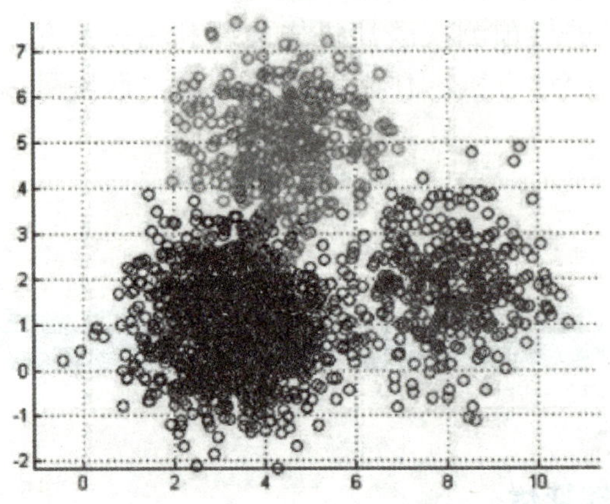

图 11.4 基于欧式距离的聚类算法

2. 任务

利用手肘法找到最佳的聚类个数。

3. 代码实现

```
# 导入 Python 库
import pandas as pd
from sklearn.preprocessing import StandardScaler
import numpy as np
import matplotlib.pyplot as plt
from sklearn.cluster import KMeans
import matplotlib as mpl
mpl.rcParams['font.sans-serif'] = ['simhei']
mpl.rcParams['axes.unicode_minus'] = False
# 读取数据
df = pd.read_csv('客户价值分析/数据来源/航空客户综合信息.csv')
```

```
print(df.head())
print(df.shape)
df = df.drop_duplicates(subset = ['入会时长','消费间隔','飞行次数','飞行里程','折扣系数平均值'])
print(df.shape)
df.to_csv('客户价值分析/数据结果/删除重复值.csv', index = False, encoding = 'utf-8-sig')
df = pd.read_csv('客户价值分析/数据结果/删除重复值.csv')
print(df.head())
print(df.shape)
df = df.dropna(subset=['入会时长','消费间隔','飞行次数','飞行里程','折扣系数平均值'])
print(df.shape)
df.to_csv('客户价值分析/数据结果/删除缺失值.csv', index=False, encoding = 'utf-8-sig')
df = pd.read_csv('客户价值分析/数据结果/删除缺失值.csv')
print(df.head())
data = df[['入会时长','消费间隔','飞行次数','飞行里程','折扣系数平均值']]
data_std = StandardScaler().fit_transform(data)
print('标准化后 LRFMC 五个属性为：\n',data_std[:5,:])
df[['入会时长标准化','消费间隔标准化','飞行次数标准化','飞行里程标准化','折扣系数平均值标准化']] = data_std
df.to_csv('客户价值分析/数据结果/数据标准化结果.csv', index=False, encoding = 'utf-8-sig')
df = pd.read_csv('客户价值分析/数据结果/数据标准化结果.csv')
print(df.head())
# 取出 LRFMC 数据
data = df[['入会时长标准化','消费间隔标准化','飞行次数标准化','飞行里程标准化','折扣系数平均值标准化']]
# 计算聚类误差
squares_sum = []for n_clusters in range(1, 9):
    kmeans = KMeans(n_clusters=n_clusters)
    kmeans.fit(data)
    squares_sum.append(kmeans.inertia_)
# 利用手肘法，找到最佳聚类个数
plt.figure(figsize = (10, 6))
plt.plot(range(1, len(squares_sum) + 1), squares_sum)
plt.grid(linestyle = ':')
plt.xlabel('聚类个数')
plt.ylabel('SSE')
plt.title('样本到其最近的聚类中心的距离的平方之和')
plt.show()
# 最佳聚类个数
best_k = input("请输入最佳聚类个数：")
best_k = int(best_k)
# 保存结果
df_k = pd.DataFrame({'聚类个数':best_k}, index = [0])
```

```
df_k.to_csv('客户价值分析/数据结果/最佳聚类个数.csv', index = False, encoding = 'utf-8-sig')
```

4. 聚类结果分析

聚类结果分析如图 11.5、图 11.6 和表 11.2 所示。

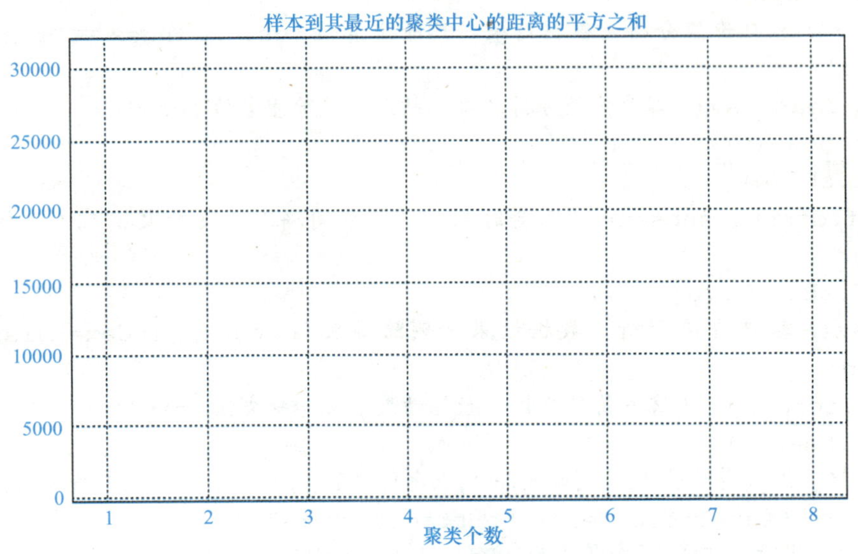

图 11.5 聚类个数结果图

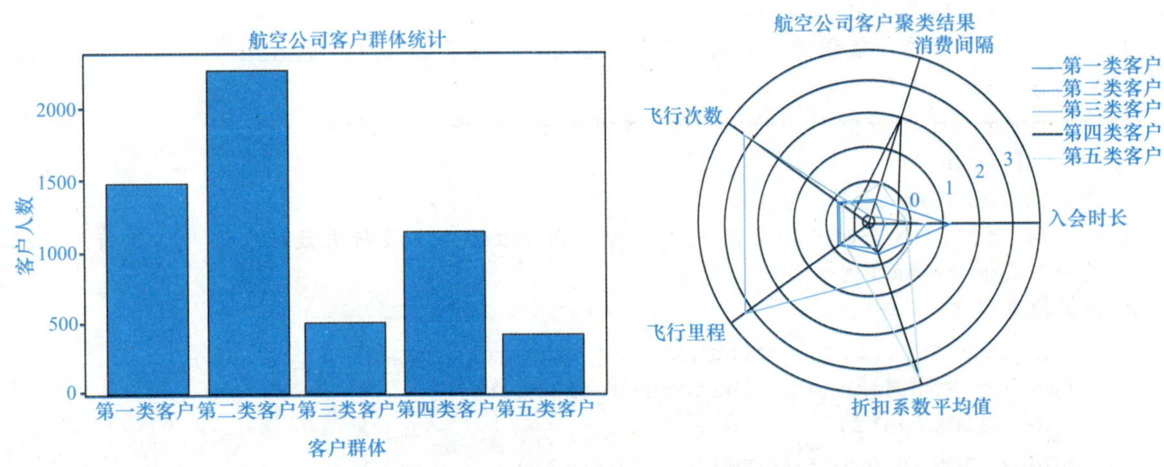

图 11.6 客户群体人数及对应聚类类别结果

表 11.2 聚类结果分析表

客户群体	优势	劣势	数量
第一类客户	入会时间长	飞行次数、飞行里程、折扣系数数据低	较多
第二类客户		折扣率较低，入会时长短	最多
第三类客户	飞行里程大，飞行次数较多，消费间隔小		较少
第四类客户		消费间隔大，飞行里程、飞行次数较小	较多
第五类客户	折扣系数高		最少

5．算法的优缺点

优点：

（1）容易理解，聚类效果不错，虽然是局部最优，但局部最优就够了。

（2）处理大数据集的时候，该算法可以保证较好的伸缩性。

（3）当簇近似高斯分布的时候，效果非常不错。

（4）算法复杂度低。

缺点：

（1）K 值需要人为设定，不同 K 值得到的结果不一样。

（2）对初始的簇中心敏感，不同选取方式会得到不同结果。

（3）对异常值敏感。

（4）样本只能归为一类，不适合多分类任务。

（5）不适合太离散的分类、样本类别不平衡的分类、非凸形状的分类。

6．K-means 算法的应用

K-means 算法是一种非常流行的聚类算法，因其简单、高效而被广泛应用于各个领域。K-means 算法常用于数据挖掘中的客户细分、社交网络分析以及市场细分等任务。在客户细分中，通过将客户基于购买行为或其他特征进行聚类，企业可以更好地理解其客户群体，从而提供更加个性化的服务或产品。K-means 算法也用于异常检测，如在网络入侵检测中，通过聚类正常和异常的网络流量，可以帮助识别潜在的安全威胁。在图像处理和语音识别等领域，K-means 算法可以用于特征提取，帮助识别不同的模式和对象。在金融领域，K-means 算法可以用于评估信用风险，通过对客户数据进行聚类分析，银行和金融机构能够预测贷款违约的可能性。在智能营销中，K-means 算法可以帮助企业根据消费者的购买历史和偏好进行分群，从而实现更精准的营销策略。K-means 算法在数据科学中也有广泛应用，例如在探索性数据分析中，它可以帮助发现数据集中的自然分组和趋势。

11.4.3　基于密度的聚类算法

DBSCAN 是一种基于密度的聚类算法，这类密度聚类算法一般假定类别可以通过样本分布的紧密程度决定。同一类别的样本，它们之间是紧密相连的，也就是说，在该类别任意样本周围不远处一定有同类别的样本存在。

通过将紧密相连的样本划为一类，这样就得到了一个聚类类别。通过将所有各组紧密相连的样本划为各个不同的类别，就得到了最终的所有聚类类别结果。

1．算法原理

DBSCAN 是基于一组邻域来描述样本集的紧密程度的，参数（∈∈，MinPts）用来描述邻域的样本分布紧密程度。其中，∈∈描述了某一样本的邻域距离阈值，MinPts 描述了某一样本的距离为∈∈的邻域中样本个数的阈值。其中 DBSCAN 算法的密度描述定义有 5 个，分别是：∈－邻域，核心对象，密度直达，密度可达，密度相连。DBSCAN 聚类算法的流程如下：

输入：样本集 *D*=（*x*1，*x*2，⋯，xm），邻域参数（∈∈，MinPts），样本距离度量方式为欧式距离。

输出：簇划分 C

（1）初始化核心对象集合 Ω=*φ* Ω=*φ*，初始化聚类簇数 k=0，初始化未访问样本集合 Γ = D, 簇划分 C =*φ*。

（2）对于 j=1，2，⋯，m，按下面的步骤找出所有的核心对象：（a）通过距离度量方式，找到样本 xjxj 的∈－邻域子样本集 N ∈（xj）N ∈（xj）]，（b）如果子样本集样本个数满足 |N ∈（xj）

|≥MinPts|，将样本 xj 加入核心对象样本集合：Ω=Ω ∪ {xj}。

（3）如果核心对象集合 Ω=φ，则算法结束，否则转入步骤 4。

（4）在核心对象集合 Ω 中，随机选择一个核心对象 o，初始化当前簇核心对象队列 Ωcur={o}，初始化类别序号 k=k+1，初始化当前簇样本集合 Ck={o}，更新未访问样本集合 Γ=Γ-{o}。

（5）如果当前簇核心对象队列 Ωcur=φ，则当前聚类簇 CkCk 生成完毕，更新簇划分 C={C1,C2,⋯,Ck}，更新核心对象集合 Ω=Ω － Ck，转入步骤 3。

（6）在当前簇核心对象队列 Ωcur 中取出一个核心对象 o′，通过邻域距离阈值∈找出所有的∈－邻域子样本集 N∈（o′），令 Δ=N∈（o′）∩ Γ，更新当前簇样本集合 Ck=Ck ∪ Δ，更新未访问样本集合 Γ=Γ － Δ，更新 Ωcur=Ωcur ∪（Δ ∩ Ω）－ o′，转入步骤 5。

输出结果为：簇划分 C={C1,C2,⋯,Ck}

2. 代码实现

```
import numpy as np
def euclidean_distance(x, y):
return np.sqrt(np.sum((x - y) ** 2))
def get_neighbors(data, point_idx, epsilon):
neighbors = []
for i in range(len(data)):
if euclidean_distance(data[point_idx], data[i]) < epsilon:
neighbors.append(i)
return neighbors
def dbscan(data, epsilon, min_samples):
labels = [0] * len(data)
cluster_id = 0
for point_idx in range(len(data)):
if labels[point_idx] != 0:
continue
neighbors = get_neighbors(data, point_idx, epsilon)
if len(neighbors) < min_samples:
labels[point_idx] = -1
else:
cluster_id += 1
labels[point_idx] = cluster_id
i = 0
while i < len(neighbors):
neighbor_idx = neighbors[i]
if labels[neighbor_idx] == -1:
labels[neighbor_idx] = cluster_id
elif labels[neighbor_idx] == 0:
labels[neighbor_idx] = cluster_id
new_neighbors = get_neighbors(data, neighbor_idx, epsilon)
if len(new_neighbors) >= min_samples:
neighbors += new_neighbors
i += 1
return labels
# 示例数据
```

```
data = np.array([[1, 2], [2, 2], [2, 3], [8, 7], [8, 8], [25, 80]])
epsilon = 3
min_samples = 2
# 调用 DBSCAN 算法进行聚类
labels = dbscan(data, epsilon, min_samples)
print("聚类结果：", labels)
```

3. DBSCAN 优缺点

DBSCAN 的主要优点有：

（1）可以对任意形状的稠密数据集进行聚类。相对地，K-Means 之类的聚类算法一般只适用于凸数据集。

（2）可以在聚类的同时发现异常点，对数据集中的异常点不敏感。

（3）聚类结果没有偏倚。相对地，K-Means 之类的聚类算法初始值对聚类结果有很大影响。

DBSCAN 的主要缺点有：

（1）如果样本集的密度不均匀、聚类间距差相差很大时，聚类质量较差，这时用 DBSCAN 聚类一般不适合。

（2）如果样本集较大时，聚类收敛时间较长。此时可以对搜索最近邻时建立的 KD 树或者球树进行规模限制来改进。

（3）调参相对于传统的 K-Means 之类的聚类算法稍复杂，主要需要对距离阈值∈∈，邻域样本数阈值 MinPts 联合调参。不同的参数组合对最后的聚类效果有较大影响。

4. DBSCAN 算法的应用

DBSCAN 算法是一种基于密度的聚类算法，它在数据挖掘、图像处理和模式识别等领域有着广泛的应用。DBSCAN 能够自动识别出数据集中的噪声点并忽略它们，这有助于提高聚类分析的准确度和可靠性。在数据挖掘中，这种能力尤其重要，因为它可以帮助发现数据中的真实结构和模式，而不受异常值的影响。

在图像处理领域，DBSCAN 算法可被用于图像分割和目标识别。它能够识别出图像中不同形状和大小的区域，这对于复杂场景下的图像分析和理解非常有用。

DBSCAN 算法在模式识别中也有应用，例如在手写字符识别或语音识别中，通过聚类分析可以帮助识别出不同的模式和对象。在商业领域，DBSCAN 可以帮助企业根据消费者的购买行为和偏好进行市场细分，从而更精准地定位产品和服务。在生物信息学中，DBSCAN 算法可以用于基因表达数据分析，帮助生物学家发现功能相似的基因集合或蛋白质分类。DBSCAN 算法也可用于异常检测，如在网络安全中，通过聚类正常和异常的网络流量，可以帮助识别潜在的安全威胁。

此外，DBSCAN 算法因其能够发现任意形状的聚类并且对噪声数据具有较好的鲁棒性，在处理带有噪声点的数据时显得尤为重要。同时，该算法的关键参数如邻域半径（Eps）和成为核心对象的最小点数（MinPts）的设置，对于聚类结果有着直接的影响，因此在实际应用中需要根据具体情况进行调整。

11.4.4　基于层数的聚类算法

1. 算法原理

层数聚类是无监督机器学习中聚类算法的一种。基于簇间的相似度在不同层数上分析数据，形成树状的聚类结构。有自底向上的聚合 (Agglomerative) 和自顶向下的分拆 (Divisive) 两种策略。自底向上的聚合策略最为常见。

聚合层数聚类算法，首先假设每个样本都是一个单独的簇，然后将相似度高的两个簇进行合并，建立一个新的簇。重复该过程，直到满足停止条件（只有一个簇为止）。

簇间相似度的计算方法：

最小距离：两个簇的最近样本决定，又称单链接算法。

最大距离：两个簇的最远样本决定，又称全链接算法。

平均距离：两个簇的所有样本对距离平均值决定，又称均链接算法。

中心距离：两个簇的中心间的距离决定。

最小方差 / 离差平方和（ward）：两个簇的所有样本对距离平方和的平均决定。

凝聚层数聚类是一种自底向上的聚类方法。所谓自底向上的方法是指每次找到距离最短的两个簇，然后合并成一个簇，直到全部合并为一个大的簇，而最常用的距离计算公式为欧氏距离计算公式。

整个过程就是建立一个树结构。在该例中，算法开始时将每个数据视为一个簇，此时簇集合为{(p1),(p2),(P3),(P4)}，紧接着算法找到距离最短的两个簇 {p2} 和 {p3} 进行合并，合并完成后的集合为 {{p1}，{p2，p3}，{p4}}，然后算法再次从簇集合中寻找距离最短的两个簇合并，此时距离最短的两个簇为 {p2，p3} 和 {p4}，这次合并后的簇集合为 {{p1}，{p2，p3，p4}}，最后算法将这两个簇合并后停止，如图 11.7 所示。

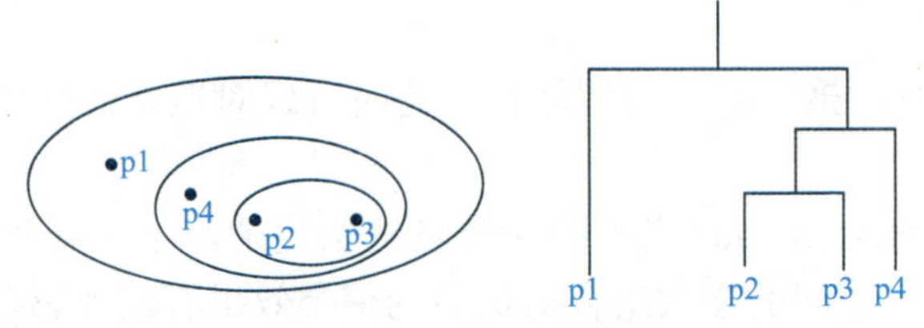

图 11.7　凝聚层次聚类

当采用欧氏距离计算公式时，可以通过将每个数据点独自作为一个类，那么它们的距离就是两个点之间的距离。对于包含不止一个数据点的簇，该怎么计算两个组合数据点的距离问题呢？这里有三种常见的方法，分别为单链接（Single Linkage)、全链接（Complete Linkage）和组平均（Average Linkage)。在开始计算距离之前，先介绍这三种方法以及各自的优缺点。

（1）单链接的计算方法是通过将两个组合数据点中距离最近的两个数据点间的距离作为这两个组合数据点的距离。但在使用过程中这种方法容易受到极端值的影响。两个很相似的组合数据点可能由于其中的某个极端的数据点距离较近而组合在一起。

（2）全链接的计算方法与单链接相反，是将两个组合数据点中距离最远的两个置据点间的距离作为这两个组合数据点的距离。全链接存在的问题与单链接相反，两个不相似的组合数据点可能由于其中的极端值距离较远而无法组合。

（3）组平均的计算方法是通过计算两个组合数据点中的每个数据点与其他所有数据点的距离，然后将计算出的所有距离的均值作为两个组合数据点间的距离，这种方法缺点是计算量比较大，但相较于前两种方法更加合理。

2. 代码实现

```
import numpy as np
def euclidean_distance(x, y):
return np.sqrt(np.sum((x - y) ** 2))
def agglomerative_clustering(data, k):
clusters = [[i] for i in range(len(data))]
distances = []
while len(clusters) > k:
min_distance = float('inf')
merge_indices = (0, 0)
```

```
for i in range(len(clusters)):
for j in range(i + 1, len(clusters)):
distance = 0
for x in clusters[i]:
for y in clusters[j]:
distance += euclidean_distance(data[x], data[y])
distance /= (len(clusters[i]) * len(clusters[j]))
if distance < min_distance:
min_distance = distance
merge_indices = (i, j)
distances.append(min_distance)
clusters[merge_indices[0]].extend(clusters[merge_indices[1]])
del clusters[merge_indices[1]]
return clusters, distances
data = np.array([[1, 2], [3, 4], [5, 6], [7, 8], [9, 10]])
k = 2
clusters, distances = agglomerative_clustering(data, k)
print("Clusters:", clusters)
print("Distances:", distances)
```

3. 层数聚类算法的优点和缺点

优点：

（1）算法简单，易于理解。

（2）不需要预先指定聚类个数，自动得到聚类层次结构。

（3）聚类结果可以通过树状图（Dendrogram）进行可视化。

（4）可以处理非凸数据集。

缺点：

（1）对于噪声和离群点比较敏感。

（2）较高的时间复杂度（n^3）和空间复杂度 (n^2)，不适合大数据集。

（3）算法很可能聚类成链状。

（4）由于聚类结果是层次结构，无法像 K-means 那样直接得到聚类中心。

4. 层数聚类算法的应用

层次聚类方法的应用十分广泛，几乎在所有需要发现数据内在层次结构和相似性关系的领域都有其用武之地。在商业领域，层次聚类可以帮助企业理解市场结构，通过将消费者按照购买行为或偏好进行分组，从而更好地定位产品和制定营销策略。在社交网络中，层次聚类可以用于分析社交网络中的用户行为，通过识别用户群体中的子社区或朋友圈，有助于理解网络的社交结构。在生物信息学中，层次聚类用于基因表达数据分析，帮助生物学家发现功能相似的基因集合或蛋白质分类。在地理信息系统（GIS）中，层次聚类可以帮助分析空间数据，如通过聚类地理坐标来识别区域模式或进行城市规划。在医学领域，层次聚类可以用于疾病分类和患者分型，通过分析患者的临床数据，可以发现疾病的潜在亚型或预测疾病的发展趋势。在图像处理中，层次聚类可以帮助对图像像素进行分组，从而实现图像分割和目标识别。在客户关系管理（CRM）中，层次聚类可以帮助企业将客户分为不同的群体，以便提供更加个性化的服务。在自然语言处理（NLP）中，层次聚类可以用于词汇的语义分析，通过聚类词语来发现它们之间的语义关系。在艺术领域，层次聚类可以用于艺术品的风格分析，通过对艺术作品的特征进行聚类，可以发现不同艺术家或时期的艺术风格。

11.5 主成分分析

11.5.1 主成分分析的目的

主成分分析（Principal Component Analysis，PCA）的主要目的是通过降维来简化数据集，同时尽量保留原始数据中的变异信息。主成分分析是一种常用的数据分析技术，它通过线性变换将原始数据转换为一组各维度线性无关的表示，可以提取出数据的主要特征分量。进行主成分分析主要是为了实现以下几个目的。

1. 数据降维

在处理高维数据时，直接分析和可视化这些数据是非常困难的。高维数据通常包含许多冗余信息和噪声，这会影响数据分析的效率和准确性。PCA 通过识别数据中的关键结构，将多个相关的变量合并成少数几个互相独立的主成分，从而减少数据维度。这样做不仅有助于去除噪声和冗余，还能简化后续的数据处理任务，如分类、回归或聚类。

2. 去噪和平滑数据

实际收集的数据，往往含有各种噪声，这些噪声可能来自测量误差、环境变化或其他未知因素。PCA 可以帮助区分数据中的信号和噪声，通过保留解释方差较大的主成分，去除那些解释方差较小且可能主要由噪声构成的主成分，从而实现去噪。同时，PCA 还可以平滑数据，使得数据特征更加稳定和可靠。

3. 数据可视化

在高维空间中，数据点的分布难以直接观察和理解。PCA 可以将高维数据映射到二维或三维空间，使得数据可以在平面图表上进行可视化。这种降维后的可视化有助于揭示数据的内在结构和关系，例如聚类趋势、异常点检测等，从而为进一步的数据分析提供直观的参考。

4. 特征提取和模式识别

PCA 可以作为一种特征提取工具，用于识别和提取数据中最有代表性的特征。在机器学习和模式识别领域，使用 PCA 提取的特征作为输入可以提高模型的性能。这是因为 PCA 提取的主成分能够捕捉数据的最重要变化，同时去除了不必要的信息。这样的特征通常更加稳健，有助于提高分类器或预测模型的准确性和泛化能力。

总结来说，主成分分析是一种强大的统计工具，它在数据预处理、降维、去噪、可视化和特征提取等方面发挥着重要作用。通过 PCA，我们可以更有效地从高维数据中提取有价值的信息，为后续的数据分析和建模工作打下坚实的基础。

11.5.2 主成分分析的评估方法

1. 算法原理

如果特征变量的数量非常多（如成百上千个特征变量），往往需要进行数据降维。降维的方法主要有选择特征和抽取特征两种。选择特征是从原有的特征中挑选出最佳的特征；抽取特征则是将数据由高维向低维投影，进行坐标的线性转换。PCA 即为典型的抽取特征的方法。它不仅是对高维数据进行降维，更重要的是经过降维去除噪声，发现数据中的模式。本节主要介绍 PCA 的基本原理，并通过简单案例讲解如何通过 Python 编程实现 PCA。

（1）二维空间降维。假设在二维坐标系中有一组数据，分别是 A（1，1）、B（2，2）、C（3，3），如图 11.8 所示。降维的目的就是把这组二维数据转换为一维数据。

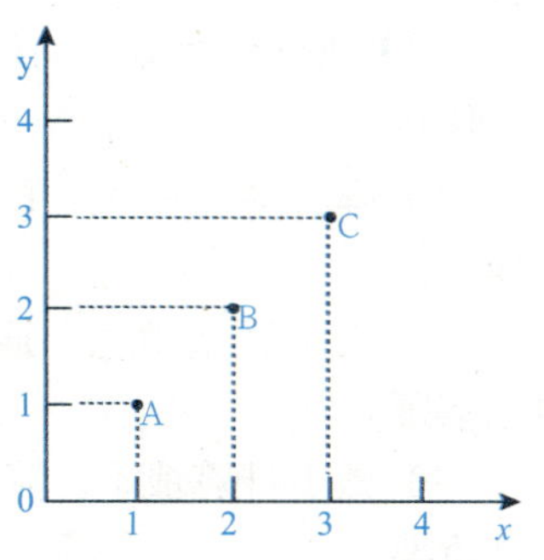

图 11.8　二维坐标原始数据示意图

很明显可以看出，这组数据在 $y=x$ 这条直线上。如果将这组数据从二维降至一维，可以将直线 $y=x$ 作为新的坐标轴，点 A（1，1）变成了一维坐标 $\sqrt{2}$，点 B（2，2）变成了一维坐标 $2\sqrt{2}$。其实这里的数据降维就是对原来的二维数据进行了简单的线性组合。在实际进行数据降维前，需要先对特征数据做零均值化处理，即将每个特征维度的数据减去该特征的均值。例如，此处的二维数据(1，1)、（2，2）、（3，3），其特征 x（1，2，3）和特征 y（1，2，3）的均值都是（1+2+3）/3+2。每个特征都减去均值后，数据被转化为（-1，-1）、（0，0）、（1，1)。再对零均值化后的数据进行线性组合，二维空间中的 3 个点就被依次转化为数轴上的 $-\sqrt{2}$、0 和 $\sqrt{2}$。总结来说，二维到一维的数据降维的本质就是将原始数据做零均值化处理后，寻找如下所示的合适的线性组合系数 α 和 β，将二维数据转换为一维数据，即 $X'=aX+\beta Y$

（2）n 维空间降维。如果原特征变量有 n 个，那么就是 n 维空间降维。n 维空间降维的思路和二维空间降维的思路是一致的，都是寻找合适的线性组合系数。例如，将 n 维数据（X_1，X_2，…，X_n）转换为一维数据，就是寻找如下所示的线性组合系数 a_1，a_2，…，a_n。

$$F_1=a_1X_1+a_2X_2+\cdots+a_nX_n$$

这些系数的确定涉及一些比较复杂的线性代数知识，如果读者对具体的推导过程感兴趣，可以自行查阅其他资料。实际应用中，我们只需要明白核心逻辑，不需要深究背后的数学原理，因为我们可以直接利用 Python 提供的相应计算库，快速计算出这些系数，无须手工计算。下面将使用 Python 代码进行 PCA，完成数据降维。

2. 代码实现

```
import numpy as np
def pca(X, n_components):
# 1. 数据中心化
X_mean = np.mean(X, axis=0)
X_centered = X - X_mean
# 2. 计算协方差矩阵
cov_matrix = np.cov(X_centered.T)
# 3. 计算协方差矩阵的特征值和特征向量
eigenvalues, eigenvectors = np.linalg.eig(cov_matrix)
# 4. 对特征值进行排序，并取前 n_components 个特征向量
sorted_indices = np.argsort(eigenvalues)[::-1]
top_n_eigenvectors = eigenvectors[:, sorted_indices[:n_components]]
# 5. 将原始数据投影到选定的主成分上
X_pca = X_centered.dot(top_n_eigenvectors)
return X_pca
# 示例数据
X = np.array([[1, 2, 3], [4, 5, 6], [7, 8, 9]])
# 使用 PCA 降维
X_pca = pca(X, n_components = 2)
print(" 降维后的数据:
", X_pca)
```

3．主成分分析算法的优缺点

优点：

（1）降低数据维度。PCA 能够有效地减少数据的维度，这有助于简化后续的数据处理和分析工作。

（2）去除冗余信息。通过提取数据中的主要特征，PCA 有助于去除不必要的信息，使得数据更加清晰。

（3）减少计算成本。降低维度意味着减少了数据存储和计算的成本，这对于处理大规模数据集尤其重要。

（4）无监督学习。PCA 是一种以方差衡量信息的无监督学习方法，不受样本标签的限制，适用于探索性数据分析。

（5）消除相关性。由于 PCA 找到的特征向量之间两两正交，这保证了各主成分之间的线性不相关性，从而消除了原始数据成分间的相互影响。

（6）简化指标选择。PCA 可以减少在多变量分析中选择指标的工作量，因为它自动为数据提供了最重要的指标。

缺点：

（1）对异常值敏感。PCA 对异常值非常敏感，这些值可能会对主成分的计算产生较大影响，从而影响结果的稳定性。

（2）线性假设。PCA 是一种线性方法，这意味着它可能无法很好地处理数据中的非线性关系。对于非线性数据，PCA 的效果可能不佳。

4．主成分分析算法的应用

主成分分析（PCA）是一种常用的数据降维技术，广泛应用于各个领域。在图像处理中，PCA 可用于特征提取和图像压缩。通过将图像数据投影到由主成分定义的新坐标系上，可以有效地降低图像的维度，同时保留最重要的视觉信息。在多变量数据分析中，PCA 可以帮助识别和移除数据中的冗余信息。例如，在金融市场分析中，PCA 可以用来减少资产价格数据的维度，从而更容易地识别投资组合的风险和收益结构。在生物信息学领域，PCA 用于基因表达数据分析，帮助研究者识别基因之间的重要模式和关系，以及在高维基因表达空间中寻找潜在的生物标记。在计算机视觉中，PCA 用于面部识别和表情分析。通过将高维的面部图像数据降维到低维空间，可以更高效地进行面部特征的检测和识别。在环境监测中，PCA 可以用来分析多个环境变量，如空气质量指标，以确定哪些因素对环境变化的贡献最大。在运动科学中，PCA 用于分析运动表现数据，如运动员的表现统计，以识别主要的运动表现因素。

课堂思政

数据挖掘与分析的方法有很多，需要根据研究目的和已有的数据选择相应的数据挖掘与分析方法，做到具体问题具体分析；在学习和应用数据挖掘与分析方法中培养学生的逻辑思维、创新精神和探索意识；在挖掘数据时引导学生注重某些特定数据的非公开性，遵守相关法律法规；在对模型进行验证的过程中强化学生的质量意识和实事求是的精神。

本章小结

本章深入探讨了如何从大量复杂的数据集中提取有价值的信息。内容涵盖了多种核心算法，包括分类、回归、聚类、主成分分析，每一种算法都有其特定的应用场景和优势。学生们不仅学习了这些算法的理论基础，还通过实践练习，如使用 Python 进行编程，以及运用数据挖掘工具包，来加深对算法实现和数据应用的理解。

实战训练

航空客户价值分析（聚类 k-means 算法知识点）。

课后练习

1．典型的分类算法有哪些?

2．请分析线性回归与等式回归的联系与区别。

3．聚类算法和分类算法的区别是什么?

第 12 章　大数据机器学习初步

教学目标与要求

掌握机器学习的基本术语，熟悉机器学习的基本流程；掌握线性回归算法、二元 Logistic 算法、决策树算法、朴素贝叶斯算法、随机森林算法的基本原理和性能量度；能熟练运用 Python 实现上述算法及其性能展示；能熟练运用上述的机器学习工具分析商科大数据。

12.1　机器学习概述

机器学习是通过一系列计算方法（简称“算法”）使得计算机具备从大数据中进行学习的能力。机器学习实现的过程是：用户将既有数据提供给计算机，计算机基于既有数据使用机器学习算法构建模型，然后将模型推广泛化到新的样本观测值，进而可以进行预测。机器学习的内容体现为“算法”，精髓在于预测。由此可见，机器学习的必要条件之一是大数据的存在，而这也正是机器学习的概念很早就提出却一直停滞不前、直至近年来才迅速崛起的重要原因。

机器学习的主要算法可以分为几个大类，包括监督学习算法、无监督学习算法、强化学习算法等。

监督学习算法：线性回归（Linear Regression）、逻辑回归（Logistic Regression）、支持向量机（Support Vector Machines, SVM）、决策树（Decision Trees）、随机森林（Random Forests）、梯度提升树（Gradient Boosting Trees）。

无监督学习算法：K- 均值聚类（K-means Clustering）、主成分分析（Principal Component Analysis, PCA）、关联规则学习（Association Rule Learning）。

强化学习算法：Q- 学习（Q-Learning）、深度强化学习（Deep Reinforcement Learning）。

此外，还有一些其他的算法，如神经网络（Neural Networks）、朴素贝叶斯分类器（Naive Bayes Classifier）、最近邻算法（K-Nearest Neighbors, KNN）等，也广泛应用于各种机器学习任务中。

这些算法各有特点，适用于不同的应用场景和数据类型。在选择算法时，需要根据具体的问题和数据集进行考虑。例如，对于分类问题，可以选择逻辑回归、支持向量机或决策树等算法；对于聚类问题，可以选择 K- 均值聚类或主成分分析等算法；对于需要通过与环境互动来学习的任务，则可以考虑使用强化学习算法。

1. 机器学习术语

常用的机器学习术语包括样本、响应变量、特征、属性值、属性空间、特征向量、训练样本、测试样本等。

样本：即统计学或计量经济学中的样本观测值，也被称为“样例”。

响应变量：即被解释、被影响的目标变量，也被称为“目标”，可以理解成统计学或计量经济学中的“因变量”“被解释变量”，在数学公式中常用 y 来表示。

特征：即用来解释、影响应变量的变量，也被称为“预测变量”“属性”等，可以理解成统计学或计量经济学中的“因子（离散型变量）”“协变量（连续性变量）”“解释变量”，在数学公式中常用 X 来表示。

属性值：特征的取值即为属性值。

属性空间：多个属性形成的空间称为属性空间，属性的个数也被称为空间的维数，比如我们仅考虑“资产负债率”“经营性现金流量净收支”“营业收入增长率”三个属性，将三个属性分别设置为 x 轴、y 轴、z 轴，这三个属性就构成了一个三维属性空间，每个企业每期的财务指标都可以在三维属性空间找到对应的点。

特征向量：属性空间的每个点都会对应一个特征向量，“特征向量”的名称正来自于此。比如某示例特征向量为（75.6%，3600，10.23%），表示其“资产负债率”“经营性现金流量净收支”“营业收入增长率”分别为“75.6%”“3600”“10.23%”。

训练样本：即计算机用来应用算法构建模型时使用的样本。

测试样本：即计算机用来检验机器学习效果、检验外推泛化应用能力时使用的样本。

误差：机器学习中样本的预测值和实际值之间的差异被称作“误差”，其中，基于训练样本的误差又被称为“训练误差”或“经验误差”，基于新样本的误差又被称为“泛化误差”。

泛化能力：基于训练样本得到的机器学习模型向新样本推广应用的能力，或者说模型的预测能力，被称为模型的泛化能力。

过拟合：机器学习的经验误差过小，计算机不仅学习了训练样本的一般性、规律性特征，在很大程度上也学习了训练样本的个性化特征，而这些个性化特征往往并不能很好地泛化到新的样本，不仅白白增加了模型复杂度和冗余度，也无法很好地开展预测，甚至模型是否可用都有待商榷，这一现象也被称为“过拟合”。

欠拟合：机器学习的经验误差很大，计算机没有充分利用训练样本信息，没有充分挖掘出训练样本的一般性、规律性特征，从而也不能很好地泛化到新的样本，这一现象也被称为“欠拟合”。

2. 模型评估

评估机器学习模型优劣的标准是模型的泛化能力，所以关注的应该是泛化误差而不是经验误差，避免追求经验误差的降低导致模型“过拟合”现象。机器学习中常用的量度模型的泛化能力的方法包括验证集法、折交叉验证、自助法。

（1）验证集法。验证集法，也被称为“留出法”，是机器学习中常用的一种评估模型性能的方法。其基本思路是将原始的样本数据集划分为两个互斥的集合：训练集和验证集（有时也被称为测试集或保留集）。

训练集的主要用途是构建和训练机器学习模型，而验证集则用来进行样本外预测，通过计算验证集上的误差来估计模型的预测能力。

验证集在机器学习过程中起着多重作用。首先，它用于模型选择，即在训练过程中评估多个模型的性能，从而选择出表现最佳的模型。这包括在不同超参数配置下训练的多个模型。通过比较这些模型在验证集上的性能，可以选择出在实际应用中可能表现最好的模型。其次，验证集还有助于防止过拟合。过拟合时模型在训练数据上表现很好，但在未见过的数据上有性能较差的现象。通过定期检查模型在验证集上的性能，可以观察模型是否出现了过拟合。如果模型在训练集上的性能不断提高，但在验证集上的性能却停滞不前甚至下降，那么可能发生了过拟合。在这种情况下，可以采取一些措施来缓解过拟合问题，如早停（Early stopping）、正则化（Regularization）等。

由于验证集方法是将数据集随机划分为训练集和验证集，因此不同的划分可能会带来不同的测试错误率，即测试错误率可能存在一定的波动。为了减小这种波动带来的影响，可以采用重复验证集法，即多次重复数据集的划分、模型的训练和验证过程，并统计模型在不同验证集上的表现，最后计算平均值和标准差来评估模型的性能。

（2）折交叉验证。折交叉验证是针对验证集法的另外一种改进方式，也广泛用于机器学习实践。具体的操作方式就是首先把样本全集采用分层抽样的方式随机划分为大致相等的 K 个子集，每个子集包含约样本的 $1/K$。然后，每次都把 K-1 个子集的并集，也就大约把样本的（K-1）作为训练集，把 $1/K$ 的样本作为测试集，基于训练集训练获得模型，基于测试集进行评价，计算测试集的均方误差。最后，将 K 次获得的 K 个验证集的均方误差进行平均，即为对测试误差的估计结果。

假定样本总体中有个样本，如果采取折交叉验证，那么只有 1 种划分方式，即每个样本都构成 1 个测试集，其他 $n-1$ 个样本构成训练集，这种方法被称为“留一法”，属于折交叉验证方法的特例。在“留一法”情形下，由于训练集相对于样本全集只减少了 1 个样本，因此它高度接近使用样本全集进行训练的结果，其评估结果也是相对准确的。但是，“留一法”的缺陷也很明显，那就是计算量非常大，有多少个样本就需要训练多少次模型，然后求平均值，如果是针对大数据样本，那么其计算时间将会很长。

关于确定 K 值的问题，实质上也涉及偏差和方差权衡的问题。如果 K 的值非常大，比如前述的“留一法”，那么其偏差会比较小，但是由于“留一法”每次训练集的样本变化比较小，只有 1 个样本发生变动，所以其结果之间存在很高的正相关性，基于这些高度相关的结果进行平均，会导致其方差比较大。而如果 K 的值非常小，那么训练集在样本全集中的占比比较小，会产生相对较大的偏差，但是由于训练集较少，所以每次样本变化比较大，结果之间的相关性相对较小，将结果进行平均得到的方差也会相对较小。

与验证集法类似，我们可以重复使用折交叉验证法，这也是所谓的“重复 K 折交叉验证法”。具体的操作方式就是把折交叉验证法重复 K 次，最后将每次得到的结果误差进行平均。

（3）自助法。在机器学习中，最好的方案是使用样本全集进行训练，以便能够充分利用样本全集信息，但是无论是验证集法还是折交叉验证法，都保留了一部分样本没有用于训练模型，而“留一法”虽然每次训练集的样本变化比较小，但是其海量计算量在很多情形下成为不可承受之重。Efron 等（1993）提出的自助法是一种比较 好的解决方案。

自助法本质上是一种有放回的再抽样，实现过程如下：假设样本全集容量为，在样本全集中首先抽取一个示例记下其编号，再将它放回全集使得该样本在下次抽取时仍有可能被抽到，然后重新抽取一个示例，记下后放回全集，如此重复 k 次，就会得到由 k 个示例构成的“自主抽样样本集”。

在抽样的过程中，有的样本很可能被多次重复抽到，而有的样本一次也没有被抽到过，样本一次也没有被抽到过的概率计算如下：

$$\lim_{k\to\infty}(1-\frac{1}{k})^k = e^{-1} = 0.368$$

当 k 趋近于正无穷大时，样本在 k 次抽样中一次也没有被抽到过的概率约为 36.8%，那么这些没有被抽到过的样本就可以当作测试集，也称作“包外测试集”，基于它计算的测试集误差也称为“袋外误差”，而不包含在测试集之内的样本即作为训练集。

自助法最大的优势就是可以获取更多的、超出原样本容量的样本，所以在针对小样本集或者难以有效划分训练集和测试集时非常有用。但是有一个不容忽视的事实：自助样本并不是来自真正的总体，或者说自助样本的总体与原始样本的总体并不完全相同，同时训练集中仅使用原样本集中63.2%的样本会造成较大的估计偏差。

所以自助法通常用于小样本集，机器学习中大部分的应用场景都使用验证集法与折交叉验证法，其中折交叉验证法相对用得更多一些。

3. 机器学习项目流程

机器学习项目流程通常包括以下步骤。

（1）明确项目目标和问题定义：确定项目的业务需求、应用场景和目标。明确要解决的问题是分类、回归、聚类还是其他类型的机器学习问题。

（2）数据收集：根据项目需求收集相关数据。验证数据的来源和可靠性。

（3）数据预处理：包括数据清洗（处理缺失值、异常值、重复数据等）、数据格式化（将数据转换为适合机器学习模型处理的格式）、特征工程（选择有意义的特征，可能包括特征提取、特征选择和特征转换）、数据集划分（将数据集划分为训练集、验证集和测试集）。

（4）模型选择：根据问题类型选择合适的机器学习算法或深度学习模型。考虑模型的复杂度、训练时间、性能等因素。

（5）模型训练：使用训练集对模型进行训练。调整模型的超参数以优化性能。

（6）模型评估：使用验证集对训练好的模型进行评估。评估指标可能包括准确率、召回率、分数、AUC-ROC 等。根据评估结果调整模型或尝试其他算法。

（7）模型优化：根据评估结果优化模型，包括调整超参数、改变模型结构或使用集成学习等方法。可以使用交叉验证等技术提高模型泛化能力。

（8）模型测试：使用测试集对优化后的模型进行最终测试。确保测试集在模型训练过程中未被使用，以保证评估结果的公正性。

（9）模型部署与监控：将训练好的模型部署到实际应用中。监控模型的性能，确保其在实时数据上表现良好。

（10）迭代与改进：收集实际应用中的反馈和新的数据。定期对模型进行更新和优化，以适应变化的数据和业务需求。

在整个流程中，与团队成员、业务人员和利益相关者的有效沟通至关重要，以确保项目目标得到准确理解和实现。此外，保持对新技术和方法的关注，以便在需要时更新和改进项目流程。

12.2　回归算法

线性回归算法是经典的机器学习算法之一，应用范围非常广泛，深受业界人士的喜爱。它是研究分析响应变量受到特征变量线性影响的方法。线性回归算法通过建立回归方程，使用特征变量来拟合响应变量，并可使用回归方程进行预测。

12.2.1　线性回归算法

线性回归算法是基于特征（自变量、解释变量、因子、协变量）和响应变量（因变量、被解释变量）之间存在的线性关系。线性回归算法的数学模型为：

$$y=a+\beta_1 x_1+\beta_2 x_2+\cdots+\beta_n x_n+\varepsilon$$

模型参数见第 11 章。参数估计采用最小化残差平方和，即：

$$\min\sum_{i=1}^{n}e_i^2=\sum_{i=1}^{n}(y-\hat{a}-\hat{\beta}X)$$

线性回归算法的性能量度方法主要包括以下几种，以下是它们的详细公式。

均方误差（Mean Squared Error，MSE）：

$$MSE=\frac{1}{m}\sum_{i=1}^{m}(y_i-\widehat{y_i})^2$$

其中，m 是样本数量，y_i 是第 i 个样本的实际值，$\widehat{y_i}$ 是模型对第 i 个样本的预测值。通过计算预测值与实际值之差的平方和的平均值来评估算法的性能。

均方根误差（Root Mean Squared Error，RMSE）：

$$RMSE=\sqrt{\frac{1}{m}\sum_{i=1}^{m}(y_i-\widehat{y_i})^2}$$

RMSE 是 *MSE* 的平方根，其单位与原始数据的单位一致，使得结果更容易解释。

平均绝对误差（Mean Absolute Error，MAE）：

$$MAE=\frac{1}{m}\sum_{i=1}^{m}\left|y_i-\widehat{y_i}\right|$$

MAE 计算预测值与实际值之差的绝对值的平均值，它对异常值不敏感。

R 方（R-squared）：

$$R^2=1+\frac{\sum_{i=1}^{m}(y_i-\widehat{y_i})^2}{\sum_{i=1}^{m}(y_i-\hat{y})^2}$$

其中，$\hat{y}$ 是实际值的均值。R^2 通过比较算法预测的误差和仅使用均值作为预测的误差来评估算法的性能。R^2 的值介于 0 和 1 之间，越接近 1 表示算法的拟合效果越好。

这些性能量度方法为我们提供了评估线性回归算法性能的不同角度。在实际应用中，根据问题的具体需求和数据特性，可以选择适合的性能量度方法来评估算法的效果。同时，需要注意的是，这些量度方法并不是孤立的，它们可以相互补充，提供更全面的算法性能评估。

12.2.2 二元 Logistic 回归算法

线性回归算法中，假定因变量为连续定量变量，但在很多情况下，因变量只能取二值（0，1），比如是否满足某一特征等。因为一般回归分析要求因变量呈现正态分布，并且各组中具有相同的方差——协方差矩阵，所以直接用它来为二值因变量进行回归估计是不恰当的，通常用 Logistic 回归算法解决预测问题。当响应变量只有两种取值，Logistic 回归算法称二元 Logistic 回归算法；当响应变量有三个及以上取值称为多元 Logistic 回归算法。Logistic 模型的公式如下：

$$\text{In}\frac{p}{1-p}=a+X\beta+\varepsilon$$

其中，p 为发生的概率，$a=\begin{bmatrix}a_1\\a_2\\\vdots\\a_n\end{bmatrix}$ 为模型的截距项，$\beta=\begin{bmatrix}\beta_1\\\beta_1\\\vdots\\\beta_n\end{bmatrix}$ 为待估计系数，$X=\begin{bmatrix}x_{11}\cdots x_{1k}\\x_{21}\cdots x_{2k}\\\vdots\quad\vdots\quad\vdots\\x_{n1}\cdots x_{nk}\end{bmatrix}$ 为特征，$\varepsilon=\begin{bmatrix}\varepsilon_1\\\varepsilon_2\\\vdots\\\varepsilon_n\end{bmatrix}$ 为误差项。

二元 Logistic 回归算法的基本原理是考虑因变量（0，1）发生的概率，用发生概率除以没有发生概率再取对数。通过这一变换改变了“回归方程左侧因变量估计值取值范围为 0 ～ 1，而右侧取值范围是无穷大或者无穷小”这一取值区间的矛盾，也使得因变量和自变量之间呈线性关系。当然，正是由于这一变换，使得 Logistic 回归自变量系数不同于一般回归分析自变量系数，而是模型中每个自变量概率比的概念。

Logistic 回归系数的估计通常采用最大似然法，算法过程参考第 11 章。

二元 Logistic 回归算法中实质上建立了特征与相应变量概率对比之间的关系。所以，与线性回归算法不同的是，二元 Logistic 回归算法中所估计的参数不能被解释为特征变量对响应变量的边际效应。系数估计值衡量的是因变量取 1 的概率会因自变量变化而如何变化；为正数表示自变量增加会引起因变量取 1 的概率提高，取 0 的概率降低；为负数则表示自变量增加会引起因变量取 0 的概率提高，取 1 的概率降低。

12.2.3 二分类问题的性能量度

1. 查准率、查全率（召回率）、F_1

在第 11 章分类算法中我们已经列出了分类算法的性能指标。本节基于机器学习要求，进一步展现部分指标的精确定义。如果“分类问题监督式学习”为二分类问题，可以定义如表 12.1 所示的分类结果矩阵，该矩阵也被称为“混淆矩阵”（Confusion Matrix）。

表 12.1 分类结果矩阵

样本		机器学习预测分类	
		正例	反例
真实分类	正例	TP 真正例 (true positive)	FN 假反例 (false negative)
	反例	FP 假正例 (false positive)	TN 真反例 (true negative)

在混淆矩阵中：

当样本真实的分类为正例，且机器学习预测分类也为正例时，说明机器学习预测正确，分类结果即为 TP（真正例）。

当样本真实的分类为反例，且机器学习预测分类也为反例时，说明机器学习预测正确，分类结果即为 TN（真反例）。

当样本真实的分类为正例，且机器学习预测分类为反例时，说明机器学习预测错误，分类结果即为 FN（假反例）。

当样本真实的分类为反例，且机器学习预测分类为正例时，说明机器学习预测错误，分类结果即为 FP（假正例）。

查准率和查全率定义式如下：

$$查准率=\frac{TP}{TP+FP}，查全率=\frac{TP}{TP+FN}。$$

查准率也称特异度或者假阳性率或者误报率，查全率常常被称为召回率或灵敏度或敏感度或者真阳性率。

与统计学中的“第一类错误”（拒绝为真）和“第二类错误（接受伪值）”类似，查准率和查全率之间也存在两难选择的问题。如果要获得较高的查准率，减少“接受伪值”错误的发生，就需要在正例的判定上更加审慎一些，仅选取最有把握的正例，也就意味着会将更多实际为正例的样本“错杀误判”为反例样本，造成“拒绝为真”错误的增加，也就是查全率会降低。同样地，如果要获得较高的查全率，减少“拒绝为真”错误的发生，往往就需要在正例的判定上更加包容一些，也就意味着会将更多实际为反例的样本“轻信误判”为正例样本，造成“接受伪值”错误的增加，也就是查准率会降低。

为了平衡查准率与查全率，使用了 F_1 值。F_1 值为查准率和查全率的调和平均值。F_1 的取值范围为 0 ～ 1，数值越大表示模型效果越好。

$$F_1 = \frac{查准率 \times 查全率 \times 2}{查准率 + 查全率}$$

2. ROC 曲线与 AUC 值

ROC 曲线和 AUC 值是机器学习中用于评估模型性能的重要工具，尤其在分类问题中。

（1）ROC 曲线（Receiver Operating Characteristic Curve）。ROC 曲线是一种用于展示模型在所有分类阈值下的效能表现的图表。ROC 曲线的横坐标是假阳性率（False Positive Rate，FPR），纵坐标是真阳性率（True Positive Rate，TPR）。这两个指标都是基于模型预测的概率值和实际标签计算得出的。对于一条特定的 ROC 曲线来说，ROC 曲线的曲率反应敏感性指标是恒定的，所以它也叫等感受性曲线。对角线代表辨别力等于 0 的一条线，也叫作纯机遇线。ROC 曲线离纯机遇线越远，表明模型的辨别力越强。辨别力不同的模型的 ROC 曲线也不同。

在 ROC 曲线中，每一个点代表在某个特定分类阈值下，模型对于正样本和负样本的区分能力。曲线越靠近左上角（即 FPR 越小，TPR 越大），表示模型的性能越好。ROC 曲线的一个重要特性是其对样本分布的不敏感性。即使测试集中的正负样本分布发生剧烈变化，ROC 曲线也能保持基本不变。这使得 ROC 曲线成为一种稳健的模型评估工具。

（2）AUC 值（Area Under the Curve）。AUC 值是指 ROC 曲线下的面积，用于量化地评估模型的性能。AUC 值的取值范围在 0.5 到 1 之间（在某些特殊情况下可能小于 0.5，但通常认为模型无效）。AUC 值越接近 1，表示模型的性能越好。具体来说，AUC 值可以解释为：从所有正样本中随机选择一个样本，以及从所有负样本中随机选择一个样本，模型预测为正样本的概率大于预测为负样本的概率的可能性。AUC 值不仅考虑了模型的准确率，还考虑了模型对于不同阈值的鲁棒性。因此，它是一种全面且稳定的模型评估指标。

12.2.4 线性回归模型和二元 Logistic 模型的 Python 实现

1. 使用 Sklearn 进行线性回归

下面是一个使用留一法进行线性回归模型拟合的 Python 代码示例：

```
from sklearn.linear_model import LinearRegression
from sklearn.metrics import mean_squared_error
import numpy as np
# 假设你已经有了一个数据集，包括特征 X 和目标变量 y
# X, y = (你的数据和标签)
# 初始化线性回归模型
model = LinearRegression()
mse_scores = []  # 用于存储每次迭代的均方误差
n_samples = len(y)  # 样本数量
# 使用留一法进行交叉验证
for i in range(n_samples):
    # 为每个样本创建训练集和测试集
    train_indices = list(range(n_samples))
    train_indices.remove(i)
    X_train,y_train = X[train_indices], y[train_indices]
    X_test, y_test = X[i:i+1], y[i:i+1]
```

```
        # 在训练数据上训练模型
        model.fit(X_train, y_train)
        # 在测试数据上进行预测
        y_pred = model.predict(X_test)
        # 计算并存储均方误差
        mse=mean_squared_error(y_test, y_pred)
        mse_scores.append(mse)
    # 计算平均均方误差
    average_mse = np.mean(mse_scores)
    print(f"Average Mean Squared Error with Leave-One-Out Cross-Validation:
{average_mse}")
```

线性回归模型的 Python 代码，使用 scikit-learn 库中的 LinearRegression 模型，以及 KFold 进行交叉验证。

```
    from sklearn.model_selection import KFold
    from sklearn.linear_model import LinearRegression
    from sklearn.metrics import mean_squared_error
    import numpy as np
    # 假设你已经有了一个数据集，包括特征 X 和目标变量 y
    # X, y = (你的数据和标签)
    # 初始化线性回归模型
    model = LinearRegression()
    # 设置交叉验证的参数
    kf  = KFold(n_splits = 5,shuffle = True,random_state = 42)    # 5-fold cross
validation
    mse_scores = []      # 用于存储每次迭代的均方误差
    # 进行交叉验证
    for train_index,test_index in kf.split(X):
        X_train,X_test = X[train_index],X[test_index]
        y_train,y_test = y[train_index],y[test_index]
        # 在训练数据上训练模型
        model.fit(X_train,y_train)
        # 在测试数据上进行预测
        y_pred = model.predict(X_test)
        # 计算并存储均方误差
        mse = mean_squared_error(y_test,y_pred)
        mse_scores.append(mse)
    # 计算平均均方误差
    average_mse = np.mean(mse_scores)
    print(f"Average Mean Squared Error:{average_mse}")
```

2．用 Python 实现 Logistic 算法，绘制 ROC 曲线并计算 AUC 值

```
    import numpy as np
    from sklearn.datasets import make_classification
    from sklearn.linear_model import LogisticRegression
    from sklearn.model selection import train_test_split
    from sklearn.metrics import roc_curve, auc, roc_auc_score
    import matplotlib.pyplot as plt
```

```
# 生成模拟数据
X,y = make_classification(n_samples = 1000,n_features = 20,n_informative =
2,n_redundant = 10,random_state = 42)
# 划分训练集和测试集
X_train,X_test,y_train,y_test = train_test_split(X,y,test_size =
0.2,random_state = 42)
# 使用 Logistic 回归模型
model=LogisticRegression(solver='lbfgs')
model.fit(X_train,y_train)
# 预测概率
y_score = model.predict_proba(X_test)[:,1]
# 计算 ROC 曲线
fpr,tpr,thresholds = roc_curve(y_test,y_score)
roc_auc = auc(fpr,tpr)
# 绘制 ROC 曲线
plt.figure()
lw = 2
plt.plot(fpr,tpr,color = 'darkorange',lw = lw,label = 'ROC curve(area
= %0.2f)' %roc_auc)
plt.plot([0,1],[0,1],color = 'navy',lw = lw,linestyle = '--')
plt.xlim([0.0,1.0])
plt.ylim([0.0,1.05])
plt.xlabel('False Positive Rate')
plt.ylabel('True Positive Rate')
plt.title('Receiver operating characteristic example')
plt.legend(loc = "lower right")
plt.show()
# 输出 AUC 值
print('AUC:%.3f'% roc_auc_score(y_test,y_score))
```

12.3 决策树算法

本节主要介绍决策树算法的概念与原理、特征变量选择及其临界值确定方法、决策树的剪枝、包含剪枝决策树的损失函数。决策树算法是一种有监督、非参数、简单、高效的机器学习算法。决策树算法由于充分利用了响应变量的信息，因此能够很好地克服噪声问题，在分类及预测方面效果更佳。决策树的决策边界为矩形，所以对于真实决策也为矩形的样本数据集有着很好的预测效果。此外，决策树算法以树形展示分类结果，在结果的展示方面比较直观，所以在实务中应用较为广泛。

12.3.1 决策树算法的概念与原理

在第 11 章，我们知道决策树算法借助树的分支结构构建模型。如果是用于分类问题，则决策树为分类树；如果是用于回归问题，则决策树为回归树。

决策树模型是机器学习的各种算法模型中比较好理解的一种模型，它的基本原理是通过对一系列问题进行 if / else 的推导，最终实现决策。

图 12.1 所示为一个典型的决策树模型——员工离职预测模型的简单演示。该决策树首先判断员工满意度是否小于 5。若答案为“是”，则认为该员工会离职。若答案为“否”，则接着判断该员工收入是否小于 10000 元。若答案为“是”，则认为该员工会离职；若答案为“否”，则认为该员工不会离职。

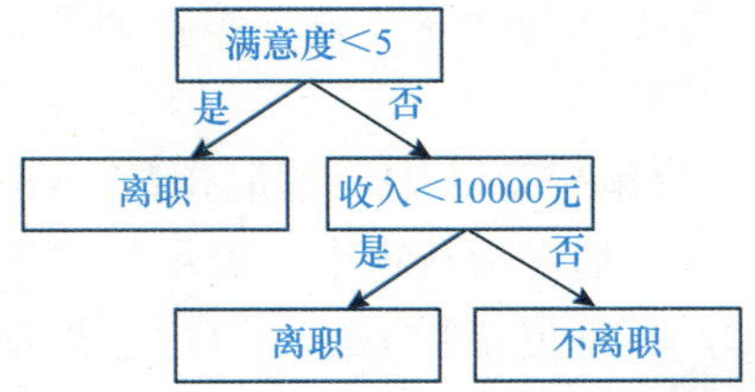

图 12.1　决策树模型——员工离职预测模型的简单演示

父节点和子节点、根节点和叶子节点：父节点和子节点是相对的，子节点由父节点根据某一规则分裂而来，然后子节点作为新的父节点继续分裂，直至不能分裂为止。根节点是没有父节点的节点，即初始节点，叶子节点则是没有子节点的节点，即最终节点。决策树模型的关键就是如何选择合适的节点进行分裂。

在上图中，“满意度＜ 5”是根节点，同时也是父节点，分裂成两个子节点“离职”和“收入＜ 10000 元”；子节点“离职”因为不再分裂出子节点，所以又是叶子节点；另一个子节点“收入＜ 10000 元”又是其下面两个节点的父节点：“离职”及“不离职”则为叶子节点。

如果是分类树，叶节点将类别占比最大的类别作为该叶节点的预测值；如果是回归树，叶节点将节点内所有样本响应变量实际值的平均值作为该叶节点的预测值。

决策树本质上就是依次选取最为合适的特征向量，按照特征向量的具体取值不断对特征空间进行矩形分割，因为每一次切割都是直线，所以其决策边界为矩形。在分割空间时，决策树执行的是一种自上而下的贪心算法，即每次仅选择一个变量按照变量临界值进行分割，该变量及其临界值都是当前步骤下，能够实现局部最优的分割变量和分割临界值，并未从全盘考虑整体最优。

大部分机器学习算法都需要将特征变量标准化，以便让特征之间的比较可以在同一个量纲上进行，但是决策树算法不需要对特征变量进行标准化处理。

12.3.2　特征变量选择及其临界值确定方法

决策树算法在选择特征变量及确定临界值的过程中，通常选取基尼指数（Gini Index）、信息增益（Information Gain）、增益率（Gain Ratio）等标准，以及基于这些标准的启发式搜索策略。下面将详细解释这一过程。

1. 特征变量的选择

决策树算法的核心思想是通过一系列的问题来对数据进行分类。每一个问题都对应一个特征变量，而问题的答案（该特征变量的取值）则引导我们进入下一级的子树。因此，选择哪个特征变量作为当前节点的问题，就显得尤为重要。

在选择特征变量时，通常会使用基尼指数、信息增益、增益率等标准来衡量每一个特征变量的重要性。这些标准的基本思想都是基于“纯度”的概念，即希望经过每一次划分后，得到的子集中的样本尽可能属于同一类别，也就是纯度更高。

2. 临界值的确定

在确定了特征变量后，需要进一步确定该特征变量的临界值，也就是说，要根据该特征变量的哪个取值来进行划分。这通常是通过遍历该特征变量的所有可能取值，并计算每一个取值作为临界值时的基尼指数、信息增益、增益率来实现的。然后我们选择使这些指标达到最优的取值作为临界值。

值得注意的是，决策树算法的构建过程采用在每一步都选择当时看来最优的决策，而不考虑是否会导致全局最优。这种策略虽然可能无法得到全局最优的解，但它能大大简化计算过程，提高算法的效率。

另外，为了防止过拟合，决策树算法通常会设置一些停止条件，比如当子数据集中的样本都属于同一类别时，或者当继续划分不能提高纯度时，就会停止划分。这样就可以得到一个既不过于复杂，又能较好地拟合数据的决策树模型。

（1）基尼指数（Gini Index）。决策树算法中，基尼指数（Gini Index）是一个衡量数据不纯度的指标，用于特征选择和确定临界值。基尼指数越小，表示数据集的纯度越高。

对于包含 K 个类别的数据集 D，其基尼指数 $Gini$（D）定义为：

$$Gini(D)=1-\sum_{k=1}^{K}p_K^2$$

其中，p_k 是数据集中第 $\boldsymbol{K}$ 个类别样本所占的比例。

当使用基尼指数来选择特征及其临界值时，按照每个特征的不同值分割数据集后，计算每个子集的基尼指数，并计算加权平均值。选择使得加权基尼指数最小的特征和对应的临界值作为分割点。

假设有一个特征，它可以将数据集 D 划分为 n 个互不相交的子集 D_1，D_2，$...D_n$。对于每个子集，首先计算其基尼指数 $Gini$（Di），然后计算按照特征分割数据集后的加权基尼指数：

$$Ginisplit(D,A)=\sum_{i=1}^{n}\frac{|Di|}{|D|}Gini(D_i)$$

其中，$|D_i|$ 是子集 D_i 的样本数量，$|D|$ 是数据集 D_i 的总样本数量。

为了确定临界值，遍历特征 A 的所有可能取值，计算每个取值对应的加权基尼指数 $Ginisplit$（D，A），并选择使得加权基尼指数最小的取值作为临界值。

需要注意的是，上述过程是针对单个特征的。在实际应用中，通常会算所有候选特征的加权基尼指数，并选择使得加权基尼指数最小的特征及其对应的临界值作为最终的分割点。

通过不断重复这个过程，构建出一个完整的决策树模型。二分类决策树（CART）每次分裂生长时，都将当前节点的样本集分成两部分（包括属性变量取值为 v 或者不为 v），样本全集 D 划分为互补的 D_1 和 D_2，即 $D_1\cup D_2=D$，且 $D_1\cap D_2=\varphi$，则样本全集的基尼指数为：

$$Ginisplit(D,A)=\frac{|D_1|}{|D|}Gini(D_1)+\frac{|D_2|}{|D|}Gini(D_2)$$

在 CART 决策树方法下，会找到使得 $Ginisplit$（D，A）最小的 A 和 D_1，然后按照特征变量 A 将样本全集分为互补的 D_1 和 D_2 两部分，形成二叉树。

（2）信息熵。信息熵通常用来衡量样本集的混乱程度，如果样本全集为 D，响应变量一共有 K 个类别，p_k 是第 k 类样本的占比，则该样本集的信息熵为：

$$Ent(D)=-\sum_{k}^{K}p_k\log_2 p_k$$

分布越集中，样本越集中同一类别，集合的混乱程度就越小，或者说集合的纯度越高。一个极端的情形是，所有样本只有 1 个类别（k=1），那么就不存在混乱的问题了（p_k=1），样本集的信息熵也就为 0（$\log_2 p_k$=0）。同样地，分布越分散，样本集的信息熵越大，说明集合的混乱程度越大，或者说集合的纯度越小。

（3）信息增益。信息增益决策树算法基于信息增益。在选择特征变量时的基本标准是：通过选择该特征向量对数据集进行划分，可以使得样本集的信息增益最大。假设样本全集为 D，某特征变量为 a，样本集可以通过该特征变量将响应变量划分为 K 个类别，那么信息增益即为：

$$Gain(D,a)=Ent(D)-\sum_{k=1}^{K}\frac{|D^k|}{|D|}Ent(D^k)$$

其中，*Ent*（*D*）是指样本全集的信息熵，*Ent*（D^K）是指每个子类别的信息熵，$\frac{|D^k|}{|D|}$是指每个子样本集占样本全集的比例。信息增益的含义就是用样本全集的信息熵减去每个子类别信息熵的加权和。在样本全集信息熵 *Ent*（*D*）既定保持不变的前提下，我们需要做的就是要找到能使$\sum_{k=1}^{K}\frac{|D^k|}{|D|}Ent(D^k)$最小的特征变量 *a*，从而使得信息增益最大。

在信息增益算法下，决策树倾向于选择取值类别较多的特征变量，比如假设样本全集容量为 *n*，那么在极端情形下，按照某特征变量划分，样本集可以通过该特征变量将响应变量划分为 *n* 个类别，即每个样本观测值都各属一类并构成 1 个子样本集，而每个子样本集因为只有 1 个样本，所以其子类别的信息熵 z*Ent*（D^v）肯定为 0’ $\sum_{k=1}^{K}\frac{|D^k|}{|D|}Ent(D^k)$也就等于 0，信息增益也就最大化了。

（4）增益比率。增益比率决策树算法基于增益比率，在选择特征变量时的基本标准是：每次决策树分裂时，都选择增益比率最大的特征进行划分。假设样本全集为 *D*，某特征变量为 *a*，样本集可以通过该特征变量将响应变量划分为 *K* 个类别，那么增益比率即为：

$$Gain\_ratio(D,a)=\frac{Gain(D,a)}{H}，其中 H(a)=-\sum_{k=1}^{K}\frac{|D^k|}{|D|}\log_2\left|\frac{D^k}{D}\right|$$

Gain（*D*，*a*）即为前面介绍的信息增益，而 *H*（*a*）则为样本全集 *D* 关于特征变量 a 的取值熵或固有值，在 *H*（*a*）中，*K* 的值越大，*H* 就会越大。

12.3.3　决策树的剪枝

在决策树的生长过程中，如果不加限制，可能会造成决策树分支过多。最为极端的情形就是生长到最后每个样本都成为一个节点，那么可以预见的就是势必导致模型产生过拟合，泛化能力不足。所以为达到应有的泛化能力或预测效果，我们有必要对决策树进行“剪枝（pruning）”处理，使其达到一定程度后能够停止生长。

剪枝有预剪枝（pre-pruning）和后剪枝（post-pruning）两种。预剪枝的基本思路是“边构造边剪枝”，在树的生长过程中设定一个指标，如果达到该指标，或者说当前节点的划分不能带来决策树泛化性能的提升，决策树就会停止生长并将当前节点标记为叶节点。

后剪枝的基本思路是“构造完再剪枝”。首先让决策树尽情生长，从训练集中生成一棵完整的决策树，一直到叶节点都有最小的不纯度值，然后自底向上遍历所有非叶节点，若将该节点对应的子树直接替换成叶节点能带来决策树泛化能力的提升，则将该子树替换成叶节点，达到剪枝的效果。

在这两个剪枝方法的选择方面，预剪枝存在一定局限性，因为在树的生长过程中，很多时候虽然当前的划分会导致测试集准确率降低，但如果能够继续生长，在之后的划分中，准确率可能会有显著上升；而一旦停止分支，使得节点 N 成为叶节点，就断绝了其后继节点进行“好”的分支操作的任何可能性，所以预剪枝容易造成欠拟合。

后剪枝则较好地克服了这一局限性，而且可以充分利用全部训练集的信息而无须保留部分样本用于交叉验证，所以优势较为明显。但是后剪枝是在构建完全决策树之后进行的，并且要自底向上遍历所有非叶节点，所以其计算时间、计算量要远超预剪枝方法，尤其是针对大样本数据集的时候。实务中，针对小样本数据集，后剪枝方法是首选；针对大样本数据集，用户需要权衡预测效果和计算量。

决策树的剪枝过程通常是为了防止过拟合，通过简化模型来降低其在未知数据上的错误率。在剪枝过程中，我们通常会定义一个损失函数，该函数用于权衡模型的复杂度和其在训练数据上的性能。

损失函数通常由两部分组成：经验风险（模型在训练数据上的误差）和正则化项（模型的复杂度）。对于决策树的剪枝，我们可以使用代价复杂度剪枝（Cost Complexity Pruning）的方法，该方法使用一个包含模型复杂度的损失函数。

代价复杂度剪枝的损失函数通常定义为：

$$C(T, a) = C(T) + a|T|,$$

其中：$C(T, a)$ 是剪枝后的损失函数，$C(T)$ 是模型在训练数据上的误差（通常使用误分类的数量或者基尼指数等不纯度度量来表示），a 是正则化参数（用于控制模型复杂度与训练误差之间的权衡），$|T|$ 是决策树的叶子节点数量（它代表了模型的复杂度）。

在剪枝过程中，通过调整的值来控制剪枝的强度。当 a 较大时，模型会更倾向于简化，减少叶子节点的数量；当 a 较小时，模型则保留更多的细节。

具体来说，剪枝算法会首先生成一棵完全生长的决策树，然后从底部开始，逐个考虑每个内部节点。对于每个内部节点，算法会计算如果将其替换为叶子节点（剪枝）后的损失函数值。如果剪枝后的损失函数值小于或等于剪枝前的值，则进行剪枝。这个过程会一直进行到不能再减少损失函数值为止。

需要注意的是，这里的 $C(T)$ 和 $|T|$ 的具体形式可能会根据所使用的决策树算法和剪枝策略而有所不同。例如，在分类问题中，$C(T)$ 可能是误分类样本的数量；在回归问题中，它可能是均方误差等。

12.3.4 决策树算法的 Python 实现

1. 分类决策树的 Python 实现

这个示例使用了 scikit-learn 库中的 DecisionTreeClassifier 类来创建一个基于基尼系数的分类决策树。criterion='gini' 参数指定了使用基尼系数作为划分标准。然后，使用 fit 方法训练模型，并使用 predict 方法对测试集进行预测。最后使用 accuracy_score 函数计算模型的准确率。

```
from sklearn.datasets import load_iris
from sklearn.tree import DecisionTreeClassifier
from sklearn.model_selection import train_test_split
from sklearn import metrics
# 加载数据
iris = load_iris()
X = iris.data
y = iris.target
# 划分数据集
X_train,X_test,y_train,y_test  =  train_test_split(X,y,test_size =
0.3,random_state = 42)
# 创建决策树分类器，使用基尼系数作为划分标准
clf = DecisionTreeClassifier(criterion = 'gini',random_state = 42)
# 训练模型
clf.fit(X_train,y_train)
# 预测测试集
y_pred = clf.predict(X_test)
# 评估模型
print("Accuracy:",metrics.accuracy_score(y_test,y_pred))
```

2. 回归决策树的 Python 实现

这个示例首先使用 make_regression 函数生成一个回归问题的数据集。然后使用 train_test_split 函数将数据划分为训练集和测试集。接下来创建一个 DecisionTreeRegressor 对象，并使用训练数据对其进行训练。最后使用测试集进行预测，并使用均方误差（Mean Squared Error, MSE）

来评估模型的性能。对于回归决策树，通常不使用基尼系数或信息熵等分类决策树中常用的划分标准。回归决策树主要基于方差减少或其他连续型变量的纯度度量来进行划分。在 scikit-learn 的 DecisionTreeRegressor 中，默认使用的是基于均方误差（MSE）的划分标准。

```
from sklearn.datasets import make_regression
from sklearn.tree import DecisionTreeRegressor
from sklearn.model_selection import train_test_split
from sklearn import metrics
# 创建一个回归问题的数据集
X,y = make_regression(n_samples = 100,n_features = 1,noise = 0.1,random_state = 42)
# 划分数据集
X_train,X_test,y_train,y_test = train_test_split(X,y,test_size = 0.3,random_state = 42)
# 创建回归决策树
regressor = DecisionTreeRegressor(random_state = 42)
# 训练模型
regressor.fit(X_train,y_train)
# 预测测试集
y_pred = regressor.predict(X_test)
# 评估模型
mean_squared_error = metrics.mean_squared_error(y_test,y_pred)
print("Mean Squared Error:",mean_squared_error)
```

12.4　朴素贝叶斯算法

第 11 章讲到当“特征变量相互独立”的假设条件能够被有效满足时，朴素贝叶斯算法具有算法比较简单、分类效率稳定、所需估计参数少、对缺失数据不敏感等优势。但是，在实务中，“特征变量相互独立”的假设条件往往不能得到满足，这在一定程度上降低了贝叶斯分类算法的分类效果，但这并不意味着朴素贝叶斯算法在实务中难以推广，反而它是堪与经典的“决策树算法”比肩的应用最为广泛的分类算法之一。主要是贝叶斯理论能够充分利用现有信息，将统计推断建立在后验分布的基础上。假设响应变量 A={a_1，a_b，a_m}、特征变量 B={b_1，b_2，$\cdots b_d$}、给定目标值时特征变量之间相互条件独立，朴素贝叶斯计算公式为（公式的详细推导过程参考第 11 章）：

$$P(ai\,|\,b_1,b_2,\cdots,\ b_d)=\frac{\prod_{i=1}^{d}P(b_i)a_i)\times P\ a_i}{\prod_{j=1}^{d}P(b_i)}$$

12.4.1. 拉普拉斯修正

朴素贝叶斯计算公式中的分子为条件概率和先验概率的乘积，如果其中一项取值为 0，那么整个公式的值也将为 0。拉普拉斯修正又叫拉普拉斯平滑，是为了解决上述零概率问题而引入的处理方法。

拉普拉斯修正的基本思想是对先验概率和条件概率进行平滑处理，以避免概率为 0 的情况。具体来说，对于先验概率，假设每个类别在训练集中至少出现一次；对于条件概率，假设每个特征值在每个类别中至少出现一次。

1．先验概率的拉普拉斯修正

原始的先验概率 $P(a_i)$ 是类别 a_i 出现的频率。经过拉普拉斯修正后，先验概率变为：

$$P(ai)=\frac{|D_{ai}|+1}{|D|+m}$$

其中，$|D_{ai}|$ 是类别 a_i 的样本数，$|D|$ 是总样本数，m 是类别总数。

2．条件概率的拉普拉斯修正

原始的条件概率 $P(b_j/a_i)$ 是在类别 a_i 中，特征 b_j 取值为 a_i 的频率。经过拉普拉斯修正后，条件概率变为：

$$P(b_j\mid a_i)=\frac{|D_{bj,ai}|+1}{|D_{ai}|+N_j}$$

其中，$|D_{bj,ai}|$ 是在类别 a_i 中特征 b_j 取值为 a_i 的样本数，N_j 是特征 b_j 的可能取值数。

通过拉普拉斯修正，可以避免因为某个特征值或某个类别在训练集中未出现而导致的概率为 0 的问题，从而使得分类器更加鲁棒。

12.4.2. 朴素贝叶斯算法适用条件和分类

1．适用条件

朴素贝叶斯算法在以下情况下表现较好。

（1）特征之间相对独立。朴素贝叶斯算法假设特征之间是相互独立的，即一个特征的出现与其他特征无关。虽然在实际应用中这种假设往往不完全成立，但在许多情况下，朴素贝叶斯算法仍然能够取得较好的分类效果。

（2）文本分类。朴素贝叶斯算法在文本分类任务中特别有效，如垃圾邮件检测、新闻分类等。这是因为文本数据中的单词或词组（作为特征）通常在一定程度上是相互独立的，并且文本的词汇表（特征空间）通常很大，使得朴素贝叶斯算法的计算相对高效。

（3）小规模数据集。对于小规模数据集，朴素贝叶斯算法通常能够取得较好的分类性能。然而，随着数据集规模的增大，其他更复杂的算法（如支持向量机、随机森林等）可能会表现得更好。

（4）先验概率。如果先验概率是稳定的或者可以很好地估计，那么朴素贝叶斯算法通常会有不错的表现。这是因为先验概率在分类过程中起到了重要作用。尽管朴素贝叶斯算法在某些情况下表现良好，但它也有一些局限性，比如，对于特征之间的依赖关系处理不够准确，以及对于连续特征的处理可能不够灵活。因此，在选择分类算法时，需要根据具体的数据集和任务需求进行权衡和选择。

2．分类

贝叶斯算法包括高斯朴素贝叶斯、多项式朴素贝叶斯、补集朴素贝叶斯、二项式朴素贝叶斯。

（1）高斯朴素贝叶斯（Gaussian Naïve Bayes）。该算法假设每个特征变量的数据都服从高斯分布（也就是正态分布），用来估计每个特征下每个类别上的条件概率。高斯朴素贝叶斯的决策边界是曲线，可以是环形也可以是弧线。高斯朴素贝叶斯擅长处理连续型特征变量。相对于前面介绍的 Logistic 回归，如果算法的目的是获得对概率的预测，并且希望越准确越好，那么应该首选 Logistic 算法；而如果数据十分复杂，或者满足稀疏矩阵的条件（在矩阵中，若数值为 0 的元素数目远远多于非 0 元素的数目，并且非 0 元素分布没有规律，则称该矩阵为稀疏矩阵），那么高斯朴素贝叶斯算法就更占优势。

（2）多项式朴素贝叶斯（Multinomial Naïve Bayes）。该算法通常被用于文本分类，它假设所有特征变量是离散型特征变量，所有特征变量都符合多项式分布。多项式分布来源于统计学中的多项式实验。多项式实验的概念是：在 n 次重复试验中每项试验都有不同的可能结果，但在任何给定的试验中，特定结果发生的概率是不变的。多项式朴素贝叶斯算法擅长处理分类型特征变量，但受到样本不均衡问题〔分类任务中不同类别的训练样本数目差别很大的情况，一般地，样本类别比例

（Imbalance Ratio）（多数类 vs 少数类）明显大于 1 ：1（如 5 ：1）就可以归为样本不均衡问题）影响较为严重。

（3）补集朴素贝叶斯（Complement Naïve Bayes）。该算法是前述多项式朴素贝叶斯算法的改进，不仅能够解决样本不均衡问题，还在一定程度上放松了“所有特征变量之间条件独立的朴素假设”。补集朴素贝叶斯在召回率方面表现较为出色。如果算法的目的是找到少数类（存在异常行为的员工、存在洗钱行为等），则补集朴素贝叶斯算法是一种不错的选择。

（4）二项式朴素贝叶斯（Bernoulli Naïve Bayes）。也称伯努利朴素贝叶斯。该算法假设所有特征变量是离散型特征变量，所有特征变量都符合伯努利分布（二项分布，取值为两个，注意这两个值并不必然为 0、1 取值，也可以为 1、2 取值等）。二项式朴素贝叶斯算法要求将特征变量取值转换为二分类特征向量，如果某特征变量本身不是二分类的，那么可以使用类中专门用来二值化的参数 binarize 来转换数据。使它符合算法。

12.4.3.　朴素贝叶斯算法的 Python 实现

在下面的代码中，我们首先导入了必要的模块，并加载了 Iris 数据集。然后，我们将数据集分为训练集和测试集。接下来，我们创建了一个 GaussianNB 对象，并使用训练数据拟合了这个模型。最后，我们使用测试集对模型进行了评估。GaussianNB 类实现了高斯朴素贝叶斯算法，可以通过调用 fit 方法来训练模型，并通过 predict 方法来进行预测。模型评估部分使用了 sklearn.metrics 中的 accuracy_score 函数来计算模型的准确率。

```
from sklearn.datasets import load_iris
from sklearn.model_selection import train_test_split
from sklearn.naive_bayes import GaussianNB
from sklearn import metrics
# 加载数据
iris = load_iris()
X,y = iris.data,iris.target
# 划分训练集和测试集
X_train,X_test,y_train,y_test=train_test_split(X,y,test_size =
0.2,random_state = 42)
# 创建高斯朴素贝叶斯分类器对象
gnb = GaussianNB()
# 使用训练数据拟合模型
gnb.fit(X_train,y_train)
# 对测试集进行预测
y_pred = gnb.predict(X_test)
# 评估模型
print("Gaussian Naive Bayes model accuracy(in %):",metrics.accuracy_
score(y_test, y_pred)*100)
```

12.5　随机森林算法

随机森林算法是一种基于集成学习的分类与回归算法，其本质是通过组合多个决策树来改进预测准确性和稳定性。随机森林算法的优点包括高准确率、能够自动评估特征的重要性、对特征的尺度和相关性不敏感、可解释性强以及适合处理大数据等。但是，它也存在如容易过拟合（特别是在数据集较小或树的深度过大的情况下）、对噪声和异常值敏感、对参数敏感以及计算复杂度高等缺点。

12.5.1 装袋法

装袋法的实现过程如下。

（1）首先假设样本全集为 D，通过自助法对 D 进行 n 次有放回的抽样，形成 n 个训练样本集，并将在 n 次有放回的抽样中一次也没有被抽到的样本构成包外测试集。

（2）然后基于 n 个训练样本集生成 n 个弱学习器（比如棵决策树）。

（3）再后使用这个 n 弱学习器对包外测试集进行预测，从而得到 n 个预测结果。如果是分类问题，就是 n 个分类；如果是回归问题，就是 n 个预测值。

（4）如果是分类问题，按照“多数票规则”，将 n 个弱学习器产生的预测值中取值最多的分类作为最终预测分类；如果是回归问题，将 n 个弱学习器产生的预测值进行平均，以平均值作为最终预测值。

（5）如果是分类问题，以袋外错误率作为评价最终模型的标准；如果是回归问题，以袋外均方误差或拟合优度作为评价最终模型的标准。

12.5.2 随机森林模型的基本原理

随机森林（Random Forest）是一种经典的装袋法模型，其弱学习器为决策树模型。通过构建并结合多个决策树的预测结果来提高整体的预测性能。具体来说，随机森林算法包含以下几个关键步骤。

（1）袋装法抽样构建子样本集。

（2）构建决策树。为了保证模型的泛化能力（或者说通用能力），随机森林模型在建立每棵树时，往往会遵循“数据随机”和“特征随机”这两个基本原则。

数据随机：从所有数据当中有放回地随机抽取数据作为其中一个决策树模型的训练数据。

特征随机：如果每个样本的特征维度为 M，指定一个常数＜ M，随机地从 M 个特征中选取 k 个特征。在使用 Python 构造随机森林模型时，默认选取特征的个数 k 为 M。

与单独的决策树模型相比，随机森林模型由于集成了多个决策树，其预测结果会更准确，且不容易造成过拟合现象，泛化能力更强。

（3）集成预测。当需要对新的数据进行预测时，每棵决策树都会根据输入的特征给出一个预测结果。对于分类问题，随机森林采用投票的方式，选择被最多树预测的类别作为最终的预测结果；对于回归问题，随机森林采用平均的方式，计算所有树预测结果的平均值作为最终的预测值。

12.5.3 随机森林算法的 Python 实现

在下面的代码中首先加载了 Iris 数据集，并将其分为训练集和测试集。然后创建了一个 RandomForestClassifier 对象，并设置了两个参数：n_estimators 表示森林中树的数量，random_state 用于确保每次运行代码时都得到相同的结果。接下来使用训练数据拟合了模型，并对测试集进行了预测。最后计算并打印了模型的准确率。请注意，随机森林的性能会受到多个参数的影响，包括树的数量、最大深度、最小样本分割等。在实际应用中可能需要使用交叉验证、网格搜索等技术来找到最优的参数组合。

```
from sklearn.datasets import load_iris
from sklearn.model_selection import train_test_split
from sklearn.ensemble import RandomForestClassifier
from sklearn import metrics
# 加载数据
iris = load_iris()
X,y = iris.data,iris.target
# 划分训练集和测试集
X_train,X_test,y_train,y_test = train_test_split(X,y,test_size = 0.2,random_state = 42)
# 创建随机森林分类器对象
rfc = RandomForestClassifier(n_estimators = 100,random_state = 42)
# 使用训练数据拟合模型
rfc.fit(X_train,y_train)
# 对测试集进行预测
y_pred = rfc.predict(X_test)
# 评估模型
print("Random Forest Classifier accuracy(in %):",metrics.accuracy_score(y_test, y_pred)*100)
```

下面的代码首先使用 make_regression 函数生成了一个模拟的回归数据集。然后将数据集分为训练集和测试集。接下来创建了一个 RandomForestRegressor 对象，并设置了树的数量和随机种子。本示例使用训练数据拟合了模型，并对测试集进行了预测，最后计算并打印了模型的均方误差（Mean Squared Error, MSE）和决定系数（ Score），以评估模型的性能。对于回归任务，评估指标通常包括均方误差、平均绝对误差、分数等。同样地，随机森林回归器的性能也会受到多个参数的影响，可能需要通过交叉验证和网格搜索来找到最佳的参数组合。

```
from sklearn.datasets import make_regression
from sklearn.model_selection import train_test_split
from sklearn.ensemble import RandomForestRegressor
from sklearn import metrics
# 生成模拟的回归数据集
X,y = make_regression(n_samples = 1000,n_features = 4,noise = 0.1,random_state = 42)
# 划分训练集和测试集
X_train,X_test,y_train,y_test = train_test_split(X,y,test_size = 0.2,random_state = 42)
# 创建随机森林回归器对象
rfr=RandomForestRegressor(n_estimators = 100,random_state = 42)
# 使用训练数据拟合模型
rfr.fit(X_train,y_train)
# 对测试集进行预测
y_pred = rfr.predict(X_test)
# 评估模型
mean_squared_error = metrics.mean_squared_error(y_test,y_pred)
r2_score = metrics.r2_score(y_test, y_pred)
print(f"Mean Squared Error:{mean_squared_error}")
print(f"R^2 Score:{r2_score}")
```

课堂思政

1．培养创新精神、团队协作能力

通过项目式学习，鼓励学生尝试不同的算法和模型，培养他们的创新思维和解决问题的能力。组织学生分组进行机器学习项目，让他们在实践中学会团队协作，共同解决问题。

2．机器学习技术与社会责任

机器学习技术，作为人工智能领域的一个重要分支，正日益渗透到生活的方方面面，从智能推荐到自动驾驶，从医疗诊断到金融风控，其影响力不可小觑。机器学习技术大量依赖数据进行训练，这就涉及用户数据的采集、存储和使用。教育学生意识到保护用户隐私和数据安全的重要性，不得滥用用户数据，更不能泄露用户隐私。机器学习模型可能因训练数据的偏见而产生不公平的决策。需要强调算法公平性的重要性，确保模型不会对某些群体产生歧视。同时，算法的透明度也是一个重要议题，应确保用户可以了解模型是如何做出决策的。

3．机器学习技术的伦理意识

培养学生的伦理意识，让他们在未来的研究和应用中能够自觉遵守伦理规范。介绍并讨论人工智能伦理的几大原则，如尊重人权、促进公平、保护隐私、确保安全可控等。强调在开发和应用机器学习技术时，应建立相应的伦理审查机制，确保技术符合社会伦理和法律要求。同时，政府和相关机构也应对机器学习技术的使用进行监管。

4．机器学习对人类发展的意义

引导学生认识到机器学习技术的发展对于人类社会的未来有着重要的推动作用，并激发他们对技术创新的热情。机器学习技术能够自动化处理大量重复性工作，从而极大地提高工作效率和生产力。机器学习为科学研究提供了新的方法和视角，推动了多个学科的发展和创新。机器学习技术能够处理海量数据，发现数据中的隐藏模式，为解决复杂的社会和科学问题提供了新的可能。

本章小结

机器学习的内容体现为“算法”，精髓在于预测。机器学习的必要条件之一是大数据的存在。机器学习的主要算法可以分为监督学习算法、无监督学习算法、强化学习算法等。常用的机器学习术语包括样本、响应变量、特征、属性值、属性空间、特征向量、训练样本、测试样本等。机器学习中常用的量度模型的泛化能力的方法包括验证集法、K 折交叉验证、自助法。

线性回归算法是一种较为基础的机器学习算法，基于特征（自变量、解释变量、因子、协变量）和响应变量（因变量、被解释变量）之间存在的线性关系。假定误差项满足与特征之间的严格外生性假定，以及自身的同方差、无自相关，那么，一般采用最小二乘估计法来估计线性模型的相关参数，基本原理是使残差平方和最小。二元 Logistic 回归算法中实质上建立了特征与相应变量概率对比之间的关系。

线性回归模型的性能参数常用均方误差、R-squared 等，二分类问题的性能量度常用查准率（也称为特异度或者假阳性率或者误报率）、查全率（常常被称为召回率或灵敏度或敏感度或真阳性率）、ROC 曲线、AUC 值。

从原理的角度来看，决策树本质上就是依次选取最为合适的特征向量，按照特征向量的具体取值不断对特征空间进行矩形分割。在选择特征变量时，我们通常会使用基尼指数、信息增益、增益率等标准来衡量每一个特征变量的重要性。

朴素贝叶斯算法（Naive Bayesian algorithm）是在贝叶斯算法的基础上假设特征变量相互独立的一种分类方法，是贝叶斯算法的简化。当“特征变量相互独立”的假设条件能够被有效满足时，朴素贝叶斯算法具有算法比较简单、分类效率稳定、所需估计参数少、对缺失数据不敏感等优势。

随机森林算法是一种基于集成学习的分类与回归算法，其本质是通过组合多个决策树来改进预测准确性和稳定性。为了保证模型的泛化能力（或者说通用能力），随机森林模型在建立每棵树时，往往会遵循“数据随机”和“特征随机”这两个基本原则。

实战训练

项目 1：预测员工流失，二值 Logistic 算法知识点

项目 2：铁精粉销售价格预测，线性回归算法知识点

项目 3：房屋价格预测，线性回归算法知识点

项目 4：信用卡欺诈分类，分类决策树算法知识点

课后练习

1．关键名词：响应变量、特征、验证集法、K 折交叉验证、自助法、均方误差、R 方（R-squared）、查准率、查全率、ROC 曲线、AUC 值、基尼指数（Gini Index）、信息增益（Information Gain）、增益率（Gain Ratio）、贝叶斯公式、装袋法

2．简答题

（1）简述机器学习的流程。

（2）简述决策树算法的原理。

第 13 章　大数据综合应用案例——财务困境预测

教学目标与要求

掌握财务困境预测模型的基本原理及构建过程，能够构建和评估财务困境预测模型。能够进行数据预处理及缺失值填补、运用逻辑回归算法进行预测分析。

13.1　引言

在当今高度动态和竞争激烈的商业环境中，企业财务健康是其持续成功的关键。财务困境预测对于管理层、投资者和政策制定者来说至关重要，它可以提前警示潜在的财务问题，从而采取预防措施避免重大损失。随着大数据技术的快速发展，企业财务困境的预测和管理也进入了一个新的阶段。通过利用大数据和高级分析技术，企业可以更准确、更及时地识别出可能导致财务困境的信号。

13.1.1　财务困境的定义和重要性

财务困境通常指的是企业面临严重的财务压力，无法满足其债务义务或日常运营资金需求。这种状况可能导致企业信用评级下降、股价暴跌甚至破产。财务困境不仅影响到公司自身，还可能对投资者、债权人、员工产生深远影响。因此，及早预测和识别企业的财务困境对于避免经济损失和维持市场稳定具有重大意义。

13.1.2　大数据在财务困境预测中的应用概览

传统的财务困境预测方法主要依赖于财务比率分析、现金流分析等技术，这些方法虽然有效，但常常受到数据获取时效性和质量的限制。大数据技术的引入极大地扩展了数据来源，不仅包括传统的财务报表数据，还包括市场数据、社交媒体情感分析、网络新闻和非结构化数据等。这些数据的综合分析能够提供更全面的风险评估，并增加预测模型的精度和响应速度。

大数据应用于财务困境预测的优势主要表现在以下几个方面：

（1）数据多样性和丰富性：通过分析多源数据，可以获得更全面的企业运营画像。

（2）实时性：实时数据处理使得企业能够快速响应财务状况的变化，及时调整策略。

（3）预测准确性提高：机器学习和深度学习模型能够处理复杂的数据集，提高预测的准确性。

（4）自动化：自动化的数据分析和报告生成减少了人为错误，提高了效率。

在接下来的章节中，我们将深入探讨财务困境预测的各种方法和模型，特别是如何利用大数据技术来优化这些预测模型，并通过实证研究来展示其应用效果。

13.2　理论背景和方法论

理解和预测企业财务困境的能力对于企业管理层、投资者及政策制定者具有极高的价值。本章节将探讨企业财务困境的理论基础、不同的预测方法以及大数据技术在这一领域的应用。

13.2.1　财务困境的表现形式和影响

财务困境可以通过多种表现形式识别，如现金流短缺、高负债比率、盈利能力下降、审计意见的变动等。这些指标通常是企业即将面临财务危机的前兆。对这些指标的监控和分析对于早期识别和干预至关重要，可以帮助企业避免进一步的财务衰退。

影响财务困境的因素既包括内部管理层的决策，如资金管理不善、战略失误等，也包括外部环境的影响，如市场竞争加剧、宏观经济衰退、政策变化等。理解这些因素是构建有效预测模型的基础。

13.2.2　ST 制度及其对财务预测的意义

在中国，特别处理（Special Treatment，ST）制度是针对财务状况异常的上市公司而设。这一标记不仅预示着公司可能面临被摘牌的风险，而且通常是财务困境的一个重要信号。ST 制度的存在为研究者提供了一个明确的标准，用以识别和研究财务困境。

13.2.3　常用的财务困境预测模型

1. 传统财务比率分析

传统的财务困境预测主要依赖于财务比率分析，包括流动比率、速动比率、债务比率、利润率等关键指标。这些比率能够提供企业财务状况的快照，帮助分析企业的偿债能力和运营效率。然而，单靠这些传统指标并不能完全揭示企业可能陷入的财务困境，特别是在复杂和动态的市场环境中。

2. 逻辑回归模型

逻辑回归是一种统计方法，用于处理分类预测问题，非常适用于二分类问题，如预测企业是否会陷入财务困境。逻辑回归通过估计一个事件发生的概率来进行预测，其输出范围在 0 到 1 之间，通常设定一个阈值（如 0.5），当预测概率超过这个阈值时，预测事件发生。

13.3　实证研究设计

为了深入理解大数据技术如何提高企业财务困境预测的准确性和效率，本章节将展示一个详细的实证研究设计。此研究旨在通过实际数据验证不同预测模型的有效性，并探讨这些模型在实际应用中的表现。

13.3.1 数据源和样本选择

为确保研究结果的可靠性和普遍性，选择合适的数据源和样本是至关重要的。通过选取特定的上市公司作为案例，进一步分析模型在实际操作中的应用。将展示如何利用模型预测结果来进行财务决策支持，以及模型预测的实际效果和影响。案例分析不仅有助于理解模型在特定情况下的表现，还能提供关于模型应用的具体见解和改进建议。

通过这一章节的实证研究设计，可以获得关于如何使用大数据和机器学习技术来提高企业财务困境预测精确度的深入理解。这不仅增强了理论知识的实用性，还为未来的研究和实践提供了坚实的基础。

1. ST 股票数据集的构建

选择 2003 年至 2019 年期间沪深两市的所有 ST 股票作为主要研究对象。这一时间范围被选中是因为它包含了多个经济周期，其中包括金融危机和经济快速增长期，能够为模型提供丰富的测试场景。数据将从官方证券交易所和公开财报中收集，确保数据的完整性和准确性。

2. 财务指标的选取和数据预处理

选取与财务困境高度相关的指标，如流动比率、债务比率、营业收入增长率等，以及更为细微的指标，例如现金流量比率和利息保障倍数。所有数据将经过严格的预处理，包括缺失值处理、异常值检测和数据标准化，以保证数据质量。

13.3.2 模型构建步骤

构建有效的预测模型是实证研究的核心部分，以下是详细的步骤。

1. 逻辑回归模型的搭建

以逻辑回归为基础，构建一个初步的预测模型。首先，选择适当的财务和非财务指标作为模型输入，然后使用二分类逻辑回归来预测企业是否会陷入财务困境。模型将通过交叉验证方法进行训练，以优化模型参数并防止过拟合。

2. 模型参数的优化和验证

在模型训练完成后，将采用多种方法对模型的性能进行验证，包括精确度、召回率和 AUC-ROC 曲线等统计指标。这些指标可以帮助评估模型在实际应用中的表现，确保预测结果的可靠性。

3. 预测模型的实施

最后，将模型应用于一个独立的测试数据集，该数据集包括未在模型训练过程中使用的企业样本。这一步骤是验证模型泛化能力的关键，可以确保模型在新的、未知的数据上也能保持良好的预测效果。

13.4 案例研究

为了更深入地理解和展示大数据和机器学习技术在预测企业财务困境中的实际应用，本节将通过具体的案例研究来说明预测模型的构建、实施和评估过程。

案例介绍：选择具体的上市公司

新奥洁投资股份有限公司（简称“新奥洁”）为规避投资风险，要求财务分析师根据 2003 年至 2019 年（17 年）期间被 ST（含 *ST）股票的一些财务指标特征，建立一个风险预测模型，以此预测股票未来陷入财务困境的可能性，在后期选择股票投资时，规避投资风险。

本案例选取的是在 2003 年被标记为 ST 的上市公司。在过去几年因业绩连续亏损、债务累积以及管理层变动频繁而引起市场和监管机构的关注。通过分析 2003 年至 2019 年的财务报告和市场数据，本研究旨在构建一个模型，预测其进入 ST 状态的概率。

13.4.1　数据集整理和预处理详细步骤

1. 数据收集

首先，从证券交易所公开发布的财务报告中收集数据，包括财务比率、盈利能力指标、流动性指标等。同时，利用网络爬虫技术从各大新闻网站和社交媒体平台收集关于该公司的新闻报道和公众评论，用于进行情感分析。

2. 数据预处理

（1）缺失值处理：对缺失的财务数据使用行业平均值填补。

（2）异常值检测：通过箱形图和标准差方法识别并处理异常值。

（3）数据标准化：为了消除不同指标之间的量纲影响，使用 Z-score 标准化处理所有数值型数据。

（4）情感分析：使用自然语言处理工具对新闻和评论进行情感打分，将结果作为模型输入的一部分。

13.4.2　根据上市时间统计完整期间数据表

在采集到的数据中，有些企业是晚于 2003 年上市，我们需要先把这些企业筛选出来备用；我们需要构造一张财务数据完整时间的数据表，可以使用本任务的结果，将晚于 2003 年上市的企业数据表时间统计出来，这样方便我们统计财务数据完整时间的数据表。筛选出 2003 年上市的企业 126 家。

操作步骤如下：

1. 导入 python 库

在下面的程序中，我们需要使用 Python 中提供的 Pandas 库，对 CSV 文件的处理方案 Pandas 源于 Panel Data 和 Data analysis。主要提供数据处理和数据分析功能。其中常用到的，也是我们需要用到的 DataFrame, 可以直接想象为 Excel 中的一张数据表。此外，我们在之后的程序中，将使用 Pandas 提供对 CSV 的支持，进行数据读写。代码如下：

```
import pandas as pd
```

2. 读取数据文件

通过 Pandas 库的 read_csv() 方法，将原始数据读取到程序中。程序所需要用到的供应商画像数据文件，是已经存放在我们的程序环境中的可以通过左侧的文件列表，找到【 01_ 数据来源】文件夹，在其中看到 建模数据【08_ 企业工 PO 上市日期】文件。这个文件中包含的就是接下来程序要使用到的原始数据。代码如下：

```
df = pd.read_csv('./企业财务困境预测/01_数据来源/建模数据08_企业IPO上市日期.csv', dtype = str)
```

3. 整理数据日期

修改数据中日期格式。数据中的日期，是通过 / 进行分割的，如 2003/01/01， 而 DataFrame

对日期的操作需要用“-”格式，也就是2003-01-01。DataFrame可以通过df[…]方式，在其中配置对应需要操作指定字段（列）的数据。通过DataFrame下str.replace()方法，可以对数据表中的内容进行查找替换。同时，也可以在其中配置条件公式，以寻找满足条件的数据。代码如下：

```
df['公司上市日期']= df['公司上市日期'.str.replace('/', '_')
```

4. 筛选公司

获取上市日期为2003年以后的公司数据。DataFrame可以通过df[…]方式，在其中配置条件公式，以寻找满足条件的数据。将满足条件的数据保存到新的记录（变量df 2003）中。代码如下：

```
df_2003= df[df['公司上市日期']>='2003-01-01']
```

5. 保存结果

最后，我们将处理完的数据保存到新的文件中，为之后的处理提供数据。对应read_csv()方法，Pandas同样提供了写入CSV文件的方法to_csv()。对于大数据处理和分析，我们不再需要首列的编号index，所以可以通过配置属性index =False忽略编号记录。另外，为了便于使用，我们需要指定特殊的字体编码，这里指定utf-8-sig的编码可以保证文件中的中文显示正常，不会出现乱码的现象。代码如下：

```
df_2003.to_csv('./企业财务困境预测/05_数据结果/公司上市名单.csvencoding
= 'utf-8-sig
, index = False, encoding = 'utf-8-sig'
```

13.4.3 财务数据完整时间构造

任务说明：结合股票的上市时间、选择的统计区间以及待选变量，我们需要构建一张完整的2003年至2019年季度股票指标表。由于我们在做数据收集时是按照指标类别进行的，每张表的数据并不一样，所以此处我们需要构建6张季度股票指标表。构建后，每张表含有35904条数据，568家上市公司。

1. 导入所需的Python库

在下面的程序中，我们需要使用Python中提供的Pandas库，对CSV文件的处理方案。在【任务一】获取上市时间晚于2003年的公司名单中，我们对Pandas库已经做了介绍，这里就不再重复讲解。我们需要使用Python中提供的DateTime库，来处理时间的转换。提供了获取当前日期、时间等功能。同时还可以在文字格式的日期时间与时间格式之间互相转换，以及与时间戳之间的互转等操作。因为只需要datetime()方法，所以从datetime库中，只引用datetime方法（当完全引用datetime库情况下，使用其下的datetime()方法需要datetime.datetime()）。单独引入库中的datetime()方法，就如同我们现在的写法from ... import ...，就可以省略掉库名。我们需要使用Python中提供的glob库，对文件系统进行检索。Glob库是用来查找匹配文件。提供了依据文件路径（如C:\文件\脚本.py）找到匹配的文件。此外，Glob中的方法还可以通过？或*模糊匹配文件路径中的字符。最常用的方法是glob()，也是本程序中要使用的功能。我们需要使用Python中提供的os库，对文件系统进行操作。Python中提供的Operating System（os）库，可以对操作系统进行控制。最常用的就是操作目录或文件。

在本程序中，我们将使用到os.path.basename()方法，获得的文件名，基本名称(basename)是将如 c:\案例\脚本\script.py。这个文件路径中的script.py提出来，也就是纯文件名部分我们需要使用Python中提供的dateuti库来计算时间。DateUtil是Python中日期时间的支持工具，主要提供

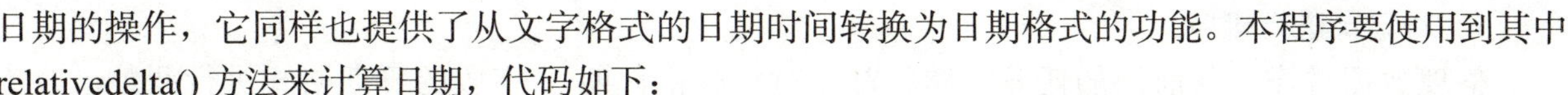

日期的操作，它同样也提供了从文字格式的日期时间转换为日期格式的功能。本程序要使用到其中 relativedelta() 方法来计算日期，代码如下：

```
import pandas as pd
from datetime import datetime
import glob
import os
from dateutil.relativedelta import *
```

2. 读取数据文件

通过 Pandas 库的 read_csv() 方法，将原始数据读取到程序中。本程序将基于【任务一】：获取上市时间晚于 2003 年的公司名单所保存的数据，继续进行处理。可以通过左侧的文件列表，找到【05 数据结果】文件夹，在其中看到【公司上市名单】文件。通过 DataFrame 的 to_list() 方法，将数据中‘证券代码’ 字段 (列) 下面的数据读出并转换为列表 (List) 类型。代码如下：

```
data_df = pd.read_csv('./企业财务困境预测/05_数据结果/公司上市名单.csv', dtype = str)
company_list = data_df['证券代码'].to list()
```

3. 检查文件路径

检查源文件和保存文件的路径。本程序还将用到 6 个原始数据，可以在【01_数据来源】文件夹中找到，分别是【建模数据 02 ~ 建模数据 07】。通过 glob() 方法利用“？”(任意单一的任意字符) 和 “*” (任意长度的任意字符) 模糊匹配原始数据文件名，以此获取完整原始数据文件名列表。通过 os 的 path.exists() 方法检查目录是否存在，在 if 条件中加入 not 可以反向检查结果，比如这里的检查文件路径。如果不存在的话，通过设置 not，那么这个 if 判断就满足了运行条件，所以就会执行下面的创建保存文件路径的操作。针对路径中包含多个文件夹，又无法确认是否有多个文件夹缺失时，可以通过 makedirs() 方法，逐层建立文件夹。代码如下：

```
file_list = glob.glob('./企业财务困境预测/01_数据来源/建模数据0?_*指标.csv')
path = './企业财务困境预测/05_数据结果/根据上市时间统计完整期间数据表/'
if not os.path.exists(path):
    os.makedirs(path)
```

4. 处理每份数据文件

依次获取每个原始数据进行处理。通过 Python 的 for 逻辑循环，依次获取上一步中读取原始数据文件名，并进行处理。通过 os 的 path.basename() 方法获得原始数据文件的纯文件名，用作最后保存处理后数据的文件命名。需要注意的是， for 循环的逻辑代码在之前的代码段落基础上进行了缩进，所以在编写代码时，一定要注意代码缩进。代码如下：

```
for file name in file list:
    print(file_name)
    name = os.path.basename(file_name)
```

5. 读取文件数据

读取原始数据文件。与之前一样，通过 read_csv() 读取当前处理中的原始数据文件。通过配置 dtype=str, read_csv() 方法会将数据读取为文字 (字符串) 格式。因为该部分程序处于步骤 4 的 for 循环中，所以要注意代码缩进。代码如下：

```
df = pd.read_csv(file_name, dtype = str)
```

5. 对记录进行排序

整理数据排序。与前面的任务一样，首先对”截止日期’ 字段的日期格式进行调整，改为之后程序处理中需要的格式。通过 DataFrame 的 sort _values() 方法，依据’证券代码’ 和’截止日期’ 两项进行排序。因为该部分程序处于步骤 4 的 for 循环中，所以要注意代码缩进。代码如下：

```
df['截止日期'] = df['截止日期'].str.replace('/', '-')
df = df.sort_values(['证券代码', "截止日期"])
```

6. 准备数据表

预先准备处理结果记录。通过 Pandas 的 DataFrame 创建一个新的数据表，用作之后处理结果的记录。因为该部分程序处于步骤 4 的 for 循环中，所以要注意代码缩进。代码如下：

```
pd_df = pd.DataFrame()
```

7. 通过证券代码分组

通过证券代码将记录分组。通过 DataFrame 的 groupby() 方法，依据‘证券代码’字段进行分组。分组后会形成成对的数据组，每组中都会有组名 (key) 和组数据 (value)。通过组名可以找到对应的组数据。因为该部分程序处于步骤 4 的 for 循环中，所以要注意代码缩进。代码如下：

```
group_df = df.groupby('证券代码')
```

8. 依次处理各公司数据

依次获取每个公司组的数据。利用 Python 的 for 逻辑循环，依次获取分组中的数据。其中组名用 key_name 暂时保存，组数据暂时由 key_value_df 保存。因为是 DataFrame 数据表的分组，所以 key_value_df 同样为 DataFrame 数据表格式。因为该部分程序处于步骤 4 的 for 循环中，所以要注意代码缩进。代码如下：

```
for key_name, key_value_df in group_df:
```

9. 准备上市公司报表时间

准备公司报表时间。通过 if 条件判断，查看当前要处理的公司在上市公司列表中有记录的公司，依据数据中‘公司上市日期’字段的日期数据，计算下一季度的时间（刚上市的公司不会马上有报表，所以按下一季度开始抓取报表数据）。没有记录的公司，则默认配置报表的时间为 2003 年 3 月 31 日 到 2019 年 12 月 31 日。对有记录的公司，则计算精确的报表时间。通过 datetime 的 strptime() 方法，把刚读取到的上市时间，由文字日期转换为日期形式，并通过 relativedelta() 方法计算增加 3 个月的日期。从计算的日期中获取年和月，用于下面计算和生成报表时间。通过刚获取的月份，根据判断属于第一季度(1~3 月),第二季度 (4~6 月)，第三季度(7~9 月)或第四季度(10～12 月)，对应配置报告的开始日期为 3 月 31 日，6 月 30 日，9 月 30 日，12 月 31 日，而起始的年份，则通过刚获取的年份拼接进来。结束日期同样配置 2019 年 12 月 31 日。因为该部分程序处于步骤 9 的 for 循环中，所以要注意代码缩进。代码如下：

```
if key_name in company_list:
start_date_tmp = data_df[data_df['证券代码’] == key_name]['公司上
市日期'1.values[0]start_date0 = datetime.strptime(start_date_tmp,"%-%m-
%d")+relativedelta(months = +3)
start_date0_year = start_date0.year
start date0 month = start date0.month
if 1<= start date0_month <= 3:
start_date = str(start_date0_year)+'-03-31
elif 4 <= start date0 month <= 6:
```

```
start_date = str(start_date0_year)+'-06-30
elif 7<= start_date0_month <= 9:
start_date = str(start_date0_year)+'-09-30
else:
start_date = str(start_date0_year)+' -12-31
end_date =' 2019-12-31
else:
start_date =' 2003-03-31
end_date =' 2019-12-31'
```

10. 调整报表日期

调整现有报表数据的记录（见表 13.1）。与之前的处理相同，我们需要使用到日期进行程序操作，所以需要通过 datetime.strptime() 方法将数据中的文字日期转换为日期格式。DataFrame 的 apply 操作可以把其中数据调出来，并通过其他方法 (函数) 进行处理，这里因为处理逻辑非常简单，不需要单独建立独立的函数，所以可以通过匿名函数 (lambda) 进行处理，简化代码书写。通过 DataFrame 的 set index() 方法，将‘截止日期’设置为索引。并通过前一步计算的报表起始和结束日期，利用 Pandas 的 date_range() 方法建立一个时间序列，通过配置 freq 属性，将时间序列以每隔 3 个月 (3Month) 进行排列。通过 DataFrame 的 reindex() 方法将新的时间序列作为索引替换到报表数据中，这样就形成了一组以新时间序列为标准的报表数据（见表 13.2），即使原来的报表数据中没有包含某个日期的报表也会有一条空记录保存在其中。

表 13.1　原来的报表数据

	col1	col2	Date
0	A	30	2003-03-31
1	B	31	2003-09-30
2	C	32	2003-12-31

变为：

表 13.2　新的报表数据

	col1	col2	Date
2003-03-31	A	30.0	2003-03-31
2003-06-30	NaN	NaN	NaN
2003-09-30	B	31.0	2003-09-30
2003-12-31	C	32.0	2003-12-31
2004-03-31	NaN	NaN	NaN
2004-06-30	NaN	NaN	NaN
2004-09-30	NaN	NaN	NaN
2004-12-31	NaN	NaN	NaN

通过 DataFrame 的 index.to_list( ) 方法获取索引的日期，并将其回填到‘截止日期’字段，使截止日期完整。最后再通过 datetime 的 strftime() 方法把时间格式转换回文本格式的日期。因为该部分程序处于步骤 9 的 for 循环中，所以要注意代码缩进。代码如下：

```
key_value_df['截止日期'] = key_value_df['截止日期'].apply(lambda x:datetime.strptime(x,"%-%m-%d"))
# 并将日期格式设置为索引
key_value_df = key_value df.set_index(['截止日期'])
# 根据每个公司的开始日期和结束日期，构造时间序列
new_index  = pd.date_range(start = start_date, end = end _date, freg = '3M')
# 按照构造后的时间序列，重置索引，空值以 nan 填充
key_value_df = key_value df.reindex(new_index)
# 将构造索引重新赋值给截止日期
key_value df['截止日期'] = key_value_df.index.to_list()
# 将截止日期转为字符串
key_value_df['截止日期'] = key_value_df['截止日期'].apply(lambda x:x.strftime("%-%m-%d"))
```

11．补全证券代码

将空行中证券代码记录补全。通过 DataFrame 的 fillna() 方法对数据表中 NaN 数据进行数据填写。利用配置 method='bfi' 和 method='ffi!' 可以将该条数据前后的数据内容填入到该条记录中。这里只是通过这种方法将当前处理的数据组的证券代码补齐。因为该部分程序处于步骤九的 for 循环中，所以要注意代码缩进。代码如下：

```
key_value_df['证券代码'] = key_value_df['证券代码'].fillna(method = 'bfill')
key_value_df['证券代码'] = key_value_df['证券代码'].fillna(method = 'ffill')
```

12．暂存数据

将处理结果暂存到数据表。将数据暂存至第 7 步提前准备好的数据表中。因为该部分程序处于步骤 9 的 for 循环中，所以要注意代码缩进。代码如下：

```
pd_df = pd.concat([pd_df, key_value_df])
```

13．保存指标文件数据

将处理结果保存到文件。当一个原始文件数据完全处理完成，将暂存数据表中的处理结果保存到文件。通过步骤 4 中获取的文件名进行保存。利用 DataFrame 的 to csv() 方法将数据保存到指定文件。因为该部分程序处于步骤 4 的 for 循环中，所以要注意代码缩进。代码如下：

```
pd_df.to_csv(path + name,index=False , encoding = 'utf-8-sig')
```

13.4.4 财务数据缺失值填充

任务背景：

（1）操作本任务之前，需要先完成“根据上市时间统计完整期间数据表”任务，根据其结果继续操作本任务。

（2）在数据收集时，一些变量存在季度缺失值数据，需要分别对 6 张变量指标表的季度数据表进行数据清洗，将缺失的数据进行补充。

（3）考虑到数据是季度数据，所以选用上下相邻的季度数据均值来填补缺失值。

任务结果：

操作完毕后，所有建模变量指标表缺失值被填补。

1. 导入所需的 Python 库

在下面程序中，需要使用 Python 中提供的 Pandas 库对 CSV 文件进行处理。要使用 Python 中提供的 glob 库进行检索。要使用 Python 中提供的 os 库，对文件系统进行操作。在【13.4.3 财务数据完整时间构造】中已经对这三个 Python 库做了介绍，这里就不再重复讲解了。需要使用 Python 中提供的 Numpy 库，对数据类型进行处理。Numpy 是 Numerical 和 Python 的组合，为 Python 提供更高级的数学科学计算功能。代码如下：

```
import pandas as pd
import glob
import os
import numpy as np
```

2. 检查文件路径

检查源文件和保存文件的路径。本程序将基于【任务二：财务数据完整时间构造】所保存的数据，继续进行处理。可以通过左侧的文件列表，在【05 数据结果】文件夹下找到对应的文件。同前一任务相同，通过 os 的 path.exists() 方法查看文件路径是不是存在，不存在的话，就通过 makedirs() 方法建立需要的文件夹。同样，还是通过 glob() 方法获取数据文件名列表，并且通过 Python 的 sorted() 方法对文件名排序。代码如下：

```
path =' ./企业财务困境预测/05_ 数据结果/填补变量中的缺失值/
if not os.path.exists(path):
os.makedirs(path)
file_list  =  sorted(glob.glob('./企业财务困境预测/05_ 数据结果/根据上市时间统
计完整期间数据表/*'))
```

3. 依次处理每个数据文件

依次获取每个数据文件名进行处理。代码如下：

```
for file name in file list:
print(file_name)
name  = os.path.basename(file name)
```

4. 读取文件

获取上市日期为 2003 年以后的公司数据。与之前一样，通过 read_csv() 读取当前处理中的数据文件。因为该部分程序处于步骤 3 的 for 循环中，所以要注意代码缩进。代码如下：

```
df  = pd.read_csv(file_name, dtype=str)
```

5. 为各指标数据准备字段

为各个数据准备数据字段。利用 if 条件判断，检查当前处理的数据文件名。依据文件名对应的数据文件，按需将对应文件数据的字段罗列出来。这些字段主要是数据字段，未包含证券代码和截止日期。因为该部分程序处于步骤 3 的 for 循环中，所以要注意代码缩进。代码如下：

```
if name  == '建模数据 02_ 偿债能力指标 .csv':
column_name_fillna_list =「'流动比率','速动比率','现金比率','资产负债率',
"权益乘数","长期负债权益比率"]
elif name  == '建模数据 03_ 盈利能力指标 .csv':
column_name _fillna_list  = ['资产报酬率','总资产净利润率(ROA)','营业毛利率',
"营业净利率","成本费用利润率"]
elif name  == ‘建模数据 04_ 营运能力指标 .csv’:
```

```
column_name_fillna_list =「'应收账款周转率",'存货周转率','流动资产周转率','固定资产周转率',"总资产周转率"]
elif name ==' 建模数据 05 发展能力指标 .csv'
column_name_fillna_list  =['总资产增长率','营业收入增长率','可持续增长率']
elif name == '建模数据 06_ 公司规模指标 .csv = :
column_name_fillna_list = ['资产总计',"所有者权益合计"]
else:
column_name_fillna_list = ['持股比例 (%) = ]
```

6. 依次补齐字段数据

为各字段的空数据补充数据。通过 Python 的 for 逻辑循环，依次读取上一步中准备数据中每个字段。通过 DataFrame 的 [⋯] 方式处理当前正在处理的字段，并通过 astype() 方法设置数据类型，这里通过 Numpy 的 float64 类型将字段设置为小数格式 (浮点型)。与之前的任务一样，通过 DataFrame 的 groupby() 方法，以‘证券代码’ 分组。通过 ffill() 和 bfill() 方法，对空着的数据位置进行填充。首先尝试通过前后两个记录对应字段的均值进行填充。其次对首条记录为空及末条记录为空的情况直接用相邻数据填补。因为该部分程序处于步骤 3 的 for 循环中，所以要注意代码缩进。代码如下：

```
for column_name in column_name_fillna_list:
print(column_name)
df[column_name] = df[column.name].astype(np.float64)
df[column_name]  = df.groupby("证券代码").apply(lambda x: (x[column_name].ffill()+ x[column_name.bfill())/2).reset_index(drop = True))
df[column_name] = ("证券代码").apply(lambda x:
df.groupbyx[column_namel.fillna(method = 'bfill)).reset_index(drop =True)
df[column_name] = df.groupby("证券代码").apply(lambda x:x[column_name].fillna(method = 'ffill')).reset_index(drop = True)
```

7. 保存指标文件数据

将处理结果保存到文件。当一个指标数据处理完成，将处理结果保存到文件。通过步骤 3 中获取的文件名进行保存。利用 DataFrame 的 to_csv() 方法将数据保存到指定文件。因为该部分程序处于步骤 3 的 for 循环中，所以要注意代码缩进。代码如下：

```
df.to_csv(path + name, index = False, encoding = 'utf-8-sig')
```

13.4.5 财务指标数据合并

任务背景：

（1）操作本任务之前，需要先完成“填补变量中的缺失值”任务，根据其结果继续操作本任务。

（2）数据清洗后，各表内数据条数均一致，因此现在可以将 6 张数据表进行合并，汇总成一份含全部的指标变量统计表。

任务结果：

操作完毕后，将会形成一张含有全部指标的数据表。

1. 导入所需的 Python 库

在下面的程序中，需要使用 Python 中提供的 Pandas 库，对 CSV 文件进行处理，要使用 Python 中提供的 glob 库，对文件系统进行检索，要使用 Python 中提供的 os 库，对文件系统进行操作。在

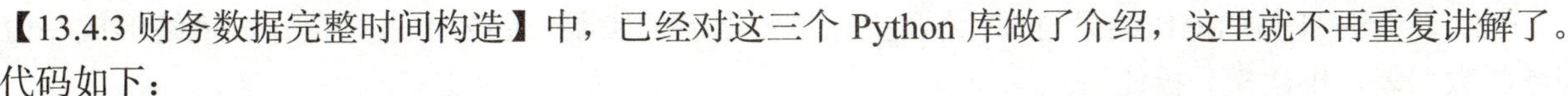

【13.4.3 财务数据完整时间构造】中，已经对这三个 Python 库做了介绍，这里就不再重复讲解了。代码如下：

```
import pandas as pd
import glob
import os
```

2. 检查文件路径

检查源文件和保存文件的路径。本程序将基于【任务三：获取上市时间晚于 2003 年的公司名单】所保存的数据，继续进行处理。可以通过左侧的文件列表，在【05_ 数据结果】文件夹下找到对应的文件。同前一任务相同，通过 os 的 path.exists() 方法查看文件路径是不是存在，不存在的话，就通过 makedirs() 方法建立需要的文件夹。同样，还是通过 glob() 方法获取数据文件名列表。代码如下：

```
path = './企业财务困境预测/05_数据结果/数据表合并/'
if not os.path.exists(path):
os.makedirs(path)
file_list = glob.glob('./企业财务困境预测/05_数据结果/填补变量中的缺失值/*')
```

3. 读取文件

从数据文件列表里读取第一个文件。通过 Pandas 的 read_csv() 方法，以文件名列表中的第一个文件名读取数据。以第一个文件的数据及数据表结构作为基础，便于后面的程序将其他文件中的数据合并进来。代码如下：

```
df = pd.read_csv(file_list[0], dtype = str)
```

4. 依次合并各指标文件数据

依次合并各文件数据。通过 for 逻辑循环，依次读取文件列表中的文件名并进行处理，通过指定 [1:] 从第二个（程序计数起始于 0，所以 1 是位置 2）文件名开始处理。同样通过 read_csv() 读取当前处理的另一个数据文件。通过 DataFrame 的 merge() 方法，将第二个读取的文件与上一步打开的首个文件合并。在 merge() 方法中配置属性 on 可以指定数据合并的依据，这里通过‘证券代码’和‘截止日期’进行合并。代码如下：

```
for file_name in file_list[1:]:
    print(file_name)
    # 获取数据
    df2 = pd.read_csv(file_name, dtype = str)
    # 根据"证券代码", "截止日期"合并两个表格数据，将结果在重新赋值给第一个表格。相当于第一个表格不停地写入新的数据。
    df = df.merge(df2, on = ["证券代码", "截止日期"])
print(df)
```

5. 保存指标数据文件

将处理结果保存到文件。利用 DataFrame 的 to_csv() 方法将数据保存到指定文件。代码如下：

```
df.to_csv(path + '财务指标合并数据结果.csv', index = False, encoding='utf-8-sig = )
```

13.4.6　建模数据合并

任务背景：

（1）操作本任务之前，需要先完成“全部指标数据合并表”任务，根据其结果继续操作本任务；

（2）将上一任务的操作结果与 ST 公司打标签数据表的股票代码名单进行合并，最终形成一份完整的数据表，供建模分析使用。

任务结果：

操作完毕后，将会形成一张含有 ST 股票公司及变量指标的完整数据表，供建模使用。

1. 导入所需的 Python 库

在下面的程序中，需要使用 Python 中提供的 Pandas 库，对 CSV 文件进行处理。要使用 Python 中提供的 datetime 库，对时间进行处理。在【13.4.3 财务数据完整时间构造】中，已经对这两个 Python 库做了介绍，这里就不再重复讲解了。代码如下：

```
import pandas as pd
from datetime import datetime
```

2. 读取原始数据

读取原始数据。程序需要用到原始数据文件，源数据已经存放在我们的程序环境中。可以通过左侧的文件列表，找到【01_ 数据来源 】文件夹，在其中看到【建模数据 01_ 上市公司 ST 状态】文件。通过 Pandas 的 read_csv() 方法，读取原始数据文件。代码如下：

```
df = pd.read_csv('./企业财务困境预测/01_数据来源/建模数据01_上市公司ST状态.csv')
```

3. 整理数据时间格式

调整数据中的时间。与之前相同，将数据内的时间格式调整成程序处理需要的格式，并将文字时间转换为时间类型数据。代码如下：

```
df['截止日期'] = df['截止日期'].str.replace('/', '-')
df['截止日期'] = df['截止日期'].apply(lambda x: datetime.strptime(x, "%Y-%m-%d"))
```

4. 读取指标数据

读取完整的指标数据。本程序还需要上一任务处理结果以继续进行处理。可以通过左侧的文件列表，找到 05_ 数据结果文件夹，在其中看到对应的文件。通过 Pandas 的 read_csv() 方法，读取原始数据文件。同样调整时间格式，并转为时间类型数据。代码如下：

```
df2 = pd.read_csv('./企业财务困境预测/05_数据结果/数据表合并/财务指标合并数据结果.csv', dtype=str)
df2['截止日期'] = df2['截止日期'].str.replace('/', '-')
df2['截止日期'] = df2['截止日期'].apply(lambda x: datetime.strptime(x, "%Y-%m-%d"))
```

5. 保存指标文件数据

将新数据合并到指标数据。与之前相同，依旧通过 ‘证券代码’ 和 ‘截止日期’ 将新数据通过 DataFrame 的 marge() 方法合并到前一任务中整理得到的完整指标数据。再通过 to_csv() 方法将数据保存。代码如下：

```
df2 = df2.merge(df, on = ["证券代码", "截止日期"])
df2.to_csv('./企业财务困境预测/05_数据结果/数据表合并/建模数据表合并.csv', index = False, encoding='utf-8-sig')
print(df2)
```

13.4.7 财务困境模型构建

任务背景：

（1）操作本任务之前，需要先完成“ 建模数据合并 ”任务，根据其结果继续操作本任务；

（2）根据建模数据合并任务的操作结果，将对数据进行建模；

（3）建模逻辑思维流程图如图 13.1 所示。

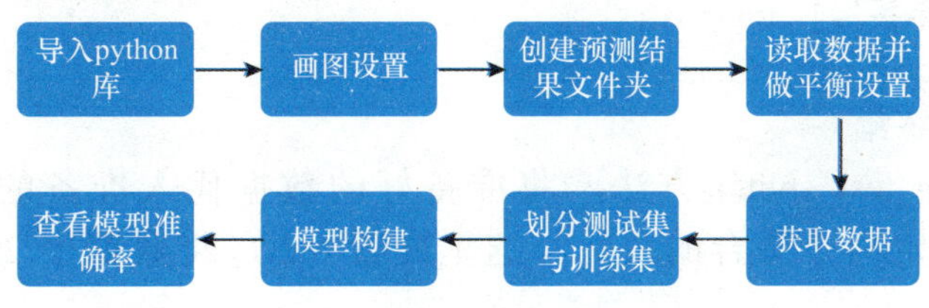

图 13.1 建模逻辑思维流程图

任务结果：

操作完成后，逻辑回归模型建立完成，可以得出一个模型的准确率。

1. 导入所需的 Python 库

在下面的程序中，需要使用 Python 中提供的 Pandas 库，对 CSV 文件进行处理。要使用 Python 中提供的 datetime 库，对时间进行处理。在【13.4.3 财务数据完整时间构造】中，已经对这两个 Python 库做了介绍，这里就不再重复讲解了。需要使用 Python 中提供的 sklearn 库，进行机器学习处理。sklearn (scikit learn) 是第三方的机器学习工具。提供常用的机器学习算法，包括回归、降维、分类、聚类等。本程序中需要使用到算法中的逻辑回归 (LogisticRegression)，准确率 (accuracy_score)，以及对机器学习数据的划分方法 (train_test_split)。需要使用 Python 中提供的 joblib 库，对训练的模型进行操作。joblib 轻量级任务队列工具，用于处理大体积数据。使用 joblib.dump() 将大体积数据保存到文件。本程序中机器学习会形成大量数据，而最终需要通过 dump() 方法将数据保存出来。代码如下：

```
import pandas as pd
import numpy as np
from sklearn.linear_model import LogisticRegression
from sklearn.metrics import accuracy_score
from sklearn.model_selection import train_test_split
import joblib
```

2. 读取原始数据

可以通过左侧的文件列表，找到［05_数据结果］文件夹，在其中看到之前保存的文件。通过 Pandas 的 read_csv() 方法，读取原始数据文件。代码如下：

```
df = pd.read_csv('./企业财务困境预测/05_数据结果/数据表合并/建模数据表合并.csv')
```

3. 整理数据

根据机器学习的需求整理读取数据。首先准备需要进行学习的字段，通过 Python 的列表 (List) 类型列举出来。根据整理好的字段，通过之前介绍过的 DataFrame 的 astype() 方法将数据类型改为浮点型 (float)。同时将‘标签’的数据类型改为整型 (int)，因为标签只有 0 和 1 两种值。通过获取‘标签’的数据作为训练数据的因变量。通过获取前面定义的全部字段作为训练数据的自变量。代码如下：

```
column_names = ['流动比率', '速动比率', '现金比率', '资产负债率', '权益乘数', '长期负债权益比率', '总资产净利润率(ROA)','资产报酬率', '营业毛利率', '营业净利率', '成本费用利润率', '应收账款周转率', '存货周转率', '流动资产周转率','固定资产周转率','总资产周转率', '总资产增长率', '营业收入增长率', '可持续增长率', '资产总计', '所有者权益合计','持股比例(%)']
```

```
df[column_names] = df[column_names].astype(np.float64)
df['标签'] = df['标签'].astype(int)
target = df['标签'].values
features = df[column_names].values
```

4. 配置机器学习训练集

通过 sklearn 的 train_test_split() 方法，将准备好的数据代入准备的训练集和测试集。通过配置 test_size 属性设定两个集合的占比，这里配置 0.2，将数据中 20% 作为测试集。代码如下：

```
X_train, X_test, y_train, y_test = train_test_split(features, target,
test_size = 0.2)
```

5. 进行训练学习

通过 sklearn 的 LogisticRegression() 建立新的逻辑回归训练模型，并通过其 fit() 方法将准备好的训练数据提供给训练模型进行学习。通过完成学习的模型，利用逻辑回归提供的 predict() 方法，通过准备好的测试集，预测结果数据。代码如下：

```
model = LogisticRegression(solver = 'liblinear').fit(X_train,
y_train)
y_pred = model.predict(X_test)
```

6. 输出结果

处理学习结果并显示。将测试集结果与上一步模型预测的测试集结果通过 sklearn 的 accuracy_score() 方法进行印证，并判断模型的准确度。通过模型的属性分别获取模型的斜率和截距，最终显示出来。代码如下：

```
print('模型的准确度（accuracy）：', accuracy_score(y_test, y_pred))
coef = model.coef_
intercept = model.intercept_
print("斜率：", model.coef_)
print("截距：", model.intercept_)
```

7. 保存模型结果

将处理的结果模型保存到文件。通过 joblib 中的 dump() 方法将前面训练完的模型保存到文件。代码如下：

```
joblib.dump(model, './企业财务困境预测/05_数据结果/财务困境模型.pkl')
```

13.4.8 预测数据集处理

任务背景：

（1）当逻辑回归模型建立完毕之后，利用模型对股票进行预测；

（2）需要对预测数据集进行数据预处理，将数据表汇总成一个完整的预测数据集变量指标表；

（3）合并之后删除缺失季度指标数据的股票。

任务结果：

操作完成后，将会有一张含股票代码及变量指标的预测数据表。

1. 导入所需的 Python 库

在下面的程序中，需要使用 Python 中提供的 Pandas 库，对 CSV 文件进行处理。要使用 Python 中提供的 glob 库，对文件系统进行检索。要使用 Python 中提供的 os 库，对文件系统进行操作。要使用 Python 中提供的 datetime 库，对时间进行操作。在之前的任务中，对这四个 Python 库都已经做了介绍，这里就不再重复讲解了。代码如下：

```
import pandas as pd
import glob
import os
from datetime import datetime
```

2. 检查文件路径

检查源文件和保存文件的路径。本程序将基于新的原始数据进行处理。可以通过左侧的文件列表，到［01_数据来源］文件夹下，并找到对应的文件。同之前相同，通过 os 的 path.exists() 方法查看文件路径是不是存在，不存在的话，就通过 makedirs() 方法建立需要的文件夹。同样，还是通过 glob() 方法获取数据文件名列表。代码如下：

```
path = './企业财务困境预测/05_数据结果/预测数据集变量指标合并/'
if not os.path.exists(path):
os.makedirs(path)
file_list = glob.glob('./企业财务困境预测/01_数据来源/预测数据0?_*指标.csv')
```

3. 读取数据

读取第一个预测数据文件。通过 Pandas 的 read_csv() 方法，首先将原始数据文件列表中的第一个文件读取出来。代码如下：

```
df = pd.read_csv(file_list[0], dtype = str)
```

4. 整理数据

调整数据中的日期格式。如之前的任务中一样，先调整日期中的字符。再通过 datetime 将文字格式的日期与日期格式进行互转。这里通过 strptime() 和 strftime() 正反双向转换，将日期的内容转换为统一的格式，之后程序合并数据时，日期是统一的。代码如下：

```
df['截止日期'] = df['截止日期'].str.replace('/', '-')
df['截止日期'] = df['截止日期'].apply(lambda x: datetime.strptime(x, "%Y-%m-%d"))
df['截止日期'] = df['截止日期'].apply(lambda x: x.strftime("%Y-%m-%d"))
```

5. 依次合并每个预测数据文件

依次读取每个文件并加入统一的数据中。通过 for 循环依次打开每一个文件，这里同样如之前做合并时，从第二个文件开始处理。通过 read_csv() 读取文件中的数据。同样进行日期调整，最后，与之前的操作相同，用 DataFrame 的 merge() 方法，依据‘证券代码’和‘截止日期’将新的数据合并到整体数据中。代码如下：

```
for file_name in file_list[1:]:
print(file_name)
df2 = pd.read_csv(file_name, dtype = str)
df2['截止日期'] = df2['截止日期'].str.replace('/', '-')
df2[‘截止日期’] = df2['截止日期'].apply(lambda x: datetime.strptime(x, "%Y-%m-%d"))
df2['截止日期'] = df2['截止日期'].apply(lambda x: x.strftime("%Y-%m-%d"))
df = df.merge(df2, on = ["证券代码", "截止日期"])
```

6. 保存处理结果

整理并保存数据结果。通过 DataFrame 的 dropna() 方法清除空记录。通过 DataFrame 的 to_csv() 方法将处理完的结果保存到文件。代码如下：

```
df = df.dropna()
df.to_csv(path + '预测数据集变量指标合并结果.csv', index = False, encoding = 'utf-8-sig')
```

13.4.9 财务困境预测

任务背景：

（1）操作本任务之前，需要先完成“预测数据集变量指标合并”任务，根据其结果继续操作本任务；

（2）企业财务困境预测模型建好后，现在需要对2020年第二季度季报无缺失值的企业进行预测；

（3）如果企业的预测结果为1，则表示该企业的财务指标与模型中ST企业的财务指标具有高度相似性，该企业未来将会发生财务困境，应该予以警示；

（4）如果企业的预测结果为0，则表示该企业的财务指标与模型中ST企业的财务指标相似性不明显，该企业未来将发生财务困境的可能性较小。

任务结果：

操作完毕后，得到2020年第二季度季报无缺失值的企业有7家应予以财务困境预警（由于每次模型的预测集与测试集不同，因此预测出来的预警企业数量会有些许不同）。

1. 导入所需的 Python 库

在下面的程序中，需要使用Python中提供的Pandas库，对CSV文件进行处理。要使用Python中提供的Numpy库，对数据类型进行处理。要使用Python中提供的joblib库，对训练的模型进行操作。之前已经做了介绍，这里不再重复。代码如下：

```
import pandas as pd
import numpy as np
import joblib
```

2. 读取模型

读取之前训练的财务困境模型。与之前相反，通过joblib的load()，将之前已经训练好的模型重新加载到程序。代码如下：

```
model = joblib.load('./企业财务困境预测/05_数据结果/财务困境模型.pkl')
```

3. 读取数据

读取预测数据。通过Pandas的read_csv()方法，将上一步合并的预测数据读取进来。代码如下：

```
df_pre = pd.read_csv('./企业财务困境预测/05_数据结果/预测数据集变量指标合并/预测数据集变量指标合并结果.csv', dtype = str)
```

4. 配置预测数据

为预测配置调整需要的数据信息。配置需要预测的日期，从数据中抓取该日期的所有数据。配置所有数据字段，并将字段的数据类型转换为浮点型。代码如下：

```
pre_date = '2020-06-30'
df_pre = df_pre[df_pre['截止日期'] == pre_date]
column_names = ['流动比率', '速动比率', '现金比率', '资产负债率', '权益乘数', '长期负债权益比率', '总资产净利润率(ROA)', '资产报酬率', '营业毛利率', '营业净利率', '成本费用利润率', '应收账款周转率', '存货周转率', '流动资产周转率', '固定资产周转率',
```

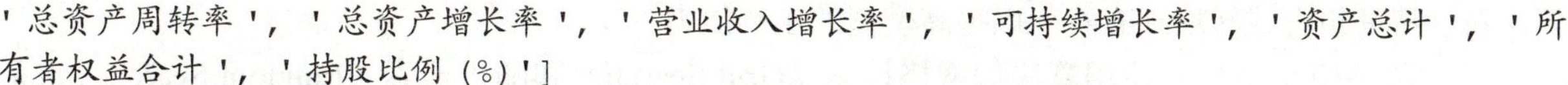

```
'总资产周转率', '总资产增长率', '营业收入增长率', '可持续增长率', '资产总计', '所有者权益合计', '持股比例(%)']
X_pre = df_pre[column_names].astype(np.float64)
```

5. 预测结果

通过模型预测结果。通过载入的模型，将上一步的配置 通过 predict() 方法预测结果。代码如下：

```
y_pred = model.predict(X_pre)
```

6. 保存处理结果

整理并保存数据结果。在数据中增加新字段 ‘企业财务困境预测结果’ 并记录上一步的预测结果。通过 to_csv() 方法将最终的数据保存到文件。代码如下：

```
df_pre['企业财务困境预测结果'] = y_pred
df_pre.to_csv('./企业财务困境预测/05_数据结果/2020年Q2季报无缺失值企业财务困境预测结果.csv', index = False, encoding = 'utf-8-sig')
```

13.5 模型评估与优化

在实证研究中，模型的评估和优化是确保预测结果可靠性和实用性的关键步骤。本节将探讨用于评估和优化财务困境预测模型的各种技术和策略。

13.5.1 模型准确性和健壮性测试

模型准确性是衡量预测模型性能的首要指标，而健壮性则是指模型在面对不同类型的输入数据时保持其预测准确性的能力。以下是几种常用的评估方法。

1. 交叉验证

交叉验证是评估模型泛化能力的重要技术，特别是在有限的数据集上。通过将数据分成多个小集合，可以确保模型在各个子集上都得到测试，从而减少模型在特定数据集上过度拟合的风险。

2. ROC 曲线和 AUC 值

特征曲线（ROC）和曲线下面积（AUC）是评估分类模型性能的标准工具。ROC 曲线展示了在不同阈值设置下，模型的真正率和假正率之间的关系，而 AUC 值提供了一个量化的性能评估，值越高表示模型预测性能越好。

3. 精确度、召回率和 F1 得分

这些指标帮助评估模型在实际应用中的效用。精确度衡量模型预测为正的样本中实际为正的比率，召回率衡量了模型能找出的实际正样本的比率，而 F1 得分则是精确度和召回率的调和平均数，用于在两者之间取得平衡。

13.5.2 案例模型的优化策略

在模型评估后，通常需要采取一些策略来优化模型的性能。以下是几种常见的优化方法。

（1）特征工程。改进特征工程是提升模型性能的关键步骤。这包括选择更具预测能力的特征、创建新的特征组合或转换现有特征以提高模型的预测能力。

（2）调整模型参数。使用算法如网格搜索（Grid Search）和随机搜索（Random Search）来系统地探索不同的参数组合，找到最优的模型设置。

（3）集成方法。应用集成学习方法，如随机森林、梯度提升机（GBM）或堆叠模型等，通过组合多个模型来提高预测性能和减少过拟合。

13.5.3 大数据技术的集成和未来趋势

随着大数据技术的不断发展，其在财务困境预测模型中的应用也越来越多。以下是一些重要的趋势和技术。

（1）自动化特征学习。利用深度学习技术，特别是卷积神经网络（CNN）和递归神经网络（RNN），可以自动识别和学习数据中的重要特征，这为处理大量复杂数据提供了新的可能。

（2）实时数据分析。随着实时数据处理技术的成熟，未来的模型能够及时接收并处理新数据，提供实时的风险评估和预测。这对于快速变化的市场环境尤为重要。

（3）人工智能和机器学习的融合。结合 AI 和机器学习技术，模型不仅能进行预测，还能自动从新数据中学习和适应，持续改进其预测准确性。通过这些评估和优化策略，财务困境预测模型可以更精确地识别潜在的财务危机，为企业管理和政策制定提供有力　的数据支持。

课堂思政

在教学过程中融入思政元素，通过以下方面培养学生的社会责任感和职业道德：

1．强化学生对国家经济政策和资本市场监管的认识，增强法治观念。

2．引导学生树立正确的职业道德和社会责任感，注重企业诚信经营和财务透明。

强调诚信的重要性：财务诚信是企业文化的重要组成部分。讨论企业因财务不透明而导致的财务困境案例，强化学生的职业道德观。

提高风险意识：分析企业陷入财务困境的后果。培养学生的风险管理意识和预防意识，强调其在企业持续发展中的重要角色。

培养创新精神和解决问题的能力：鼓励学生在面对复杂财务问题时，能够采用创新的方法和技术来寻找解决方案。

社会责任与企业责任：讨论企业在经济体中的角色和对社会的责任，强调企业在促进社会稳定和经济发展中的作用。

本章小结

本章通过详细探讨大数据技术在企业财务困境预测中的实践，展示了如何结合传统财务分析方法和现代数据分析技术来提高预测的精度和效率。

实战训练

实训任务 1：数据预处理

1．导入上市时间晚于 2003 年的公司名单数据。

2．完成财务数据完整时间构造和缺失值填充。

实训任务 2：模型构建与预测

1．合并财务指标数据，形成建模数据表。

2．构建逻辑回归模型，进行财务困境预测。

3．对 2020 年第二季度的企业进行预测，并分析预测结果。

参 考 文 献

[1] 陈洁．刘姝．Python 编程与数据分析基础［M］．北京：清华大学出版社，2022 年．

[2] 丁辉主编．Python 基础与大数据应用［M］．人民邮电出版社，2020 年．

[3] 邓立国等主编．Python 大数据分析算法与实例［M］．北京：清华大学出版社，2020 年．

[4] 邓立国．Python 数据分析与挖掘实战［M］．北京：清华大学出版社，2021 年．

[5] 毋建军．姜波．Python 数据分析、挖掘与可视化［M］．北京：机械工业出版社，2021 年．

[6] 高登，刘洋，原锦明．Python 编程案例教程［M］．北京：航空工业出版社，2021 年．

[7] 姜增如编著．Python 编程入门与实践［M］．北京：化学工业出版社，2022 年．

[8] 孟兵，李杰臣．Python 爬虫、数据分析与可视化从 入门到精通［M］．北京：机械工业出版社，2021 年．

[9] 刘鹏，高中强．Python 金融数据挖掘与分析实战［M］．北京：机械工业出版社，2022 年．

[10] 李树青．刘凌波．Python 大数据分析基础［M］．上海：上海交通大学出版社，2020 年．

[11] 明日科技编著．Python 从入门到精通（第 3 版）［M］．北京：清华大学出版社，2023 年．

[12] 明日科技编著．Python 模块参考手册·日期与时间（全彩版）［M］．长春：吉林大学出版社，2020 年．

[13] 明日科技编著．python 网络爬虫从入门到精通［M］．北京：清华大学出版社，2021 年．

[14] 明日科技编著．python 大数据从入门到精通（第二版）［M］．北京：清华大学出版社，2021 年．

[15] 吕会红．邱静怡．Python 大数据应用基础［M］．北京：人民邮电出版社，2021 年．

[16] 吕云翔，张扬主编．python 网络爬虫与数据采集［M］．北京：人民邮电出版社，2021 年．

[17] 强彦．Python 语言入门与实践［M］．北京：清华大学出版社，2021 年．

[18] 斯文．Python 金融实战案例精粹（第 2 版）［M］．北京：人民邮电出版社，2022 年．

[19] 单显明，贾琼，陈琦．Python 程序设计案例教程［M］．北京：北京理工大学出版社，2020 年．

[20] 宋天龙，张伟松著．python 大数据架构全栈开发与应用［M］．北京：电子工业出版社，2023 年．

[21] 王宇韬，吴子湛编著．零基础学 python 网络爬虫案例实战全流程详解：入门与提高篇［M］．北京：机械工业出版社，2021 年．

[22] 王宇韬，钱妍竹．Python 大数据分析与机器学习商业案例实战［M］．北京：机械工业出版社，2023 年．

[23] 王宇韬，吴子湛，史靖涵编著．零基础学 python 网络爬虫案例实战全流程详解：高级进阶篇［M］．北京：机械工业出版社，2021 年．

[24] 文杰书院编著．python 程序设计基础入门与实战：微课版［M］．北京：清华大学出版社，2021 年．

[25] 谢乾坤．python 网络爬虫从入门到实战：微课版［M］．北京：人民邮电出版社，2018 年．

[26] 肖睿，陈磊主编．python 网络爬虫：Scrapy 框架［M］．北京：人民邮电出版社，2020 年．

[27] 肖锋．Python 商业数据分析基础［M］．长沙：湖南大学出版社，2021 年．

[28] 杨维，张甜．Python 机器学习原理与算法实现［M］．北京：清华大学出版社，2023．

[29] 张晓东．数据分析与挖掘算法：Python 实战［M］．北京：电子工业出版社，2021 年．

[30] 张颖．python 网络爬虫框架 Scrapy 从入门到精通［M］．北京：北京大学出版社，2021 年．

[31] 张丽娜，周苏．大数据存储与管理［M］．北京：中国铁道出版社有限公司，2021 年．

[32] 张晓．Python 大数据基础［M］．西安：西安电子科技出版社，2020 年．

[33] 张庆龙．下一代财务：数字化与智能化［M］，北京：中国财政经济出版社，2021 年．

[34]（印）阿尔蒂·耶鲁玛莱著，周子衿，陈子鸥译．轻松学 python［M］．北京：清华大学出版社，2021 年．

[35] 罗伊，贾法里．Python 数据预处理［M］，北京：清华大学出版社，2023 年．

[36] 增田秀人著，陈欢译．Pandas 数据预处理详解［M］，北京：中国水利水电出版社，2021 年．

[37] 埃里克·马瑟斯著，袁国忠译．Python 编程从入门到实践［M］，北京：人民邮电出版社，2023 年．

[38]（美）WesMckinnney 著，陈松译．利用 Python 进行数据分析（第 3 版）［M］．北京：机械工业出版社，2023 年．

[39] WilliamR．Scott 著，陈汉文等译．财务会计理论［M］，北京：中国人民大学出版社，2018 年．